景观都市主义
The Landscape Urbanism Reader

[美] 查尔斯·瓦尔德海姆 编

刘海龙 刘东云 孙璐 译

中国建筑工业出版社

著作权合同登记图字：01－2008－2973 号

图书在版编目（CIP）数据

景观都市主义/（美）瓦尔德海姆编；刘海龙，刘东云，孙璐译．
北京：中国建筑工业出版社，2010.12
　ISBN 978－7－112－12253－0

　Ⅰ.①景…　Ⅱ.①瓦…②刘…③刘…④孙…　Ⅲ.①城市－
景观－环境设计－文集　Ⅳ.①TU－856

　中国版本图书馆 CIP 数据核字（2010）第 134371 号

本书由美国普林斯顿建筑出版社授权我社翻译、出版、发行本书中文版

责任编辑：戚琳琳
责任设计：赵明霞
责任校对：马　赛　张艳侠

景观都市主义

[美] 查尔斯·瓦尔德海姆　编

刘海龙　刘东云　孙　璐　译

*

中国建筑工业出版社出版、发行（北京西郊百万庄）

各地新华书店、建筑书店经销

北京嘉泰利德公司制版

廊坊市海涛印刷有限公司印刷

*

开本：787×960 毫米　1/16　印张：17½　字数：420 千字
2011 年 2 月第一版　2017 年 9 月第四次印刷
定价：66.00 元
ISBN 978－7－112－12253－0
　　　（19525）

目　录

录 目

致 谢

本书汇集了国际上多所研究机构的学术同仁与志同道合者们的倾情力作。无论是各位作者，还是为其研究提供帮助和支持的研究机构及研究助手们，都理应受到感谢；没有他们慷慨的贡献，本书的付梓将是不可能的。同样地，还应感谢普林斯顿建筑出版社为该出版计划付出的耐心与承诺，尤其要感谢编辑部的凯文·利珀特（Kevin Lippert）和克莱尔·雅各布森（Clare Jacobson）两位先生的远见卓识，以及斯科特·坦南特（Scott Tennent）在编辑过程中付出的艰辛劳动、深刻见解和格外关照，还有南希·莱文森（Nancy Levinson）提出的中肯建议。此外，仍有许多人士为本书付出了大量艰苦的劳动以及耐心和责任，他（她）们的工作默默无闻但却贡献不菲。尽管这里无法一一记录其名字，但在后面的注释里会对他（她）们致以衷心的谢意。

景观都市主义研究的展开及本书的出版，都应归功于已故的格雷厄姆基金会（Graham Foundation）主任里克·所罗门先生（Rick Solomon）对该选题价值与意义的认可与一贯支持。格雷厄姆基金会不仅资助了本书的出版，还积极发起和组织了与本书同名的会议与展览。尤其是所罗门先生，不仅为这项尚不成熟的计划提供了经济支持，还从其运作的合理性上提供了帮助，包括为这一话题的发言者与听众提供对话的时间和场地。因此，如若没有所罗门先生的支持，围绕"景观都市主义"这一主题涌现出的众多观点，几乎不可能建立起这种对话和联系，更不可能在北美和西欧拥有听众。

同时，本书的出版以及会议和展览的召开，与伊利诺伊大学芝加哥分校建筑学院（the School of Architecture, University of Illinois, Chicago）的景观都市主义研究项目是同时进行的。如果没有伊利诺伊大学建筑学院和艺术学院的大力倡导和支持，本项研究以及本成果的出版也将成为泡影。两所学院的院长，肯·施罗德先生（Ken Schroeder）和卡捷琳娜·鲁埃迪·雷女士（Katerina Rüedi Ray），对于本书的发起和酝酿居功至伟。其中，施罗德先生最早向格雷厄姆基金会提出了出版申请，并赋予资历尚浅的本人出版的权利及具体工作之责。卡捷琳娜女士既是本计划的积极建议者，也是亲自力行者，同时她还为跳出"建筑学本位论"（architectural essentialism）来探讨景观与城市设计的问题开辟了新的空间。除了来自两所学院的支持外，以景观都市主义命名的研究项目也得到了伊利诺伊大学多位忠实而热心的同事的大力支持。他们包括斯图尔特·柯恩（Stuart Cohen）、鲍勃·布吕格曼（Bob Bruegmann）、彼得·林赛·肖特（Peter Lindsay Schaudt）、理查德·布兰德（Richard Blender）、布鲁诺·阿斯特（Bruno Ast）和罗伯塔·费尔德曼（Roberta Feldman）。对于如何准确地认识当代景观研究在学院派理论中的地位，上述各位人士给予了有益的帮助。同样地，我也要向在位于俄巴纳的伊利诺伊大学香槟分校（University of Illinois at Urbana – Champaign）的我的同事，尤其是特里·哈克内斯（Terry Harkness）的建议和支持表示感谢。

北美和欧洲的多位学术同仁的建议和忠告，从学术角度对推动本项目的开展甚为关键。其中，詹姆斯·科纳（James Corner）慷慨地贡献了自己的时间和观点。他在过去多年里对当代景观的研究，以及与城市问题的紧密结合，已经成为景观都市主义思想的中坚力量。同时，大量的文献也涉及区域尺度的景观问题，尤其是伊恩·麦克哈格的工作。同样重要的还有这里所引用的来自多样化背景的作者及评论家们的文章，其共同话题都围绕着当代的城市设计展开，尤其是肯尼思·弗兰姆普敦（Kenneth Frampton）、彼得·罗（Peter Rowe）、雷姆·库哈斯（Rem Kookhaas）等人。

为景观都市主义学术课程开展的需要，专门设立了一个访问评论员的岗位。该岗位以丹麦移民、著名的芝加哥景观设计师简·简森（Danish émigré Jens Jensen）的名字命名。我至今仍十分感谢担任简森评论员的多位学者，包括詹姆斯·科纳、特伦斯·哈克内斯（Terence Harkness）、乔治·哈格里夫斯（George Hargreaves）和凯瑟琳·古斯塔夫森（Kathryn Gustafson），他（她）们为本研究贡献巨大，包括其教学方法、观点以及时间。同时，我还十分感谢伊利诺伊大学参与以景观都市主义为主题的设计课及理论研讨课教学的众多同事和朋友们，如克莱尔·李斯特（Clare Lyster）、莎拉·杜恩（Sarah Dunn）和伊格尔·马里亚诺维奇（Igor Marjanovic）及其他人士。

1997 年 4 月 25 至 27 日，在芝加哥的格雷厄姆基金会召开了景观都市主义大会，提供了首次在公众面前公开地探讨这一话题的机会。这次大会以及随后的讨论，从伊恩·麦克哈格、詹姆斯·科纳、莫森·莫斯塔法维（Mohsen Mostafavi）、琳达·波拉克（Linda Pollak）、布丽奇特·西姆（Brigitte Shim）、阿德里安·高伊策（Adriaan Geuze）、琼·罗伊格（Joan Roig）、格兰特·琼斯（Grant Jones）以及凯西·普尔（Kathy Poole）的演讲中都获益匪浅。与会议同名的展览以格雷厄姆基金会为第一站，随后在位于纽约的艺术和建筑临街博物馆（Storefront for Art and Architecture）展出，一直到 1998 年才完成了在美国国内的巡展。该展览吸引了大量参观者前来，并对展出的作品抱以极大的兴趣，包括詹姆斯·科纳及其原野工作室（Field Operations）、朱莉娅·泽涅克（Julia Czerniak）和蒂莫西·斯韦思科（Timothy Swischuk）的联合工作室、亚历克斯·沃尔（Alex Wall）、阿德里安·高伊策的西八设计小组（West 8）、阿奴拉哈·马瑟和蒂利普·达·库尼阿以及阿方斯·索达维拉（Anuradha Mathur and Dilip da Cunha, Alfons Soldavilla）的劳伦斯·索达维拉设计小组（Llorens – Soldevilla）、琼·罗伊格和恩瑞克·巴特勒（Enric Batlle）的巴特勒–罗伊格设计室（Batlle – Roig）、玛西娅·考迪纳克和莫西·纳德尔（Marcia Codinachs and Mercé Nadal）的联合小组、帕特里克·舒马赫和凯文·毫巴腾联合事务所（Patrik Schumacher and Kevin Rhowbottom）、埃里克·欧文·莫斯（Eric Owen Moss）、迈克尔·范·瓦肯伯格（Micllael Van Valkenburgh）、琳达·波拉克和桑德罗·马尔皮莱罗（Sandro

Marpillero）联合事务所、威廉·康威和马西·舒尔特（William Conway and Marcy Schulte）联合事务所、布丽奇特·西姆与霍华德·萨克利夫（Howard Sutcliffe）联合事务所、乔治娅·达斯卡拉基和奥马尔·佩雷斯联合事务所（Georgia Daskalakis and Omar Perez/Das：20），以及詹森·扬（Jason Yonng）、布莱恩·派克斯（Brian Pex）、保罗·卡洛克（Paul Kariouk）、肖恩·里肯巴克（Shawn Rickenbacker）等等。

围绕会议、展览和学术活动展开的众多讨论，对于阐释这一新生观点，都是非常重要的。我尤其感谢诸多人士，在过去的数年间为这一话题贡献了时间和精力。其中包括肯尼思·弗兰姆普敦、丹·霍夫曼（Dan Hoffman）、格雷厄姆·谢恩（Grahame Shane）、阿兰·伯格（Alan Berger）、简·沃尔夫（Jane Wolff）、理查德·索默（Richard Sommer）、哈欣·萨奇斯（Hashim Sarkis）、杰奎琳·塔坦（Jacqueline Tatom）、亚历克斯·克利格（Alex Krieger）、理查德·马歇尔（Richard Marshall）、伊丽莎白·莫索普（Elizabeth Mossop）、鲁道夫·埃尔日库利（Rodolphe el–Khoury）、德特勒夫·梅丁斯（Detlef Mertins）、罗伯特·利瓦特（Robert Levit）、彼得·比尔德（Peter Beard）、凯利·香农（Kelly Shannon）、马塞尔·司麦茨（Marcel Smets）、塞巴斯蒂安·马略特（Sébastien Marot）、克里斯多弗·吉鲁特（Christophe Girot）、克里斯·悉尼斯（Kristine Synnes）、保拉·维加诺（Paola Viganò）和斯特凡·蒂舍尔（Stefan Tischer）等。

我对景观都市主义这一话题的理解，深受我在世界上多所大学与学术机构做访问学者期间参与的以"景观都市主义"为题的众多设计课、研讨课的启发。对于这些机会以及在其背景下所参与的多项讨论，我至今仍然记忆犹新，并且对下列人士致以深深的谢意：哈佛设计学院的亚历克斯·克利格、尼尔·柯克伍德（Niall Kirkwood）和彼得·罗；多伦多大学的鲁道夫·厄尔·科瑞（Rodolphe el–Khoury）、拉里·韦恩·理查德（Larry Wayne Richards）；苏黎世工专的克里斯多弗·吉鲁特和杰奎琳·帕利士（Jacqueline Parish）；维也纳技术大学的卡利·乔马卡（Kari Jormakka）和伯纳德·兰格（Bernhard Langer）。同样地，我的工作还得到了现在多伦多大学的众多同事和朋友的支持和建议，譬如乔治·拜尔德（George Baird）、拉里·理查德（Larry Richard）、安特·刘（An Te Liu）、罗布·莱特（Rob Wright）、皮埃尔·比兰格（Pierre Belanger）、鲁道夫·厄尔·科瑞、罗伯特·利瓦特、布丽吉特·希姆（Brigitte Shim）、玛丽·卢·罗布辛格（Mary Lou Lobsinger）和安迪·佩恩（Andy Payne）。我还要感谢学生们的贡献，他们在过去数年间各种背景的讲授课、设计课及研讨课上的交流，对于本课题的发展贡献良多，他们同样共享这一成果。这里谨对他们不知疲倦的辛勤工作和对这一课题持之以恒的兴趣致以真诚的谢意。最后，我的家庭的一贯支持，也为这本书的出版创造了必要的环境，感谢西恩纳（Siena）和卡尔（Cale），使我知道任何事情都是可能的。

查尔斯·瓦尔德海姆（Charles Waldheim）

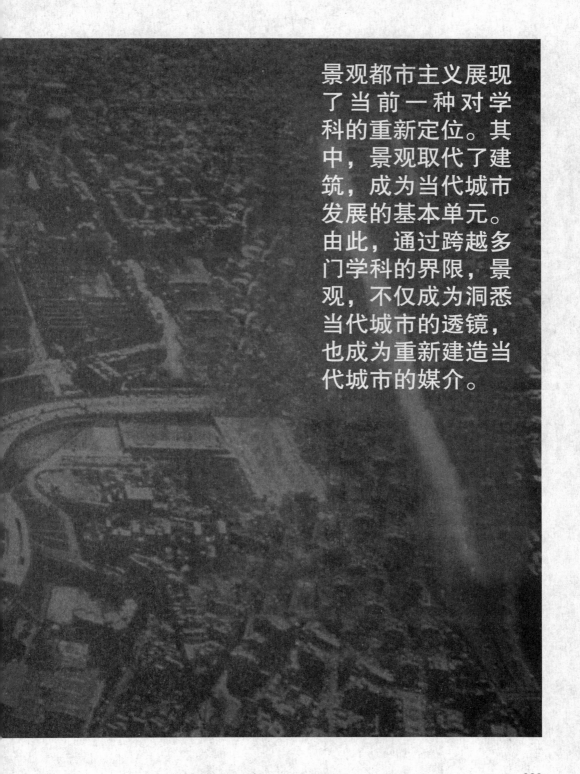

景观都市主义展现了当前一种对学科的重新定位。其中，景观取代了建筑，成为当代城市发展的基本单元。由此，通过跨越多门学科的界限，景观，不仅成为洞悉当代城市的透镜，也成为重新建造当代城市的媒介。

基本宣言

A Reference Manifesto

查尔斯·瓦尔德海姆/Charles Waldheim

图1 "面向新经济的地域景观。"安德里亚·布兰兹（Andrea Branzi）在荷兰埃因霍芬市的斯垂普（strijp）利用菲利普公司厂房改造的创意产业园区。1999～2000年

"多学科性，并非是为了获得一种廉价的安全感而表现出的自我安慰；当传统学科的坚固性开始破裂时——也许会以暴力的方式，譬如在流行文化的冲击下——它（多学科性）就开始发挥作用……这是为了迎接一个崭新的题目和一种新的语汇的诞生……"。[1]

——罗兰·巴斯（Roland Barthes）

正因为跨越了多个学科，景观不仅成为洞悉当代城市的透镜（lens），也成为重新建造当代城市的媒介（medium）（图1）。这些观点，在近年提出的"景观城市化"理念中得到了清晰的阐述。

今天，在全球资本化以及以灵活的生产和非正式的劳工关系为特征的后福特主义经济模式（post-Fordist models）等背景下，处于城市化进程中的北美城市的密度却在不断降低。在这一进程中遗留下来的建（构）筑物，常会为旅游及文化产业所消化和再利用。他们以其数量庞大的建（构）筑物实体以及丰富的后工业时代讯息，逐步成为城市游憩和休闲度假目的地的一部分。许多北美城市曾以其本土建筑文化（autochthonous architectural culture）闻名，但现在却致力于改头换面，譬如为了获得更大的旅游、游憩和休闲娱乐方面的经济效益，而将现代建筑与传统城市肌理的碎片包裹在一起，作为某类供人选择的主题游览路线。因此，城市建筑逐步商品化，变成了文化的产品。但更具讽刺意味的是，许多城市变得千城一面，源于地方性和历史的城市特色已濒于消失。与此同时，许多工业化城市的人口也在减少，居民们在逐步向周边郊区分散。对大多数北美城市居民而言，传统的密集城市形态已经被淡忘，取而代之的生活方式是，他们花费大量时间生活在低密度的、适于小汽车出行的、为大面积绿化和公共空间所环绕的居住环境中。在这种水平向的城市化方式（horizontal urbanization）之中，景观具有了一种新发现的适用性，它能够提供一种丰富多样的媒介来塑造城市的形态，尤其是在具备复杂的自然环境、后工业场地以及公共基础设施等背景之下。

本书在国际范围内汇集了多个专业领域的14位学者的力作，试图清晰地展现这一迅速成长的"学术成果"（cultural production）的起源及宗旨。本文集以及所提出的"新语汇"，力图在对当代城市化的探讨过程中，也对其迅速变化着的景观背景予以描述。文集收录的这些新锐文章，一方面论及了传统学科、职业和领域的相对不足，同时也说明了近年来在众多建筑师、景观师、城市规划师的工作中产生的对景观的新理解。因此，这些文章可谓风格多样，同时也追近及远，通过对流行风尚及其影响的分析来探讨一个新的主题和一种新的语言表达。

　　"基本宣言"（reference manifesto）一旦形成，似乎立刻就声明了一种新学术观点的诞生，由此也就会追溯其词源（etymology）、系谱（genealogy）及其批判指向（critical commitment）。但这会使之陷入一种引人关注的双重约束（double－bind）境地：既要求在充分、清晰地介绍自身之前能对新出现的形势予以描述，同时也希望能清楚地阐明其不同渊源及概念所指。这种双重愿望，会将本书置于一种易于受到批判的位置，但也会催生新的研究方法、新的学术观点、新的叙述方式的诞生。本书采用的文集形式往往不被重视，因为可能要花大量篇幅解释一些存在分歧的观点，同时又要花时间对所研究的共同主题进行探讨。然而，采用这种方式就预示着会有一批来自多个学科门类、具有多种学术背景的、风格多样的、有时观点并不一致的作者：一些可能是卓有成就的大家，另一些可能是新近涌现的新秀。而他们不约而同地在自身的工作中发现了"景观都市主义"研究的重要性，并早已专心投身其中。景观都市主义，将景观作为理解和介入当代城市的媒介，体现了时代对"景观"的呼唤。而这里辑录的文献以及他们所提到的项目及观点，即为此提供了一个明证。

　　詹姆斯·科纳在《流动的土地》（Terra Fluxus）一文中，通过把其近年来的景观研究兴趣置于建筑学、城市设计和城市规划学科的历史演变脉络中来看待，阐述了构成"景观都市主义者行动纲领"（landscape urbanist agenda）的一些理论和实践基础。他将当前出现的景观都市主义实践活动归纳为四个主题：时间中的生态与城市过程（ecological and urban processes over time）；水平表面的分段形成（the staging of horizontal surfaces）；运作或工作方法（the operational or working method）；想像力（imaginary）。他认为，只有通过对设计学科及其研究对象进行创造性重组，我们才可以摸清当代城市形成的内在轨迹。紧随其后，查尔斯·瓦尔德海姆的文章《作为都市研究模型的景观》（Landscape as Urbanism）针对过去二十多年中围绕景观和都市主义的种种言论和实践构建了其理论体系。他认为研究这一思想的起点应放在西方工业经济的重组、后现代主义的兴起以及以灵活的生产和消费、全球资本化和分散化等为特征的工业城市持续转型等现象上。即景观都市主义是在建筑师对当代围绕逆工业化（de－industrialization）产生的种种经济、社会和文化转型的探索中应运而生的。就是在这一语境下，景观都市主义实践以一种积极有效的分析框架出现了。尤其当面临工业重新选址而遗留下来的大量历经废弃、污染并存在社会病症的场地时，景观都市主义最为适用。

格雷厄姆·谢恩则将工业分散化（decentralization of industry）与当代对景观都市主义思想的关注联系起来，并沿此线索进行了深入探讨。他对大量追随景观都市主义思想的文献进行了调查，也对其中提及的机构和个人，尤其是那些与城市设计学科的形成及理论发展有关的人士进行了跟踪研究。理查德·韦勒（Richard Weller）在其文章《实用的艺术》（An Art of Instrumentality）中调查了与逆工业化、基础设施开发和传统城市文化的迅速商品化有关的当代景观实践，并且引用科纳及其他人的作品，在景观学和其他与城市化模式密切相关的专业学科之间重新确立了相互关系，如市政工程、房地产开发和设计专业（如建筑学、城市设计）等。

克里斯多弗·吉鲁特在"运动中的景象：在时间中描述景观"（Vision in Motion：Representing Landscape in Time）一文中，抓住了景观视觉图像的暂时性、主观性和向心性等特征，倡导新的表达方式，尤其强调基于时间的媒介（time - based media）对于理解景观都市主义主题的作用。他的理论诠释，源于他自己的相关教学及研究，其中他利用录像来捕捉特定时间中的城市景观主题。朱莉娅·泽涅克则跨越了学科、职业及时代的界限，借助景观都市主义的理论框架表达了她对"场地"主题的解读。其文章《追溯景观都市主义：现场的凝思》（Looking Back at Landscape Urbanism：Speculations on Site），虽暗示景观都市主义者们的火热时刻已过去，但通过查考近来能找到的关于场地的各种新理念的文献，提出一种场地分析与城市化和景观实践之间的新的关联性，以激发读者去思考场地之于设计项目的丰富的概念工具（complex conceptual apparatus）。琳达·波拉克在其《构筑场地：尺度的辨析》（Constructed Ground：Questions for Scale）的文章中，发展了她在城市景观基本感知方面的研究。该研究受到了亨利·列斐伏尔（Henri Lefebvre）对不同尺度空间的嵌套分析的启发，从社会和数量维度对多处当代城市景观进行了解读。

凯利·香农在其论文《从理论到反抗：景观都市主义在欧洲》（From theory to Resistance：Landscape Urbanism in Europe）中，对欧洲景观实践中的景观都市主义思想的兴起与发展进行了梳理，尤其强调了这一思想在抵制城市形态趋于商品化方面的作用。肯尼思·弗兰姆普敦曾提出以景观作为防止城市化失控（placeless urbanization）的手段。香农在论文中追溯了弗兰姆普敦对区域规划中的控制约束要素的研究兴趣：起初是以建筑工程手段和形态，近来更强调通过景观媒介来完成。这篇论文引用了众多的当代欧洲景观设计实例，为城市化压力下如何建立区域的可识别性提出了独特的解答。伊丽莎白·莫索普通过分析城市基础设施与景观系统之间的多样化关系，拓展了关于城市基础设施的景观研究。她收集了欧洲、北美洲、澳大利亚和亚洲的多个案例以加强自己研究的说服力，并强调景观都市主义实践在处理水平生态区域和使之趋于城市化的基础设施网络之间关系的重要性。杰奎琳·塔坦系统梳理了作为景观实践对象的城市公路的历史与未来，延续了城市基础设施的话题。

他也借用 19 ～ 20 世纪的实例，阐述了在当代通过把公路融入城市肌理，从而发挥其作为社会、生态和文化产物（social，ecological and cultural artifacts）的思想。

阿兰·伯格在其以《废弃景观》（Drosscape）命名的论文中，针对逆工业化过程中遗弃的大量废弃景观，提出了一套概念和分析框架。伯格将这些废弃场地作为更广泛意义上的经济生产活动的废物来看待，并由此倡导景观都市主义作为各种设计实践的交叉领域，理应在对待被工业生产遗弃的土地上发挥更大的作用。克莱尔·里斯特在《交换的景观：对场地的再解读》（Landscape of Exchange：Re - articulating Site）一文中，描述了经济活动中不断变化着的尺度，并将之作为一种城市形态模型的基础，由此解释当代城市研究对景观都市主义思潮报以热忱的原因。在回顾了历史上众多城市形态实例的基础上，他将后工业时代商业活动的运行和逻辑规则，譬如适时适地的生产模式（just - in - time production）以及其他的当代范式，都视作水平向的景观交换过程的类似物。皮埃尔·贝兰格延续了这一研究。他也对当代城市商业空间的表面饶有兴趣，并对北美的硬质铺装景观（landscape of paved surface）的历史发展进行了调查。他从技术和社会角度，对沥青在这片大陆的迅速使用和强有力蔓延进行了系统梳理，从高速公路到港口，从公交枢纽到自由贸易区，进而形成了由巨大的城市化表面联系而成的水平网络。本书以克里斯·瑞德对北美公共工程项目实践的演变的思考作为结束。他引用 19 ～ 20 世纪的公共工程实例，将景观都市主义者的实践描述为在一种类似组织化的、行政性的和程序化的条件之下发挥作用，基于此，公共项目才得以构思出来并被委托出去。

总而言之，这些文章阐述了景观都市主义的观点、实践以及所展现出来的潜力。而景观都市主义思想作为在过去二十多年间设计学科对城市的阐释所发生的最重大的转变，这些文章同样也解释了我们目前在国际范围内对其所能了解到的、并且仍在拓展着的影响力。

本书汇聚了关于这一思想的起源、主旨、相近概念以及实际应用方面截至目前最完整的信息。与此同时，它也梳理回顾了那些以描述、展示以及设计当代城市为己任的学科的关注点转移的过程。一切为了服务于一个新的目标和一套新的语汇，本书对这一微妙的转变过程予以记录，并且使一场深刻的、持续的学科巨变所带来的震撼变得更加清晰敏锐。

注释

1. *Epigraph*. Roland Barthes, "From Work to Text," *Image Music Text*, trans. Stephen Heath (New York: Hill and Wang, 1977), 155.

流动的土地

Terra Fluxus

詹姆斯·科纳／James Corner

图 1　高线，纽约，2004 年；硬质和有机表面融合为一体

二十一世纪伊始，看来有些过时的"景观"一词又戏剧性地成为时尚（图1）。景观在一种更大的文化想象中的再现，部分归因于环境保护主义的兴起和全球生态意识的觉醒，旅游的持续增长和保留区域独特个性的需求，以及都市扩张对乡村区域的巨大影响。与此同时，景观也为许多当代建筑师和城市规划师提供了一系列可供想象并具隐喻性的联想空间。而建筑院校近年来已经逐步对景观教育敞开了怀抱。尽管在不久前，建筑师们连一棵树都不能（或不愿意）画，对场地和景观更是兴趣甚微。而今，众多设计和规划院校不仅对植物配置、土方工程和场地规划等报以极大兴趣，并且更深入地涉及到景观的概念范畴；也由此具备了对场地、区域、生态系统、网络、基础设施等进行研究的理论基础，得以进一步对大规模城市地域进行组织。尤其值得注意的是，无论是空间组织的主题、动态交互的方式，还是其生态关系及关键技术，当前都指向一种新出现的、更为宽松的都市化模式，这种模式更接近真实复杂的城市，并提供了一种取代刻板的、中央集权式规划机制的新途径。

　　一些领先的景观院系从其传统上就已经从景观的视野（the scope of landscape）来理解都市化，而这种理解模式在重视设计、文化表达及生态构成等技术的同时，也注重大尺度的空间组织技巧。最近，一些景观设计师已经摆脱了传统职业界限的限制，将其技巧拓展至复杂的都市、功能和基础设施领域。由此，建筑、景观、城市设计和规划这些专业领域内的某些要素，似乎已经开始融合成一个共同的实践类型——"景观都市主义（landscape urbanism）"，正如合成这一新概念所期望描述的那样，"景观"一词在其中具有核心的意义。而这种混合型实践活动的确切本质是什么，"景观"和"都市主义"这两个词的涵义在这里又是如何发生改变的？

　　1997年，在由查尔斯·瓦尔德海姆（Charles Waldheim）策划并组织的景观都市主义研讨会和展览上，就预告了这种学科的融合，并在此后的一系列出版物中进一步阐明。[1] 这种主张强调学科的融合与统一，尽管这一联合体中仍包含着差异，或者说将差异更集中地体现出来。而"景观"和"都市主义"这两个词本身都含义丰富且争议不断，因此上述差异正是因其在思想意识、纲领程序及文化内容等方面的不同所致（图2）。

　　显然，这种宣言式的主张的主要意图，以及因此而汇集于此的各论文的目

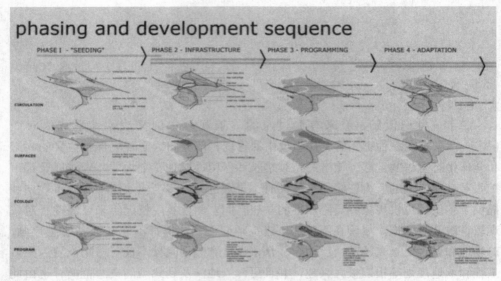

图 2　纽约清泉公园（Fresh Kills）的生命景观，史坦顿岛，2004 年；分期建设图解

的，都强调将上述两个术语融为一个词、一类事实、一种实践。但同时，每个术语仍然是截然不同的，表明它们之间必须的、也许难以避免的独立性。相同，又有所不同；可相互转换，但也不是将自身完全消解，就像一种永远依赖 X 和 Y 染色体而存在的新的合成物，无法完全摆脱父辈的不同之处。

　　这种辩证的合成非常重要，它既区别于早期人们将城市场地视为景观的尝试，也不同于将景观置于城市之中的尝试。我们谈论景观和城市的方式，总是习惯采用 19 世纪的"差异和对立"的眼光。这种观点认为，城市总是疲于处理高密度建筑、交通设施、创造税收、各种社会问题的不良后果，如交通拥堵、污染以及各种社会压力等；而景观，以公园、绿道、行道树、散步道和花园等形式，被认为是缓解城市化问题的药方和安慰剂。最具典型意义的莫过于奥姆斯特德（Olmsted）的纽约中央公园，致力于使曼哈顿冷冰冰的城市肌理变得柔和，而这也使中央公园促进了周边房地产开发，这种催化作用更像一种景观都市主义模式（landscape urbanist model）。在这种情况下，景观加快了城市形成的过程。

　　丹麦移民、著名的芝加哥景观设计师简·简森（Danish émigré Jens Jensen）更清晰地表达了这种观点。他指出："城市是为健康生活而建……不是为了赢利和投机，未来城市规划师关心的首要问题是将绿色空间作为城市综合体的重要组成部分。"[2] 在这里，"综合体"是一个非常重要的概念，我将在后面多次强调它；可以说对简森、奥姆斯特德而言，甚至对柯布西耶的伏瓦生规划（Plan Voisin）

而言，这种以公园和绿色开放空间存在的"绿色综合体"形式，都包含着这样的理念，即这种环境能够给城市带来文明、健康、社会公平和经济发展。

但是，这些传统的城市景观不仅仅是美学和象征性的空间，更重要的是它们具备生态导管和通道的功能：比如在类似项链状结构的波士顿贝克湾沼泽（Back Bay Fens）中就潜藏着水文和暴雨管理系统；再如楔入斯图加特的绿色廊道，为城市带来森林的新鲜空气，成为了城市的冷却剂和清洁剂。这些具有基础设施性质的景观将持续地为全体城市居民的健康和幸福发挥重要作用。而这些先驱作品同时也包含了一些景观都市主义思想的重要潜质：转换尺度的能力、将城市肌理整合在城市的区域和生物背景之中的能力，以及设计动态的环境进程和城市形态之间的关系的能力。

我们考察这些先例以期对当前状况有所借鉴时，最大的挑战莫过于它们对"自然"的一种文化意象的追求，而景观被牢固地附加在这种意象之上。"自然"在上述案例中，大多是通过一种柔和起伏的田园景致来表现的，这种景致被普遍认为是善良的、仁慈的、舒缓的，是一种对被腐蚀的现代城市环境和社会品质道义上的和实际上的解毒剂。这种景观是城市的"另一面"，虽是城市的必不可少的补充物，但却来自排除了建筑物、技术和基础设施的自然。

另一个更加复杂和矛盾的案例是洛杉矶河，它发源于圣苏萨纳山脉（Santa Susana），流经洛杉矶市中心。这条"河"实际上是美国陆军工程师团（US Corps of Engineers）修建的一条混凝土水渠，其目的是防止春季冰雪融化和周边开发带来的地表径流所产生的严重洪涝灾害。水渠的设计重点是最大限度地优化泄洪的效率和速度。其拥护者宣称"自然"在这里就是洪水猛兽。而另一方面，景观设计师、环境保护主义者和各种社区团体想将其转变为绿色廊道，充满了滨水栖息地、林地、鸟鸣和垂钓者。对这群人而言，"自然"已经被工程师的控制欲丑化了。我相信，这只是一项初衷良好但却误入歧途的任务，但会加剧人们思想意识中的对立。

这种对立朝着两个方向发展。人们的争论不仅仅是考虑将景观引入城市，同时也使城市的扩张融入周围的景观——这正是田园理想的源泉，其特征就是拥有广阔的农田、植被覆盖的山地和自然保护区。1995 年，城市学家维克多·格鲁恩（Victor Gruen）合成了"城市风景"（cityscape）一词，以与"大地风景"①（landscape）相区别。格鲁恩的"城市风景"是指由建筑、铺地和市政基础设施所构成的建成环境。它们被进一步地细分为"技术风景（technoscapes）"、"交通风景（transpotation – scapes）"、"郊区风景（suburb – scapes）"，甚至是"泛城市风景（subcityscapes）"——即被格鲁恩称之为"大都市的鞭痕"的城市周边的

---

① 译者注：landscape 目前国内普遍译为景观。在此处特别指与城市风景等相对的大地风景。

条带和碎片区域（scourge of metropolis）。另一方面，格鲁恩虽承认"景观"是指"自然占统治地位的环境"。但他认为景观本质上不是"自然环境"或人未触及的蛮荒之地，而是那些人类定居的、以一种亲密和互惠的方式改变着土地及其自然过程的区域。他以农业和乡村环境为例，力图唤起对一种映衬于绿色植被和蓝天背景下的天地和生态和谐的景象的向往与追求。对格鲁恩来说，城市风景和大地风景曾经界限分明，但今日的城市已经在一种经济驱动和"技术的暴发"（technological blitzkrieg）中，打破其围墙来容并周围的景观并使之均质化——各种"风景"（various scapes）现在既相互冲突同时其定义的边界也日益模糊。[3]

这种一个事物压过另一个事物的景象（无论是景观渗入城市还是城市蔓延到腹地中，每种情况都具备竞争价值），令人回想到拉维莱特公园设计引发的争论。当时许多景观设计师指责公园的设计中仅考虑了建筑或"装饰物"，相反，"景观"缺失了。最近，景观设计师们已经修正了这种看法，认为根据更进一步的观察来看，仍处于生长过程中的景观已逐步覆盖了建筑。这种观点非常能说明问题，因为对于简森、奥姆斯特德、柯布西耶、格鲁恩以及和他们同时代的人来说，或对于今天为洛杉矶河而战的各种组织来说——他们认为建筑/城市与绿色景观两个类型体系是相互分离的实体：拉维莱特的装饰物并未被认为是景观的一部分，就像混凝土砌筑的河道无法被认为是景观元素，尽管其景观功能只是水文方面的。

而且，我们都很了解上述两个概念体系——景观和都市主义——各自属于某一特定专业，或者不同的制度化学科。建筑师们建造建筑，而与工程师和规划师一起，他们也设计城市；景观设计师则营建各类景观，比如土方工程、种植及开放空间设计。拉维莱特公园是由建筑师而非景观设计师设计的，这使许多景观设计师为此而暗暗不平。与之类似，当景观设计师赢得了原本属于建筑师职业范围的竞赛时，他们也会听到许多冷嘲热讽。所以今天景观和都市主义之间的这种自相矛盾的、分庭抗礼式的割裂，不仅仅是因为人们对这两种媒介在材料、技术、想像力或意识形态等方面感知的不同，还在于高度专业化的分类，以及竞争关系的复杂程度等多个因素。

比如，曾经有人认为景观会被建筑师和规划师的工作所压制，或者他们仅仅被用于构筑或强化城市形态的首要意义。景观这里被作为一种体现中产阶级美学的、驯化了的自然的面具。甚至，当下愈加常见的是，大量由开发商和工程师组成的公司以其特有的步调、效率和丰厚利润在建造着今天的世界，以至于所有的传统设计行业（不仅仅是景观）被边缘化了，他们被剥夺了空间设计的权利，仅仅做些粉饰性的活动。

当然，与此相反，许多具有生态思想的景观设计师认识到了城市中非常忽视自然的存在。尽管环境恢复和调整是非常紧迫的和重要的任务，但将城市形态与过程从任何生态分析中排除出去也是很有问题的。进一步来讲，所谓的"可持

图 3　东达令港（East Darling），悉尼，澳大利亚，2005 年；城市新滨水地区开发鸟瞰，作为一种从外来者眼光中看到的城市景观

续"规划，即依赖特定生物区域的新陈代谢机制，并以某种半乡村化环境的形态面目出现的设计方案，无疑是幼稚和适得其反的（naive and cornter – productire）。而这些设计方案的鼓吹者是否真的相信，仅靠自然系统本身，就比基于现代技术的工厂能够更有效地处理那些难以应付的垃圾和污染问题？他们难道真的相信，人和虚构的"自然"景象（fictional image）的接触，就能够使每个人保持一种对大地以及彼此之间的更为相互尊重的关系（就像将数百万人从城市迁移到乡村，难道就能够在某种程度上增加生物多样性，改善水和空气质量一样）（图 3）？

　　20 世纪之初，全球只有 16 个人口超百万的城市，而到 20 世纪末超过 500 个城市人口超百万，一些甚至超过 1000 万并仍在扩张。洛杉矶大都市区有将近 1300 万人口，在未来 25 年内人口还会翻番。考虑到处于迅速城市化进程中的大都市的复杂性，继续将自然和文化、景观和城市相对立——不论是作为绝对的否定，还是善意的伪装和互补性的交叠——都会冒着建筑和规划艺术将无法对未来的城市构形产生任何真正或重大影响的危险。

　　在这样的前提下，我们能够开始想象，与被僵化了的学科门类所限定的实践活动相比，景观都市主义这一概念提出了一种更有希望、更激进、更有创造力的实践类型。也许，推动当代大都市发展的新陈代谢机制的高度复杂性，要求将职业化和制度化的不同学术领域间的差异性进行整合，以生成一种新的复合艺术，一种具有批判性先见和想象力深度的，并能够沟通不同尺度和范畴的空间—物质实践（a spatio – material practice）（图 4）。

图4　波多黎各植物园（Puerto Rico），圣胡安（San Juan），2004 年；场地规划将花园描述成新的复合形态，包含城市活动内容、研究、技术、自然的信息、开放空间和雨林

　　通过对这种实践进行粗略概括，我能够勾勒出截至目前的四种可能主题：随时间变化的过程；分段表面；运作或工作方法；想像力。第一个主题强调时间的过程。其原则是城市化进程中的诸要素——如资本积累、降低干预（deregulation）、全球化、环境保护等等——对于塑造城市的各种关系要比城市自身和内部的空间形式具有更重要的作用。现代主义者的观念，即认为新的物质空间结构将会产生新的社会化模式，现在看来已经穷途末路，因为他们试图在一种固定的、呆板的空间框架中纳入城市进程的动态多样性的努力最终失败了，这一框架既非源于这种动态进程，也不能改变其运行进程中的任一部分。这种对城市过程的强调并不意味着对空间形态的排斥，相反，其目的在于寻求构建一种对空间形态如何与其中流动、显现并维持着的过程相联系的辩证式的理解。

　　这意味着我们应把注意力从空间的实体品质（无论外在形式上的或自然风景式的），转向对决定城市形态的空间分布和密度等因素上。用以描述这些作用力的各种地段图解，对于深入理解城市事件和过程非常有用。比如，地理学家沃尔特·克里斯塔勒（Walter Christaller）的人口分布图示和城市规划师路德维希·席勒波塞米尔（Ludwig Hillerberseimer）的区域居住模式图解，都清晰地表达了与城市形态相关的人流及驱动力（flows and forces）。[4]

文化地理学家大卫·哈维（David Harvey）通过将现代主义城市规划的"形式决定论"与新近崛起的带有新传统色彩的"新城市主义"思想相对照，认为这两者都难尽如人意，因为他们都假定空间秩序能够决定历史与社会进程。而他主张，设计师和规划师的为之"奋斗"的目标并不在于"空间形式和美学外表"本身，而在于如何向一种"社会更为公正，政治更为解放，生态更为健康的时—空生产过程的混合体"趋近，而非向由"肆无忌惮的资本积累及其所依赖的阶级特权和政治——经济强权导致的不平等所强加的过程"投降。[5]哈维的观点要义在于：未来都市主义的新的可能性必须更多源于对过程的理解——即事物是如何在空间和时间上运转的，从形式角度的理解则趋于次要。

在构思一种更为有机、更具流动性的都市主义概念的过程中，生态学本身成为了一种极为有用的工具，我们能够借助它去分析和了解具有多种选择性的城市未来。生态学的理论意在展示地球上的所有生命是如何在一种动态的关系中相互依存的。然而，生态系统内部各元素之间的相互作用的复杂性是线性的机械模型所无法描述的。甚至，生态学科认为单体因子在一个广域系统中所产生的增加和累积效应，随着时间的推移，会不断地影响着环境的生成。因此，生态学思想十分强调，过程中体现出的动态关系和因素，并且也解释特定的空间形态的只是物质的一种临时状态，正处于变化成为其他物质的过程中。由此，那些表面上紊乱或复杂的状况，起初可能被误认为是随意或混沌的，事实上它们是由特殊的几何和空间秩序构成的非常有序的实体。因此看来，城市和基础设施，实际上与森林、河流一样是具有"生态性的"。

自1969年伊恩·麦克哈格的《设计结合自然》一书出版以来，景观设计师热衷于开发各种各样的生态技术，应用于场地规划和设计。但是，出于各种原因（一些前面也已提及），生态学仅被应用于那种将城市排除在外的、通常认为是"自然"的所谓"环境"背景中。甚至那些将城市包含在生态平衡关系中的学者，也仅是从自然系统的角度（水文、气流、植物群落等等）来认识。可见，我们经常将文化、社会、政治和经济环境植入自然世界，把它们作为自然世界的对称物来看待。而景观都市主义的目标则是发展一种时空生态学（a space-time ecology），即全面考虑城市领域内的所有力量和因素，并把它们作为由相互关系所形成的连续网络来对待。

这种融合的一个范例就是路易斯·康（Louis Kahn）1953年为费城机动交通所作的图解分析。关于这个项目，康写到：

> 高速公路就像河流。这些河流勾勒出那些被服务的区域。有河流就有港口。港口就是市政停车楼；从港口延伸出一套运河支流系统，服务于内

陆区域；……从运河又延伸出尽端式的船坞；船坞就作为进入建筑的入口。[6]

随后，康在东市场大街（Market Street East）规划中设计了一整套"入口"、"栈桥"及"水库"，在这里每个词就像黑夜中引导航行并调整航速的灯塔，都在城市环境中被赋予了新的表达。

康的图解建议我们开发一套当代分析技术，来表达城市的流动性以及过程特点，其中各种各样的媒介、反应物及作用力，都可以打破既有壁垒而运行，因此也须纳入统一的考虑之中，无论是正在运行还是须重新定位。这需要将整座城市看做是一个随时间而变的过程与交换的活的竞技场，并允许新的力量和关系介入，为新的活动和使用模式预备场地。因此，固定的土地（*terra firma*）（稳固的、固定的和明确的）一词会让位于城市地域中的过程转换：流动的土地。

景观都市主义的第二个主题是将这一概念本身与水平表面、现象协同考虑，换言之也就是地平面以及"行动发生场所"（field of action）。这些表面构筑形成了城市地域当跨越多个尺度来看，从人行道到街道，再到整个城市表面的基础设施网络。这体现了当前人们对于表面的连续性的兴趣，比如屋顶和地面成为一体的情况；而这对填平景观和建筑之间的鸿沟当然非常有价值——比如彼得·艾森曼（Peter Eisenman）和劳瑞·欧林（Laurie Olin）在这方面的合作。但是，我强调的是对表面的第二种理解：表面可以被理解为城市的基础设施。这种对城市表面的理解在雷姆·库哈斯的理念中尤其明显，即都市主义/城市化是战略性的，并会更加趋向于"为土地注入潜力"。[7]不像建筑设计那样为了凸显自身而磨灭场地的潜力，城市基础设施会播下未来可能性的种子，并为不确定性及期待都安排了表演的场地。对各种表面的未来利用进行的准备，完全不同于仅在表面构筑中对形态的单纯兴趣，它更具战略性，强调方法而非结果，强调操作逻辑而非构成设计。

比如，网格在历史上被证明是一种十分有效的场地规划设计操作方法，通过将这一框架延伸至广大表面，从而达到随时间而变的弹性、可塑的开发过程，比如曼哈顿的建筑与街道网络，以及美国中西部的大地测量方格网。在这些案例中，一种抽象的、形式化的规划手法刻画出大地表面的特征，并注入了特异性及开发的潜力。这种组织结构使得表面易读并有秩序，同时允许各个部分的自主和个性，并对未来可能的变化保持开放。这一划分方式借助秩序与基础设施来安排表面，并允许有很大的适应调整空间，因此象征着一种远离物质形式塑造的城市化思路，转向一种类似舞台编舞的灵活策略，其中元素和材料的使用都因时而变，从而扩展出新的网络、新的链接与新的机会。

这种对表面的理解，突出了流动的人口数量与特征及各利益群体在城市表面活动的轨迹；而人们在不同时段以不同的方式暂时驻足于某块场地，并且上演形形色色的主题事件，同时在更大的区域范围内将各种各样的此类暂时事件联系在一起，就形成了人们活动的轨迹。这种方法试图创造一种并非被"设计"出来的环境，而是由各种系统和元素在一个多元交互网络中运动所形成的生态关系。这里提出的景观都市主义思想，既是上述方法的推动者也是其加速者，它会在各种表面上起作用。这种曾经简便而传统的规划方法为居住者提供了一系列程式化的布局方案，如根据季节、需求及愿望等的变化。这项工作的推进更少寻求形式化的解决途径，而是更趋于设计的公共进程和对未来的考量。正因为景观都市主义关注一种随时间而变的工作表面，因此是一种期待变化的、开放性的和磋商性的城市设计手法。

这就随之推导出景观都市主义的第三个主题，操作或工作方法。如城市地理环境会跨越多个尺度发挥作用，并潜在的成为各类参与者的载体，但我们如何使其概念得以清晰地呈现？进一步来讲，除了单纯的表达问题，面对当前城市发展的紧迫状况，我们如何使规划师的成果得以实施并真正发挥作用？我们并不缺乏批判性的空想乌托邦，但它们少有能从绘图板上走下来变为现实的。作为设计师，我们最终只能对建筑的密度产生兴趣，但是大多数践行于此的设计师，只能通过缺乏想像力和批判性的设计技能来体现其行业责任，这无疑是悲哀和具讽刺性的。而另一方面，可以看到一些幻想家总是具有煽动性，当然也颇具启发性，但是他们的乌托邦仍然避开了操作策略的问题。

景观都市主义实践所面临许多表达方面的问题。但我相信景观都市主义提倡一种对传统概念、表达以及操作技巧等的反思。大尺度时空转换的可能性，对当地环境的详细记录与概要性的工作图示，电影和舞蹈技巧与空间符号的比较，在进入计算机数字空间的同时又与颜料、黏土和墨水纠结缠绕，而房地产开发商、工程师与高度专业化的幻想家与当代文化诗人也混杂在一起——所有这些活动（也许还有更多），似乎已成为综合性的城市规划实践中真实而又重要的一部分。但能够用来界定问题范围并对之进行协调的技巧却令人绝望地缺失了——至少对我来说，这一问题本身最值得我们关注和研究。

这自然就引出了景观都市主义的第四个主题，即想像力。似乎单独考虑上述诸主题都是没有意义的。但受物质世界的体验提示与刺激而产生的群体想像力，必须持续作为任何创造努力的最初动机。在许多方面，若从城市开发和资本积累的经济最优原则来看，20世纪规划的失败可以归因于想像力的绝对匮乏。城市中的公共空间不能仅仅作为象征性的补偿，或者所谓"休闲"这种大众性活动的容器。公共空间首先是集体记忆和愿望的载体，其次是地理和社会想像的场所，并拓展出新的关系与可能性。物质性、表现性与想像力，并非彼此割裂的独立世界；通过构筑空间场所的实践来引发政治变革，不仅归功于空间的表现性与象征性的作用，与物质活动的关系也密不可分。因此，景观都市主义看起来归根到底是一种充满想像力的活力，大大丰富了这个世界的可能性。

最后，我想再回到景观从都市主义中分离出来这一自相矛盾的看法上来，这种分离在本文中已有出现。实际上，这两个词也并没有混为一谈。而我确信，上述似是而非的矛盾既是无法回避的，同时也是必须维持的。不管上面勾勒出的这种实践是如何雄心勃勃和意义深远，今日的最终对象还是门、窗、花园、河流廊道、苹果及咖啡和牛奶（lattes）。我们不可避免地与各种事物保持亲密接触的关系，而这些都表现了城市体验的丰富性。早期城市设计和区域尺度计划的失败，应归根于对丰富的现实生活的过度简单化处理。好的设计师必须有能力处理微妙的关系，并诗意地制定设计策略。换句话说，景观与都市主义的结合，预示了新的工作关系与系统的产生——这种新的关系与系统将跨越多个尺度，横亘辽阔的地域，并将每个部分置于和整体的关系中，但同时，景观与都市主义的分离也承认了亲密性与差异性在物质实体层面有不同程度上的体现，这些又总是深深地交织在更大的区域背景之中。

在促进未来大都会区域形成新的生态关系的过程中，具有批判思想的景观都市主义者不能忽略现有的或将来的地方特性，不管这种差异是永久的或是暂时的。从古希腊神话中的琼浆玉液（Nectar）到现代的阿斯巴甜糖（NutraSweet），从鸟鸣到小动物啼叫（Beastie Boys），从涨潮时的波涛汹涌到自来水的嘀嗒声、从长满青苔的石南树到滚烫的沥青路面、从管理控制区到广袤野生保护地，甚至从所有物质和事件中生成的优美表演，正是人类实现自我丰富和获得创造力的日益多样化的源泉。我再也想不出比景观都市主义更好的存在理由。

注释

1. Landscape Urbanism Symposium and Exhibition, April 1997, Graham Foundation, Chicago. See also, for example, my essays in *Stalking Detroit*, ed. Georgia Daskalakis, Charles Waldheim, and Jason Young (Barcelona: Actar, 2001); *Landscape Urbanism: A Manual for the Machinic Landscape*, ed. Mohsen Mostafavi and Ciro Najle (London: Architectural Association, 2003); and David Grahame Shane, *Recombinant Urbanism* (London: John Wiley, 2005).

2. Jens Jensen, *Siftings* (Baltimore: Johns Hopkins University Press, 1990). On Jensen's work and life, see Robert E. Grese, *Jens Jensen: Maker of Natural Parks and Gardens* (Baltimore: Johns Hopkins University Press, 1992).

3. Victor Gruen, *The Heart of our Cities: The Urban Crisis, Diagnosis and Cure* (New York: Simon and Schuster, 1964). See also Gruen, *Centers for the Urban Environment: Survival of the Cities* (New York: Van Nostrand Reinhold, 1973).

4. See Walter Christaller's *Central Place Theory* (Englewood Cliffs, NJ: Prentice-Hall, 1966); and Ludwig Hilberseimer's *New Regional Pattern* (Chicago: P. Theobald, 1949).

5. David Harvey, *The Condition of Post-Modernity* (Cambridge, England: Blackwell, 1990.)

6. Louis Kahn "Philadelphia City Planning: Traffic Studies," Philadelphia, PA, 1951–53. These drawings and project papers are in the Louis I. Kahn Collection, Architectural Archives of the University of Pennsylvania.

7. Rem Koolhaas, "Whatever Happened to Urbanism," Koolhaas and Bruce Mau, *S, M, L, XL* (New York: Monacelli, 1995), 969.

作为都市研究模型的景观

Landscape as Urbanism

查尔斯·瓦尔德海姆/Charles Waldheim

图 1　库哈斯/OMA，拉维莱特公园竞赛，1982 年；内容安排的简图

过去十年中，景观已经凸现其作为一种当代城市研究模型的意义，而这皆因其能够描绘当下急剧分散的城市化状况的特性，尤其是处于复杂自然环境背景之下的情况①。同样在这十年中，景观学科（landscape discipline）也经历了一场学术与文化上的革新（intellectural and cultural renewal）。当我们把景观学科自身的更新及其与城市的关联性都归因于这场变革或环境意识的增强时，景观也罕见地成为最具实质性的学科讨论中心，而该中心以前曾被建筑学、城市设计或城市规划所占据（图1）。

　　许多以"景观都市主义"来表达的、并且记录在本书中的概念范畴，以及基于此而进行的工程实践，都起源于这一概念之外的学科——建筑学和城市设计。它们在传统意义上承担着描述城市的责任。就此而论，景观都市主义实际上含蓄地批评了建筑学和城市设计学科，认为它们无法清晰、有力而令人信服地阐释当代都市的状况。基于这个背景，围绕景观都市主义展开的讨论可以解读为学科的重组，其中景观取代了建筑作为城市设计基本单元的历史地位。许多来自不同学科的学者指出，景观在描述现代都市时间的易变性和范围的扩展性方面具有重要意义。普林斯顿大学建筑学院的院长、建筑师和教育家斯坦·艾伦（Stan Allen）就是这些学者中的一位：

　　　　渐渐地，景观成为了当代城市研究的一种模型。景观在传统上被定义为组织各种水平表面的艺术……通过紧密地关注这些表面的状况——不仅仅是结构，而且包括材料及其特性——设计师在塑造空间并激活城市活力时可以不借助传统空间生成的方法。[1]

　　这种效能——即通过水平表面的组织取代传统建筑物的构建方式来激活都市活力的能力——表明景观可作为描述当代都市快速水平蔓延和变化的一种手段。在城市分散化和密度降低的情况下，传统城市设计的手法被证明是昂贵的、缓慢的和不灵活的，与当代都市快速变化的文化不相称。

　　景观作为城市研究模型的理念，同样见诸于景观设计师詹姆斯·科纳（James Corner）的著述。他认为，在建成环境中只有通过综合的、富有想像力的

---

　　① 译者注：urbanism 在本文中特别强调作为研究当代城市发展的一种"模型"、"模式"等。因此文题及文中相应表述皆按此译。

重组，才能摆脱后工业文明的困境，走出规划职业"官僚和缺乏创见的"死胡同。[2] 他的作品着力批判了景观设计学科近年来固有的专业论点——为其他学科所操纵和控制着的环境提供透视图式的布景（scenographic screening）的倾向。[3] 对他而言，许多景观设计师所推崇的狭隘的生态宗旨，只不过是一个存在于人类媒介和文化构建之外的、有关一种假想的、自治的"自然"（a supposedly autonomous）的自我辩护。因此，对他和许多人来说，今日的环境主义和田园式景观思潮在全球都市化的面前是幼稚的、毫无作为的。[4]

景观都市主义受益于区域环境规划的经典著作，从帕特里克·格迪斯（Patrick Geddes）和本顿·麦凯（Benton MacKaye）的研究，到刘易斯·芒福德（Lewis Mumford），再到伊恩·麦克哈格。然而，景观都市主义又与区域环境规划迥然有别。[5] 科纳本人也是麦克哈格在宾夕法尼亚大学的学生兼同事，他认可麦克哈格的《设计结合自然》一书的历史贡献，但也反对麦克哈格在区域环境规划中将"自然和城市相对立"的观点。[6]

后现代主义

景观都市主义的起源可追溯到对现代主义建筑和城市规划的批评。[7] 查尔斯·詹克斯（Charles Jencks）和其他的后现代建筑文化倡导者们认为现代主义无法产生"有意义"的和"宜居"的公众领域，[8] 因为其忽略了城市作为集体意识的历史建造[9] 这一现实，因此无法与大众沟通。[10] 事实上，"现代建筑学的死亡"，就像詹克斯1977 年所宣判的那样，是和美国工业经济危机密不可分的，由此也成为消费者市场趋向多元化的转折点。[11] 但后现代建筑学布景式的途径，未能也不可能揭示工业化背景下的现代城市的结构状态；即城市形态趋于离心化。这种离心的、分散式的城市化在今日的北美地区仍然快速地继续着，并对建筑文化风格的变化毫不关心。

随着人们对工业化所带来的社会和环境灾难的觉醒，后现代建筑学重又回到怀旧的、看起来更为稳定、安全的建筑形式以及更持久的城市形态上来。后现代的建筑师引用欧洲一些传统城市形态的先例，实践着一种看似"有意的"文化倒退。他们通过设计单栋的建筑物以唤醒一种缺失的环境文脉，似乎两栋相邻建筑的特征的协调便可以抵消一个世纪以来工业经济的影响。20 世纪 70 和 80 年代城市设计学科的崛起，将对于建筑物群体的兴趣进一步拓展至对于整体城市的怀旧式的消费上。与此同时，城市规划彻底退出历史舞台，只能在效能不佳的政策、程序和公共医疗的研究中寻求庇护。[12]

后现代的"对于秩序的回归"，表明现代主义低估了步行尺度、街道网格的连续性以及承上启下的建筑风格等传统城市的价值。正如历史发展的那样，后现代主义的冲动也可以被理解为一种与大众交流的渴望，或者使建筑图像转变为商品以寻求多元消费市场的追求。但是，考虑到资本流动、汽车文化和分散城市化，这种从情感上对风格的依赖和从空间上对连续的建筑实体的依赖，是不可持续的。并且，当代都市的不确定性和流动性，以及传统欧洲城市设计的致命伤，正好是景观都市主义亟待研究的内容。20世纪80和90年代加泰罗尼亚首府巴塞罗那传统城市中心的公共空间和建筑工程项目，就是极好的佐证。今天，巴塞罗那对机场、物流区、滨水工业区、城市河道和水处理设施的再开发，更表现为大尺度的基础设施景观的营造，而非单个建筑或广场。这些案例以及最近荷兰的一些工程，都将大尺度景观作为城市基础设施的基石。当然，19世纪也有许多城市景观设计的案例将景观和基础设施相结合，比如奥姆斯特德的纽约中央公园和波士顿的巴克湾沼泽（Back Bay Fens）。但与这些先例不同的是，当前的景观都市主义实践，拒绝田园式的"自然"景象中对生态系统的伪装，而提倡使用基础性系统和公共景观，以形成城市区域本身的组织机制，塑造和改变城市住区的组织结构，以应对未来经济、政治和社会必然存在的不确定性。

景观作为一种媒介，正如科纳、艾伦等人所述，它能够随时间而变化、转化、适应和延续。这些特性使景观与现代都市化进程具有一定相似性，也成为适合分析当前城市状况的开放性、不确定性和易变性的媒介。正如艾伦所说："景观不仅是一种用以分析当今都市发展形态的模型，更重要的，它是一种面向这一发展过程的模型。"[13]

有力的证据显示，最早揭示景观具备塑造城市过程的潜力的一些实例并非产自北美，而是源于欧洲。1982年的巴黎拉维莱特公园设计竞赛，就是将城市活动作为一类景观过程进行组织编排的最早案例之一。1982年，拉维莱特区邀请多方参加"21世纪的城市公园"设计竞赛，竞赛场地面积为125英亩，原先为巴黎最大的屠宰场。用密集的公众活动空间来取代屠宰场的使用功能，正代表了全球后工业城市中被日益认可并广泛实施的一类项目的方向。正如最近北美的当斯维尔公园（Downsview Park）和纽约清泉垃圾填埋场公园（Fresh Kill）的设计竞赛，拉维莱特将景观作为城市转型的基本框架，那里曾经是运转着的城市的一部分，随着生产和消费经济的转型而留下一些遗迹。拉维莱特公园的竞赛开辟了一条后现代城市公园建设的道路，在此景观本身被构想为一个能够联结城市基础设施、公共活动和大型后工业场地的不确定未来的综合手段，而并不仅是简单地将其恢复为病态城市环境中的一个健康特例。[14]

来自70个国家的470个参赛作品被提交给了拉维莱特区，绝大部分作品采用了人们所熟悉的大众公园的形态和恢复传统城市的类型，但有两个作品清晰地发出了当代都市主义范式转变的信号。伯纳德·屈米事务所（Bernard Tschumi）的获胜作品，代表着景观都市主义思想发展中的一个概念上的飞跃；该作品表明，景观是随着时间的变化去安排城市活动及社会变化的最佳手段，尤其是正处于复杂演变过程中的各种城市活动的空间安排。这正延续了屈米长期以来对于事件和活动重组方面的研究兴趣，并也成为后现代时期建筑学领域为摆脱长期居于

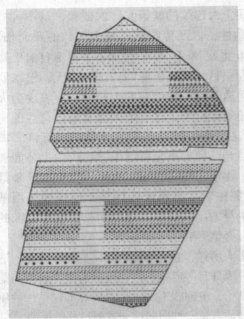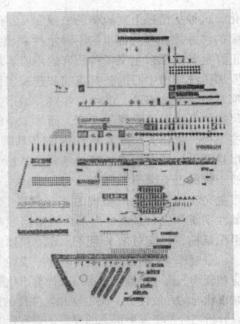

图2，图3　拉维莱特公园竞赛：条带图解（左）和种植图解（右）

主导的风格化问题而进行的一次有益探索。如屈米在其竞赛作品中所陈述的：

　　20世纪70年代是人们对城市的构成、其类型学和形态学等的兴趣
　发生转变的一个时期。但是当分析仅侧重于城市的历史时，这一关注就
　缺失了关于城市内容的合理性的思考，该分析也就与城市中发生的事件
　无关。没有人强调功能和事件的组织在建筑学上是和形式与风格同等重
　要的这么一个事实。[15]

　　获得第二名的大都会事务所（OMA）的库哈斯的作品也同样影响深远
（图2，图3）。该方案虽未获实施，但探索了将各种公园活动内容随机并置的技
术。库哈斯的构思是采用平行的景观条带并置各种活动。这些条带本身实际已成
为一种较为正统的设计手法，但库哈斯更为激进地把相互难以调和的一些内容并
置起来，让人们联想到他在《疯狂的纽约》（Delirious New York）一书中所描述
的曼哈顿摩天大楼将各种不同内容垂直安排在相邻楼层上的观点。[16]在这里，库哈
斯和OMA的构思是，通过战略性地组织公园的基础设施，来支持未来不确定的
和无法预知的各种功能：

　　可以大胆预言，在公园的生命周期中，其组成内容将不断地发生变
　化和调整。公园使用越久，它就越处于调整的状态……而公园活动内容

的不确定性，其潜在的原则允许任何的转换、修改、取代和置换，而不破坏最初的假设。这也成为了一种关于形式的概念基础。[17]

屈米和库哈斯的拉维莱特公园方案，通过展示后现代思想中关于开放性和不确定性的理念，指明景观可以作为阐述后现代都市主义的媒介：分层的、无层级的、弹性的、战略性的。两个方案都可视为景观都市主义的原型，构建了一种由基础设施构成的水平领域，它能包容纷繁复杂的城市活动，无论是有计划的和无计划的、可以想象的和未曾想过的，并且应时而变。

在拉维莱特公园的影响下，建筑学领域日益意识到景观作为当代城市得以良好存在的框架的作用。在北美城市中，景观跨越不同的文化立场，并成为借此构建富有意味和适宜生活的公众领域的最重要的手段。我们可以思考一下建筑史学家和理论家肯尼思·弗兰姆普敦（Kenneth Frampton）最近几年的思想转变。20世纪80年代，投机资本和汽车文化盛行，弗兰姆普敦痛心于难以创造有意义的城市形态：

> 现代建筑物正如此普遍地受限于最优化技术（optimized technology）的水平，以至于构建有意义的城市形态几乎是不可能的。汽车横行和土地投机一起牢牢地限制了城市设计，以至于任何干预都简化为对生产命令预先决定了的要素的处理，或是一种表面的粉饰，而现代发展正需要这种粉饰来推动市场交易和维持社会控制。[18]

与"最优化技术"相对的是，弗兰姆普敦主张一种"抵抗性"（resistance）的建筑学。但在随后十年中，弗兰姆普敦以建筑学作为抵制全球文化的地域性工具的呼吁，逐渐变为了一种更加隐晦的立场，这种立场不情愿地承认景观在维持以市场为导向的城市少有的秩序感方面的独特作用。在这一后来的诠释中，景观比实体形式主义对于维系市场生产破碎的关系方面，具有更好的前景（虽然还很微不足道）。

> 糟透的大都会已成无法回避的历史现实：它在长时期内已培育起一种新的生活方式（而不是一种新的自然）……与之相反，我更宁愿构建一种补救景观（remedial landscape），能够在对人造世界的破坏性的改变中扮演至关重要的弥补性角色。[19]

将弗兰姆普敦和库哈斯放在一起略显怪异，因为弗兰姆普敦呼吁采用传统文化来抵制全球化，而库哈斯更致力于全球化资本运作机制下的项目实践，两者是背道而驰的。但实际上，库哈斯从创立全球化品牌的工作转向新先锋（neo-avant-gardist）① 的态度现在已广为人知。除了他们的文化政见（cultural poli-

---

① 译者注：post-avant-gardist 为后先锋。

tics）存在分歧外，在 20 世纪 90 年代中期库哈斯和弗兰姆普敦实际奇怪地形成了一致的立场，即认为景观取代建筑成为最能够去梳理当代都市进程的媒介。正如库哈斯在 1998 年所说，"建筑不再是城市秩序的首要元素，逐渐地，城市秩序由植物组成的薄薄的水平平面所界定，因此景观成为首要元素。"[20]

第三种重要的文化立场，以彼得·罗（Peter Rowe）的《创建中间景观》（Making a Middle Landscape）[21]一书为代表，强调规划过程中的公平经济发展政策和公私合作伙伴关系。有趣的是，彼得·罗有着与前述近乎相同的结论；他倡导设计学科，对于塑造有意义的公共领域有至关重要的作用。尤其是对于传统城市中心和绿野郊区之间的成效"中间地带"。弗兰姆普敦将罗的观点总结为两点："首先，当前优先考虑的应是与景观取得协调一致，而非遵从独栋建筑的形式；其次，迫切需要将各种大都市建筑类型，如大型购物中心、停车场和办公园区，转变为景观化的建筑形态（landscaped built forms）。"[22]

如果说景观都市主义为设计贡献了一些策略的话，它实际也提供了一种文化类型——即一面借以观察和描绘当代都市的透镜，但若没有了设计师的介入和规划的帮助，它将只能是在仿效自然系统。同样地，库哈斯的作品及观念是与众不同的，但并非绝无仅有的。[23]对此最明显的例子是库哈斯有关亚特兰大的论文：

> 亚特兰大没有传统城市的特征；人口并不密集；由空旷、稀疏的小块居住区域组成，是各种小块土地的合成体。植被和基础设施构成其最主要的肌理：森林和公路。亚特兰大不是一座城市；它就是景观。[24]

在实际工程和著述中，越来越多的人通过景观的透镜来观察当代城市，由此采用了各种生态学的术语、概念、操作方法：正如对物种的研究离不开其生存的自然环境一样。[25]这揭示了景观都市主义思想内在的优势之一：即，在（自然的）环境系统和（工程的）基础设施系统之间的合并、融合与交换。

当从建筑师的作品中首先发现了景观在都市主义概念中的相关性的时候，这种新的关系也很快在景观学科自身内部得以巩固。虽然仍被景观学科主流文化所边缘化，但在众多学术研究和富于进取精神的工程实践中，这一思想越来越被看做是引导学科未来的一个可行的发展方向。对此有可能存在一些批评性的评价（景观学目前也正在享受这种评价），而这在许多方面与建筑文化随后现代主义兴起而发生的转变相类似。事实上，在后现代主义思潮的影响下，景观学科近来的再次复兴是顺理成章的。

当景观学科在考察其历史与理论的基石时，公众也愈加意识到环境问题的存在，因此更加认为景观属于文化的范畴。同时，北美的许多景观设计实践也在职业活动中变得日益成熟，而这些实践原本属于城市规划师领域。随着规划正逐渐远离

图 4　琼·罗伊格（Joan Roig）和恩里克·巴特列（Enric Batlle），特林尼特苜蓿叶公园（Trinitat Cloverleaf），巴塞罗那，1992 年；鸟瞰图

物质空间设计领域。这样景观设计师就填补了一个职业的空白，景观设计师已逐渐介入后工业场地、各种基础设施系统，如电力、水利和高速公路系统。澳大利亚景观设计师理查德·韦尔（Richard Weller）对景观职业的新意义描述如下：

> 后现代的景观设计学，在对现代基础设施进行清理的基础上获得了新的繁荣，因为社会——至少是发达国家——已经完成从初级工业社会到后工业、信息社会的转变。在通常的景观实践中，设计常常不得不在基础设施项目的阴影下进行，基础设施在此被赋予了优先权，嵌入整个领域内。但是，正如每个景观设计师所知道的那样，景观本身是所有生态操作必须借助的媒介：它是未来的基础设施。[26]

　　在当代许多景观设计师的作品中，景观作为工业时代伤口的止痛药，其缓解效应是显而易见的。德国彼得·拉兹（Peter Latz）的杜伊斯堡北星公园（Duis-

图5，图6　阿德里安·高伊策/西八景观设计事务所（Adriaan Geuze/West 8）：斯凯尔特河东项目（East Scheldt），1992年（左）；Schelpenproject，1992年；细部（右）

burg Nord Steelworks Park）和理查德·哈格（Richard Haag）的西雅图煤气厂公园（Gas Works Park），都清楚地表达了这种趋势。

　　在北美，许多景观设计师开始从事垃圾填埋场的设计工作，因为最近几年可获得的技术知识、资金支持都增加了，实践方式也变得多样。最典型的是哈格里夫斯事务所（Hargreaves Associates）、詹姆斯·科纳及其原野工作室（Field Operations）和朱莉·巴勒姆及其工作室（Julie Bargmann's DIRT）的工作。景观都市主义的另一个关键策略是把交通基础设施和公众空间结合在一起，以巴塞罗那的公共空间计划和外围交通改善工程为代表，如恩里克·巴特列（Enric Batlle）和琼·罗伊格（Joan Roig）设计的特林尼特苜蓿叶公园（Trinitat Cloverleaf）（图4）。尽管这类工作——使用景观将基础设施缝合到城市肌理中——已有成功的案例，巴塞罗那的外围交通改善工程仍是前所未有的。该项目和往常的最优化市政工程不同，转向一种能满足复杂需求的综合体，在建造高速公路的同时也为市民提供公共空间，市政工程和景观在其中都不占据主导地位。

　　阿德里安·高伊策，是鹿特丹西八景观设计事务所的首席设计师，也是景观都市主义的有力支持者。该事务所已完成了各种尺度上的工程项目，由此阐述了景观在形成当代都市主义中的多重角色。[27]其中一些项目，极富创造性地重新构建了生态学与基础设施之间的关系，不再强调中等尺度的装饰性或建筑设计层面的工作，而是倾向使用大尺度的基础设施图底以及小尺度的材料条件。

　　例如，西八的贝壳项目（Shell Project）使用深浅两种颜色的贝壳来组织构图，而相应的，深浅两种颜色的鸟群也自然地飞来靠这两种贝壳为生（图5，图6）。这些平面图案组成了与高速公路侧翼路肩相平行的条带，并连接了斯凯

图7，图8　阿德里安·高伊策/西八景观设计事务所（Adriaan Geuze/West 8），阿姆斯特丹史基浦机场（Schiphol）景观，1992～1996年：绿色凝视拼贴（green gaze collage）（左）；白桦林（右上）；苜蓿（右下）

尔特河东人造防波堤及人工岛。该项目采用了自然选择的生态学理论，并且使公众通过汽车这种方式了解这一理念。与之相反，城市公园道的先辈设计师们通常复制田园式的"自然"景观，不干预其周边的生态环境。同样地，西八为阿姆斯特丹史基浦国际机场（Schiphol）所做的颇具挑战性的方案，摒弃了详细种植设计的职业传统，代之以综合的植物配置方案，使用了向日葵、苜蓿和蜂巢（图7，图8）。该方案抛弃了复杂的构成设计和精确的种植排列，允许根据未来的发展和政治的变化来调整，这样的设计方法使得景观成为机场的复杂规划过程中的战略合作者，而非（通常情况下会是）不幸的牺牲品。西八完成的阿姆斯特丹港口的婆罗洲与施波伦伯格再开发规划（Borneo and Sporenburg），是景观都市主义作为职业框架的另一个案例。这个大规模的再开发项目是由西八主持、其他许多建筑师和设计师参与的庞大的景观都市主义工程。该工程通过引入大量的小型风景庭院，并委托众多设计师设计单个住宅单元，表明了景观都市主义策略的多样性。综合起来，西八最近的作品表明，景观设计学可以取代建筑学、城市设计、城市规划，成为重构后工业城市面貌极具潜力的设计学科（图9～图11）。

　　最近北美大量的城市工业用地再开发国际设计竞赛，也将景观作为首选的媒介。当斯维尔公园（Downsview Park，位于多伦多一个未充分利用的空军基地）和纽约清泉垃圾堆填区（Fresh Kills，位于纽约州斯塔腾岛，一处堪称世界最大的垃圾掩埋点）就是这种趋势的代表，也提供了工业城市废弃地再开发的景观都市主义实践的最充分表达。[28]虽然这两个项目的委托及其最终实施都存在着很大的

图 9 ~ 图 11

高伊策/西八景观设计事务所，鹿特丹市民广场（Schouwburgplein），1995 年；分层图解（左），阿姆斯特丹港婆罗洲与施波伦伯格（Borneo and Sporenburg）再开发规划，1995 ~ 1996 年；（下），阿姆斯特丹新东区（Nieuw Oost）1994 年；（底）

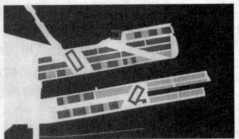

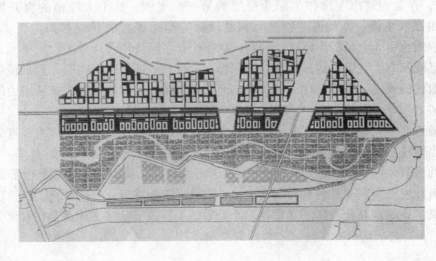

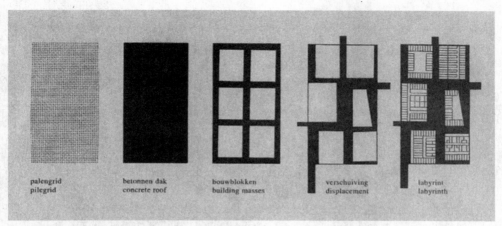

图12　阿姆斯特丹（Nieuw Oost）；规划图解

不同，但多伦多当斯维尔公园和纽约垃圾填埋区所代表的大量工作代表了一种正在涌现的共识：以建成环境为阵地的不同学科的设计师们，都在探索以景观作为媒介，借此来构思后工业城市的革新之策。詹姆斯·科纳的当斯维尔公园方案（与斯坦·艾伦合作）（图13，图14）和纽约垃圾填埋区的方案（图15，图16），通过把完全不同甚至潜在相互矛盾的内容统筹和协调起来，成为在此意义上的范例，也展示了成熟的景观都市主义作品。此类工作的典型特征，也是截至目前此类项目的标准思路，就是对于分期实施的精心计划，对于动物栖息地、植物演替、水文系统的详细考虑，以及对规划内容和体制的关注。该类项目的图表满含信息，它们表达了对此类规模的工程的巨大复杂性的理解。尤其引人注目的是将当代城市的自然生态系统与社会、文化和基础设施诸层的复杂关系统筹考虑。

　　库哈斯/OMA与设计师布鲁斯·莫（Bruce Mau）合作，与屈米在当斯维尔公园竞赛中成为最终入围者，但他们的历史命运或多或少地被颠倒过来。莫和库哈斯/OMA充满想像力且十分受媒体欢迎的"森林城市"（Tree City）获得头名，并最终赢得胜利。而屈米的方案更壮观，更有层次感，并且更有挑战性，无疑会在建筑文化内部产生更深远的影响，特别是当信息时代改变了我们对"自然"的理解和界定时。屈米为当斯维尔公园提交的"数字与森林狼"（The Digital and the Coyote）方案，展示了他长期关注于城市事件的偏好以及一种电子化的类比。该方案采用丰富而详尽的图解，展示了周边城市文明如何以类似植物演替和播种的方式在看似荒芜的草原中传播的过程。屈米在当斯维尔公园设计中的态度和他最初的拉维莱特公园理论是一致的。

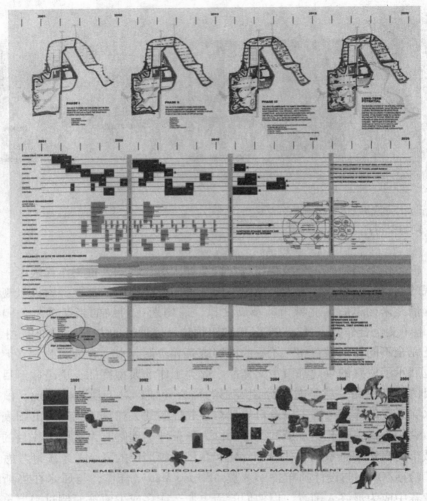

图 13，图 14　詹姆斯·科纳和斯坦·艾伦/原野工作室，当斯维尔公园竞赛方案，多伦多，2000 年，规划平面图（上）；模型（左）

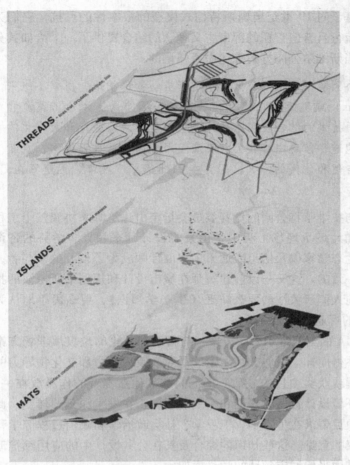

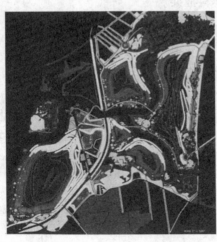

图 15，图 16　詹姆斯·科纳和斯坦·艾伦/原野工作室，纽约垃圾填埋场竞赛，纽约，2001 年，场地分析图解（左）；场地规划（右）

这两个项目都基于对 19 世纪奥姆斯特德式模型的根本性的反抗，它们为理解景观与当下十分流行且普遍存在的都市主义理念的结合提供了一个恰如其分的定位。就像屈米在当斯维尔公园方案陈述中所强调的：

> 当斯维尔公园既不是主题公园也不是野生动物保护地，所以不能采用沃克斯（Vaux）或奥姆斯特德那样的传统公园布局。水道、溪流和河道与高级军用技术的结合表明了另外一种流动性、易变性和数字化的敏感度。飞机跑道、信息中心、公共表演空间、因特网和万维网，重新界定了公园、自然和休闲的涵义，因为在 21 世纪，"城市"无所不在，即使在荒野之中。[29]

值得注意的是与拉维莱特公园的竞赛委员会指定由建筑师来协调整个工程不同，在斯维尔公园和垃圾填埋场工程中是由景观设计师来领导多学科的咨询团队，而在团队之中生态学家以及信息或通讯工程设计师成为了核心的参与者，这一点是非常明确和一致的。这又与以前建筑师在城市设计和规划中所扮演的指挥角色截然不同，以前人们所关注的要么缺乏（生态学知识），要么简单地认为建筑师（信息设计）的行业实践无所不包。

莫和库哈斯/OMA 的当斯维尔公园方案，与科纳和艾伦的垃圾填埋场方案是否能够完全实现还不得而知，我们必须认定这是对政策想像力和文化领导力的挑战，而不是竞赛过程或获奖项目的成败。把他们和其他参赛者的作品放在一起，我们可以看到建成环境设计背后的理论和实践的假设正在发生深刻的转变。此种规模和重要程度的项目要求在生态学、工程学、社会政治学和政治过程等学科交叉点上都能获得专家的意见。这些知识的综合及其在公共设计中的应用都推动了景观都市主义成为重构当代城市领域的学科框架。

注释

1. Stan Allen, "Mat Urbanism: The Thick 2-D," in Hashim Sarkis, ed., *CASE: Le Corbusier's Venice Hospital*, (Munich: Prestel, 2001), 124.
2. See James Corner, "Terra Fluxus," in this collection. See also James Corner, ed., *Recovering Landscape* (New York: Princeton Architectural Press, 1999).
3. See Corner's introduction to *Recovering Landscape*, 1–26.
4. 对于自然系统，近来涌现了一些从文化角度出发的复杂理解。这在（对自然的）极度鼓吹与完全的工具实用主义之间形成了一道明显的分界界标。此方面的实例，可以在从对景观的图画式表达（pictorial）向操作性表述（operational）的转变中得到。而这已成为近来大多数项目的主题。参见詹姆斯·科纳的《新景观与清晰地操作》（Eidetic Operations and New Landscapes, in *Recovering Landscape*，153–69）。对这一主题也贡献颇大的包括朱莉娅·泽涅克（Julia Czerniak），《挑战如画：近来的景观实践》（Challenging the Pictorial：Recent Landscape Practice, in *Assemblage* 34，December 1997：110–20）。

5. Ian McHarg, *Design with Nature* (Garden City, New York: Natural History Press, 1969). For an overview of Mumford's work, see Mark Luccarelli, *Lewis Mumford and the Ecological Region: The Politics of Planning* (New York: Guilford Press, 1997).

6. See Corner, "Terra Fluxus," in this collection.

7. 早期对于现代主义建筑和城市规划的批评，包括从作为平民主义者的让·雅各布斯（Jane Jacobs）的《美国大城市的生与死》（*Death and Life of Great American Cities*）（New York：Vintage Books，1961），到作为专业人士的罗伯特·文丘里（Robert Venturi）的《建筑的复杂性与矛盾性》（*Complexity and Contradiction in Architecture*）（New York：Museum of Modern Art，1966）。

8. Kevin Lynch, *A Theory of Good City Form* (Cambridge, Mass.: MIT Press, 1981). Also see Lynch's earlier empirical research in *Image of the City* (Cambridge, Mass.: MIT Press, 1960).

9. The most significant of these critiques was Aldo Rossi. See Rossi, *The Architecture of the City* (Cambridge, Mass.: MIT Press, 1982).

10. Robert Venturi and Denise Scott-Brown's work is indicative of these interests. See Venturi, Scott-Brown, and Steven Izenour, *Learning From Las Vegas: The Forgotten Symbolism of Architectural Form* (Cambridge, Mass.: MIT Press, 1977).

11. Charles Jencks, *The Language of Post-Modern Architecture* (New York: Rizzoli, 1977). On Fordism and its relation to postmodern architecture, see Patrik Schumacher and Christian Rogner, "After Ford," in Georgia Daskalakis, Charles Waldheim, and Jason Young, eds., *Stalking Detroit* (Barcelona: ACTAR, 2001), 48–56.

12. 哈佛大学的城市设计课程开始于 20 世纪 60 年代，随着越来越多的学习者的加入、越来越多的院系可授予该学位，以及在 20 世纪 70 年代和 80 年代新课程的添加，这一学科逐步发展壮大和普及开来。

13. Allen, "Mat Urbanism: The Thick 2-D," 125.

14. For contemporaneous critical commentary on la Villette, see Anthony Vidler, "Trick-Track," *La Case Vide: La Villette* (London: Architectural Association, 1985), and Jacques Derrida, "Point de Folie-Maintenant l'architecture," *AA Files* 12 (Summer 1986): 65–75.

15. Bernard Tschumi, La Villette Competition Entry, "The La Villette Competition," *Princeton Journal* vol. 2, "On Landscape" (1985): 200–10.

16. Rem Koolhaas, *Delirious New York: A Retroactive Manifesto for Manhattan* (New York: Oxford University Press, 1978).

17. Rem Koolhaas, "Congestion without Matter," *S, M, L, XL* (New York: Monacelli, 1999), 921.

18. Kenneth Frampton, "Towards a Critical Regionalism: Six Points for an Architecture of Resistance," in Hal Foster, ed., *The Anti-Aesthetic* (Seattle: Bay Press, 1983), 17.

19. Kenneth Frampton, "Toward an Urban Landscape," *Columbia Documents* (New York: Columbia University, 1995), 89, 92.

20. Rem Koolhaas, "IIT Student Center Competition Address," Illinois Institute of Technology, College of Architecture, Chicago, March 5, 1998.

21. Peter Rowe, *Making a Middle Landscape* (Cambridge, Mass.: MIT Press, 1991).

22. Kenneth Frampton, "Toward an Urban Landscape," 83–93.

23. Among these see, for example, Lars Lerup, "Stim and Dross: Rethinking the Metropolis," *After the City* (Cambridge, Mass.: MIT Press, 2000), 47–61.

24. Rem Koolhaas, "Atlanta," *S, M, L, XL* (New York: Monacelli, 1999), 835.

25. 在建筑师和景观师们感兴趣的文献中，就包括田野生态学家理查德·福尔曼（Richard T. T. Forman）的著作。参见温彻·德穆斯塔德（Wenche E. Dramstad）、詹姆斯·奥尔森（James D. Olson）和理查德·福尔曼合编的《景观和土地利用规划中的景观生态原则》（Landscape Ecology Principles in Landscape Architecture and Land Use Planning）（Cambridge，Mass. And Washington，D. C.：Harvard University and Island Press，1996）。

26. Richard Weller, "Landscape Architecture and the City Now," unpublished manuscript based on "Toward an Art of Infrastructure in the Theory and Practice of Contemporary Landscape Architecture," keynote address, *MESH* Conference, Royal Melbourne Institute of Technology, Melbourne, Australia, July 9, 2001.

27. On the work of Adriaan Geuze/West 8 see, "West 8 Landscape Architects," in *Het Landschap/The Landscape: Four International Landscape Designers* (Antwerpen: deSingel, 1995), 215–53, and Luca Molinari, ed., *West 8* (Milan: Skira, 2000).

28. Downsview and Fresh Kills have been the subject of extensive documentation, including essays in *Praxis,* no. 4, *Landscapes* (2002). For additional information see Julia Czerniak ed., *CASE: Downsview Park Toronto* (Cambridge/Munich: Harvard/Prestel, 2001), and Charles Waldheim, "Park=City? The Downsview Park Competition," in *Landscape Architecture Magazine* vol. 91, no.3 (March 2001): 80–85, 98–99.

29. Bernard Tschumi, "Downsview Park: The Digital and the Coyote," in Czerniak, ed., *CASE: Downsview Park Toronto*, 82–89.

景观都市主义的凸现
The Emergence of Landscape Urbanism

格拉姆·谢恩/Grahame Shane

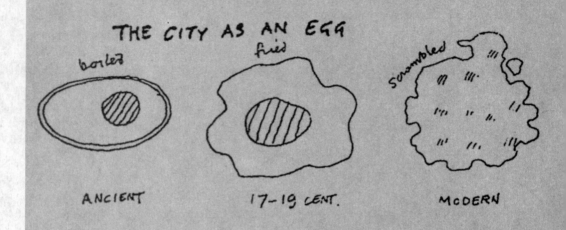

图 1　赛德里克·普林斯（Cedric Price），"三种蛋形城市图解"

传统城市史研究在新石器时代的农业革命与现代的工业革命之间划出了一道清晰的界限，因为前者在全世界范围内形成了广泛存在的紧凑城市，而后者则促使城市突破了原先的边界（图1）。[1] 近来的一些历史学家，如斯皮罗·科斯塔夫（Spiro Kostof）在其著作《城市的形成》（The City Shaped）和《装配城市》（The City Assembled）中，追随了凯文·林奇（Kevin Lynch）在《良好的城市形态》（Good City Form）中提供的线索，展开了对第三种城市形态（即被林奇称为"有机城市"）的争论。而这还超越了他的老师，弗兰克·劳埃德·赖特在19世纪30年代中期提出的基于汽车的、农业—工业相结合的广亩城市（Broadacre City）模型。[2] 塞巴斯蒂安·马略特（Sébastien Marot）在其著作《郊区主义与记忆的艺术》（Suburbanism and Art of Memory）中，则对这种概念的复杂性进行了讽刺性的曲解，并将一种分层、历史和诗意的含义重新引入到郊区景观中。[3]

　　在这篇短文中，我基于新涌现的一系列论文集，回顾了景观都市主义思想发展的轨迹，以及城市设计作为这一晦涩难懂的词汇的前身的领域扩展，包括莫森·莫斯塔法维（Mohsen Mostafavi）和西罗·那耶（Ciro Najle）合编的《景观都市主义：操作景观手册》（Landscape Urbanism：A Manual for the Machinic Landscape），和乔治娅·扎斯卡拉基斯（Georgia Daskalakis）、查尔斯·瓦尔德海姆（Charles Waldheim）与詹森·杨（Jason Young）合编的《寻找底特律》（Stalking Detroit），以及本书。[4] 在中间一部书中收入了一篇伦敦建筑联盟设计研究实验室（Design Research Laboratory at the Architectural Association）的帕特里克·舒马赫和克利斯汀·罗格纳（Christian Rogner）写的文章《后福特》，为现代城市主义与福特主义经济规则之间的关系，以及今日在北美许多工业城市中所看到的超现实的、离奇的衰退和荒废状况提供了一个颇具说服力的解释。用新马克思主义（Neo–Marxian）的词汇，舒马赫和罗格纳非常清晰地描绘了福特主义大规模生产的内在逻辑以及对传统城市的封闭形态带来的后果。他们将福特主义演化的三个阶段描绘成一个技术与空间的系统，每个阶段对应相应的逻辑和组织结构。[5]

　　工业城市的发展始于大规模生产流水线的发明，而这是对弗雷德里克·温斯洛·泰勒（Frederick Winslow Taylor）提出的工业生产科学管理原则的具体应用。在1927年出版的标志性著作《走向新建筑》（Towards a New Architecture）一书中，勒·柯布西耶以阿尔伯特·卡恩（Albert Kahn）于 1909 年设计的福特高地工厂园区（Ford Highland Park Plant）成为现代主义的标志和工业化形态的范本。[6] 根据舒马赫和罗格纳的理论，传统工业城市的解体开始于他们所定义的第二阶段，即当"装配线的概念应用于整个城市综合体"时，同时开始形成了一个微缩的"机器城市（city as machine）"。[7] 在这儿，福特将卡恩设计的大量郊区单层厂房中的生产流线和装配点打散，由此诞生了世界上最大的工业复合体。希特勒（Hitler）和斯大林（Stalin）都非常推崇这种快速工业化的系统，前苏联更是雇用卡恩从 1929 年到 1932 年建造了 500 个工厂。最终，福特主义效应和"城市机器（city machine）"的组织模型将工业城市融入了景观之中。[8] 舒马赫和罗格纳标示出了第三个阶段，即将福特的生产模式传播到各地——首先是区域，然后是整个国家，最后是全球。这种传播建立了一个后现代的更加开放、分散和自由组织的"矩阵（Matrix）"模型，这个模型至今仍在运转。

自 20 世纪 90 年代开始，随着蔓延的城市、封闭的领地、住区、大型购物中心和主题公园的随处扩散，这种景观中的后现代组织结构的弊病变得非常明显。正如舒马赫和罗格纳所述，这种分散系统的泛滥使得"工业城市快速蔓延，大规模生产和大众消费则快速离散化"。[9]

纷纷追随福特主义的美国后工业城市面临着大量问题，比如如何处理废弃的工厂、成片空置的工人住宅、冗余的商业地带等等。一度辉煌的城市现在应该如何紧缩并融入景观中去？英国建筑师赛德里克·普林斯（Cedric Price）在其波特里斯文化发展带（Potteries Think Belt）① 方案（1964～1965）中，提出在废弃了的火车车厢里建立一个流动大学，使"生锈的地带"重现生机。建筑电信派（Archigram）的大卫·格林（David Green），在其岩塞（Rockplug）(1969) 和 L. A. W. U. N. (1970) 方案中，构想将"机器城市"完全消解成一系列可移动的住宅单元，这些位于田园式景观中的住宅单元有自动化的机器人服务和固定的网络设施。花园郊区（garden suburb）这个词呈现出一种新奇、讽刺的并且电子化的意味：在膨胀的都市中，这是一片被世故老练的城市"流浪者"定居的领域，而他们与全球体系保持着千丝万缕的联系。[10] 受这种思路启发，20 世纪 70 年代早期伦敦的城市农夫社团（Urban Street Farmer Group）构想在每条街上实施一个巨大的循环系统，从而创造出都市农业。1987 年，理查德·瑞吉斯特（Richard Register）在生态城市伯克利方案中（Ecocity Berkeley），针对城市的收缩问题提出了一个精心考虑的生态框架，其中运用大量的低技术生态经验将曾经的工

---

① 译者注：波特里斯（Potteries）位于英格兰中西部地区，位于特伦河河谷。此地自 16 世纪以来就一直是瓷器及陶器制造中心。

业化城市消解融入景观之中。[11]正是在这种背景下，"景观都市主义"作为一个醒目的标题应运而生，用于描述能够唤醒传统城市形态的各种设计策略。林奇在《良好的城市形态》中用"生态的"（ecological）一词来描述第三种复合的城市形态。他引用早期的经典生态学著作，如奥德姆（E. P. Odum）1963年所著的《生态学》等，来进一步阐述他逐步形成的关于城市景观作为流和反馈循环（feedback loop）系统的理念。[12]

查尔斯·瓦尔德海姆在由他组织的1997年3月召开的"景观都市主义"研讨会及展览中进一步阐述了这种对生态学的理解。瓦尔德海姆合成了"景观都市主义（landscape urbanism）"一词，来描述众多设计师以景观取代建筑作为城市塑造的首要媒介的实践活动。这种对后工业分散化的城市形态的理解着重强调了城市遗余空置空间（leftover void space）作为公共空间的潜力。瓦尔德海姆视景观都市主义如同景观设计学那样，是一个在建筑、基础设施系统和自然生态系统之间操作运行的填隙式的（interstitial）设计学科。在这些背景之下，景观都市主义成为一个有用的透镜，通过它我们可以观察到那些"被忽略"的残留模糊地带（residual *terrain vagues*），而这些区域曾经被诸如罗伯特·史密森（Robert Smithson）等概念艺术家和大地艺术家，或者建筑师索拉－莫拉雷斯·鲁维奥（Ignasi de Sola－Morales Rubio）所呼吁关注的边缘空间所占领。[13]

景观都市主义展是国际都市公共空间的纵览，其中詹姆斯·科纳1997年完成但遗憾未能实施的绿港码头项目（Greenport Harborfront）鹤立鸡群。他的原野工作室（Field Operations）提出在该城每年都升降的老航船斯特拉马瑞斯号（Stella Maris）周围建造一个新的滑板，在和其相邻的带状木平台上放置一个孩子们喜爱的、具有历史意义的旋转木马，以此来创造城市活动的氛围。科纳将这种每年两次的事件作为一个大众和媒体都关注的吸引物，在其被放下来的时候人群蜂拥涌入，占据新建的港口滨水区的公共空间，来观看船体壮观的运动。在冬季，船成为一个位于港口公共空间中心的纪念物或雕塑，晚上被灯光照亮；而在夏天，它会重新回到码头周围，高高的桅杆耸立，超过了建筑的屋顶。[14]

科纳的方案通过在公共空间中为那些"安排好的"和"未安排的"活动创造发生的背景，从而阐明了其关于"行为表述性的"（performative）都市主义概念。该展览另外三个方案都以底特律为对象，配以设计师的评论，帮助进一步理解这一正逐步显现的策略。[15]瓦尔德海姆在"逃离底特律"（Decamping Detroit）中提出了最为全面的景观都市主义实践思想，他认为从城市法律控制角度来讲，土地的解放需要经历四个阶段：脱位（Dislocation）（打破服务设施之间的连接）、擦除（Erasure）（通过从空中撒播合适的"种子"来破坏和助推乡土景观生态系统的重建）、吸收（Absorption）（部分区域如森林、沼泽和溪流的生态重建）和渗透（Infiltration）（以异质化的类似乡村风格的残遗群落来推动景观的重新开拓）。[16]正如科纳在他的评语中所写的，该方案"促使你对这种传统的空间占据方法的反转做出思考，从建设到非建设，再到移除甚至完全擦去"。[17]这种对传统过程的反思打开了新的复合都市主义研究的思路，通过密集的活动组团以及对自然生态系统的重构，开始在空置区域建立一种更符合生态平衡的内城城市形态。

在后福特主义的分散化和工业城市中心衰落的背景下，科纳在《寻找底特律》（Stalking Detroit）一书中提议将"景观化"（landscaping）作为解决书中所描述的城市消亡问题的一种方法。科纳认为底特律内城的留白是福特（同样也是克莱斯勒和通用的）这些工业企业的组织管理与空间地域演化的结果。他认为，这种作为结果而出现的空间留白是依据工业逻辑而生成的"作品"，是"不确定性"的保留地——即可能的行为活动发生的场所。如同过去一样，这种具有"逻辑性和表演性"的未来行为，将会从社会规则和传统中显现出来，而它们控制着工业社会中城市各利益方或"表演者"之间的关系。[18]与舒马赫和罗格纳一样，科纳认为这些规则被植入了"基础设施系统"之中，而对这些系统的最佳描述方式是以之作为组织化的图解。这些图解展示了"能使某些事情发生（也有可能消除）的必要机制"。[19]城市消失而融入景观，由此成为了其更大演化过程中的一部分，而这种随时间的演化过程是可以被设计的，正如19世纪20年代约翰·索恩（John Soane）把他设计的伦敦新的英格兰银行想象为一座未来的废墟一样。科纳期盼着"从现代主义者和新城市主义者的模型（二者虽形式不同，但都坚信仅形态模型就可以补救城市的问题），转移到更为开放的、战略性的模型上去"。[20]

科纳将这种"行为表述性"方法追溯到库哈斯和屈米的作品，而后者又与赛德里克·普林斯（Cedric Price）和建筑电信派（Archigram）以时间为中心的作品（time-centered）十分相似。科纳认为屈米的拉维莱特公园方案（1982）是巴黎"精心设计的空间（prepared ground）"，通过各种凉棚和独特的公园法则允许在草坪上散步、踢球、骑车、放风筝、野餐甚至是骑马等各种活动。库哈斯和德盖特（Xaveer de Geyter）在新城竞赛方案（1987）中，采用"线性的留白（linear voids）"来保护莫伦（Melun-Seurat）优美的景观区域。科纳认为景观设计师高伊策领导的西八景观设计事务所是另一个荷兰的先行者，代表作是鹿特丹班尼洛特（Rotterdam Binnerotte）的西市广场（West Market Square，1994～1995），那里提供了应用这一策略的实际案例。[21]班尼洛特市政当局拥有并负责维持和安排这些空间的使用，他们在某些时段内向当地各个年龄段的居民免费开放，但要在摄像头和警察的监督下。

科纳认为这些"精心设计的空间"，就像是英国的公地或印度的市场广场（maidan）一样富有弹性和开放性，允许具有行为表述特性的社会模式和社会群体以临时的、突发的但相当重要的方式占据这些表面。[22]历史上有名的英国公地如伦敦的汉普斯特德西斯公园（Hampstead Heath），上演着各种季节性的狂欢节游行、体育盛会和俱乐部活动、盖伊·福克斯节（Guy Fawkes Day）①的焰火表演，以及健康徒步、自行车游览、裸体日光浴、游泳等传统——更不用说年轻人的嬉戏及同性恋游行——都能够在内城密集的建筑之间发生。波士顿公地和纽约的中央公园拥有同样丰富的功能，但需要更多警察的管制。

　　科纳指出，霍斯金斯（W. G. Hoskins）在1955年的经典著作《英国景观的生成》（*The Making of the English Landscape*）[23]中详细描述了盎格鲁－撒克逊（Anglo－Saxon）的行为表述传统。就是在这里，城市在与景观持续数个世纪的不断抗争中，在经历了数代建筑在乡村中层积变迁的痕迹后逐渐发展起来了。在霍斯金斯之前的约半个世纪，霍华德（Howard）的《明日的田园城市》（*Garden Cities Tomorrow*）和帕特里克·格迪斯的《城市的演变》（*Citis in Evolution*），都认为工业革命改变了围绕公地的村庄里精细复杂的生态和农业平衡。[24]他们梦想着将工业城市与互补型的小型城镇与乡村发展的景观传统结合起来（霍华德的"三磁体图解"就是最好的案例）。霍华德认为国家应确保各种设施均匀分布在绿化带以外的新镇上。科纳的前辈，宾夕法尼亚大学的麦克哈格在他的《设计结合自然》（*Design with Nature*）一书中延续了这个观点。他采用计算机图形分层技术，来帮助保留那些具有美学、生态学和农业价值的非建设区域。[25]

　　科纳也特别强调景观生态学上的景观含义，即"人类生存环境的总体空间和视觉实体"的镶嵌物。这一定义非常宽泛，结合了环境、生命系统和人造系统。[26]德国的卡尔·特洛尔（Carl Troll）1939年首先合成"景观生态学"一词。他写道："航片研究极大延伸了景观生态学……由此得以综合考虑大地景观中的地理景象和生态因果效应网络（ecological cause－effect network）"。[27]第二次世界大战之后，德国和荷兰的景观生态学迅速成长为土地规划的辅助学科，20世纪80年代传到美国，那时候科纳还是宾夕法尼亚大学的学生。在20世纪90年代的美国，欧洲的土地管理原理与后达尔文主义的岛屿生物地理学和生物多样性相结合，创造了一种系统的方法论，由于研究气候和环境因素（包括人类居住）变

---

　　①　译者注：盖伊·福克斯之夜（或篝火节之夜），每年11月5日，是英国的传统节日，为纪念"火药的阴谋"这一历史事件。1605年，当时以盖伊·福克斯为首的一群人希望恢复信奉天主教的英国君主体制。他们密谋炸死当时的国王詹姆斯一世。但有人告发了这一阴谋，于是在议会大厦地下室抓获福克斯，当时他身边有36桶火药。福克斯及其同伙后来以叛国罪公开处死。如今很少再有人把这一活动看做是反天主教的行动。每到11月5日，人们都燃放焰火庆祝，由此成为了英国的一项民俗。

迁条件下的生态流、当地生物圈和动植物迁移等问题。计算机模型、地理信息系统和卫星影像成为研究构成美国景观异质性的斑块秩序与格局及其"干扰"模式（飓风、干旱、洪水、火、冰期）研究的一部分。[28]

在《丈量美国景观》（Taking Measures Across the American Landscape）一书中，科纳和航空摄影师艾利克斯·麦克莱恩（Alex S. MacLean）合作，从高空捕捉由福特主义引发的大规模工业生产经济的结果，以及郊区蔓延的生产和消费模式所产生的景观。[29]作为景观生态学家，科纳和麦克莱恩尝试解读正在运转着的整个国家的农业和工业的生态系统的状况。科纳的多层图纸同时记录了人为的工业—农业"机器城市（machine city）"和宏观尺度的自然生态系统，它们构成了一些控制和决定着美国景观的巨型斑块。科纳在宾夕法尼亚大学的同事阿努拉达·马瑟（Anuradha Mathur）和迪利普·达·库尼亚（Dilip da Cunha），对数世纪以来密西西比河的水流模式以及美国陆军工程师团（Army Corps of engineers）近来力图控制该河的种种努力进行了类似的考察和系统分析，成果发表在 2001 年出版的《密西西比河洪水：设计变换的景观》（Mississippi Floods：Designing a Shifting Landscape）一书中。[30]人类与河流的巨大能量相抗争的世俗和表述的天性展现无余。工程师们甚至使用二战的因犯建造了一个巨大的混凝土河谷模型来测量水流以及他们所设计的防洪堤、运河和大坝的功效。宾夕法尼亚大学的一名毕业生艾伦·伯格（Alan Berger），在其《开拓美国大西部》（Reclaiming the American West）一书中，使用相似的图解和分析技术揭示了俯瞰角度下的采矿、农业、工业和水文过程所产生的大尺度景观格局。[31]

迄今为止，景观都市主义的所有胜利还都处于上述边缘和"剩余"的场地上。这些作品还包括 1998 年的维多利亚·马歇尔（Victoria Marshall）和斯蒂文·图普（Steven Tupu）的范艾伦东河竞赛（Van Alen East River Competition）获奖作品。他们采用生态的泥滩、沙丘、运河和沼泽技术来解决纽约州的垃圾处理，将东河布鲁克林一侧重新构筑成一个广受欢迎的生态公园。[32]在 2000 年多伦多的当斯维尔公园竞赛中，原野工作室事务所的科纳和斯坦·艾伦、屈米事务所、库哈斯/布鲁斯·莫（Bruce Mau）（最终获奖）以及其他两个事务所一起，提供了一个他们倡导的"涌现生态技术"（emergent ecologies approach）的展示窗。[33]在纽约垃圾填埋场竞赛（史坦顿岛，2001）中，原野工作室的获胜作品进一步展示了该技术。科纳和艾伦利用高精度的航空影像，分析了人类、自然和技术系统的相互作用。他们以类似建筑师的轴测多层剖面叠加的方式，通过一系列多层次、基于 CAD 技术的活动图解和表格展示了其方案。这些分层的图解清楚地展示了大量同时发生但又存在差异的活动及其支持系统。他们意在引导不同时段中对场地的利用和占据，而各类活动发生的背景则是这一人工垃圾填埋场的生态系统重建。上述表达方式提供了对这一复杂环境背景的图释。[34]马瑟和库尼亚（Mathur and da Cunha）在该竞赛中采取了类似的方法，但更强调场地生态系统随时间的转化和改变，寻求人类生活和居住的适宜场所。

2002 年 4 月在宾夕法尼亚大学召开的景观都市主义研讨会上，院长盖瑞·哈克（Gary Hack）对与会者过于琐碎游离的景观策略提出了质疑。哈克辨别了景观都市主义者们身上的主要问题，即他们实际面临着去适应一种比盎格鲁－撒克逊的村庄和公地更复杂的城市形态的挑战。郊区的居民愿意付费去参观城市舞台上演的奇观，这些奇观会以各种形式出现，比如锡耶纳（Siena）的年度赛马会、迪斯尼乐园大道上的游行花车或赌城拉斯韦加斯的欢乐周末，以及模拟威尼斯运河商业带的赌厅及购物广场。因此看来，将城市设计成人流熙熙攘攘的空间的愿望仍然无法遏制。与会的伦敦建筑联盟主席莫森·莫斯塔法维发表了主题演讲，展示了前三年伦敦建筑联盟学院（AA）景观都市主义课程中对巴塞罗那风格、大尺度的基础设施工程等内容的研究。[35]

最近围绕景观都市主义的讨论仍然没有开始探讨城市形态或居住模式随时间的涌现等议题，而是集中在它们的消失与擦除的角度。这种方法的问题在于对已有的结构、城市生态系统和形态模式的健忘和视而不见。如果没有人来激活、限定并推动其成为公众所拥有的空间，那么即便拥有公共用地也是毫无用处的。对住宅而言，不论是暂时的还是长久的，不论是否与村庄的绿色空间或郊区购物中心相连，它都是这种关系模式的关键部分。基于这种逻辑，随着柏林墙的推倒和波茨坦广场（Potsdamer Platz）的开工建设，1987 柏林的国际建筑展（IBA）就鼓励在内城的空白地块填充高密度、多层的建筑街区。就像伦敦港口区（Dockland）的仓库和工厂被改建为艺术家工作室（loft）和公寓一样，适应性再利用（adaptive reuse）是另一个成功策略，它提供了住宅和办公空间以促进内城更新。在底特律，亨利·福特（Henry Ford）的孙子正在将福特红河工业区（the Ford River Rouge Plant）重建为一个复合的绿色设施。[36]

景观都市主义者正着手研究两个棘手的问题，即紧凑的都市形态是如何从景观中出现的，城市生态系统是如何支持活动空间的。根据芝加哥大学城市形态学家迈克尔·康岑（Michael R. G. Conzen）19 世纪 30 年代的研究，村庄的主要街道呈线性组织并导向公共空间，房屋成排布置，用地进行狭长的划分等等，这是全球范围内最古老的城市模式之一。[37]城市形态学家正在人居环境中寻找人类活动与空间模式之间的特定联系。当这种联系随时间不断重复时，就构成了一种地方秩序，独立于但也构造着更大尺度的全球生态、经济流动模式。[38]市镇广场和进入街道的组合是另一种更为正式也更具形式感的城市形态模式，所有活动都集中在一个中心，人们在这里建立起城市的市场或论坛，如同希腊或罗马的城市方格网

（也在乡村的庭院住宅形态中有反映）。伊斯兰城市是这种典型模式的变体，清真寺、集市、学校和澡堂取代了古罗马城市中心的广场和庙宇，不规则的尽端式巷道（cul－de－sacs）体系顺应地形。[39]中世纪的欧洲城市是另一种此类城市形态的变化，虽然也拥有尽端式巷道，但所遵循的是成行排列的建筑，市场大厅和大教堂位于城市中心广场上。

在迈克尔·康岑编辑的《美国景观的形成》（*The Making of the American Landscape*）一书中，一些作者揭示了城市形态是如何从紧凑的单中心模式演变成"机器城市（machine city）"的。[40]这种双极结构（bipolar）基于铁路系统，产生了在密集的城市中心与郊区别墅之间的区域分界，同时将消费与生产、工业与农场、富人与穷人等等相剥离。在第二阶段，现代主义者的"机器城市"（柯布西耶于1933年设计的光辉城市就是最好的案例，板楼和塔楼矗立在公园绿地上）取代了陈旧密集的工业城市。随着汽车时代的到来，第三种形态，即多中心模式和孤立的独栋综合建筑类型随之出现，且进一步被机场延伸到区域边缘。1991年若埃尔·加罗（Joel Garreau）将这种模式定义为后现代的"边缘城市（Edge City）"，包含了购物中心、办公园区、工业园和住宅区。[41]

在欧洲，赛德里克·普林斯开玩笑地用早餐来描述这三种城市形态。第一种类型是传统紧凑的、像"煮熟的鸡蛋"的城市，它被包围在城墙内，并以同心圆环状方式向外发展。第二种类型是类似"煎蛋"的城市，铁路这一线形的时空廊道将城市边缘延伸至景观之中，形成了星形形状。最后一种类型是后现代的"炒蛋"型城市，所有东西形成颗粒状或星云状均匀散布在连续的网络景观中。库哈斯和更年轻的荷兰公司（如MVRDV）以类似的方式延续了这种城市形态分析的传统。比如，2001年乌得勒支（Utrecht）国际青年规划师大会的组织者就用普林斯的比喻来研究媒体和通信对城市的影响。[42]来自苏黎世联邦技术学院城市设计研究计划（ETH Zurich Urban Design program）的弗朗茨·奥斯瓦德（Franz Oswald），在名为Synoikos及网络城市（Netcity）方案中也使用了"炒蛋城市"／金丝带网络（scrambled egg network）的类比来研究瑞士中部阿尔卑斯群山和流域中的城市形态分布，在这里文化、商业、工业和信息各层组成了矩阵结构。[43]英国建筑联盟设计研究实验室（DRL）的舒马赫（Schumacher）也将其工作从《寻找底特律》拓展至调查个人选择在一种动态的、分类型的、形态上的矩阵中的作用，从而形成了城市中的暂时性住宅结构。[44]他的景观都市主义课程的合作者也转向更注重城市导向的范畴，开始研究威尼斯及其潟湖。[45]

理性主义者、形态上的和景观传统，似乎都以威尼斯为中心。在这里，伯纳多·萨奇尼（Bernardo Secchi）和维格诺延续了19世纪30年代的类型分析方法，但现在却用于后现代城市区域的空白地带——即"反转城市"的形态学分析。

维格诺的《初级城市》（*The Elementary City*）（《*La Citta Elementare*》，1999）是这一规模更大的欧洲景观都市主义运动的范例。对维格诺而言，大型景观基础设施是构成未来城市化的基础。[46] 柯布西耶在设计昌迪加尔市场时就运用地形、朝向来塑造区域景观，并试图创造城市空间的经典案例。建筑师德盖特（Xaveer de Geyter）在《蔓延之后》（*After Sprawl*）中的研究，使用不同大学团队制作的 50 公里见方的欧洲城市地图集，给出了一个容易理解的更宽泛意义上的威尼斯景观都市主义的横截面和形态网络。[47]

最新的出版物《景观都市主义：操作景观手册》（Landscape Urbanism：A Manual for Machinic Landscape），展示了自 1997 年瓦尔德海姆在芝加哥伊利诺伊大学创建景观都市主义课程以来景观都市主义实践的最新进展。在这里，工业革命的手段与现代主义之前对于光、流域、地表覆盖、地形甚至拓扑学等的深度生态敏感性联系在一起，并将宇宙与工业以一种巨大的、庄严的工业秩序的方式融为一体。例如，外部建筑师事务所（Foreign Office Architects，FOA）在大阪远洋客轮枢纽（Osaka Ocean Liner Terminal）项目中将绿色屋顶的概念变为一种动态的、流动的巴洛克公园背景。码头和公园这两种曾截然不同的城市形态被混合成一个不可分割的统一整体。胡安·亚伯洛斯（Juan Abalos）和因亚吉·赫里罗斯（Inaki Herreros）的大型"景窗（garden windows）"理念（数层高、切入郊区的现代街区），或者杰西·雷泽（Jesse Reiser）和梅本菜菜子（Nanako Umemoto）（RUR 建筑事务所由雷泽与梅本菜菜子共同组成）的作品，都采用流动的步行通道和坡道，创造了鲜有前例的、激进的新城市复合形态——既是景观，又是城市。[48]

围绕景观都市主义理念不断涌现的实践活动，为那些欲将结构与特定的人口、活动、建筑材料以及时间流联系起来的城市设计师提供了大量经验。无论是"新城市主义者"还是以库哈斯设计的巨构（megaforms a la Koolhaas）为代表的"另类"都市主义者，这些实践者最大的力量在于冲破已有的城市设计范式的决心。景观都市主义者欲继续探求新的自下而上涌现的都市主义原理，以适应后工业世界的技术和生态现实。这意味着新的机会，即开辟城市设计新的领域，使之从僵化、偏离的状况导向一个崭新的世界，使所有过去的建筑和景观能够被包容到这一系统里。面对这些本身就昭示着人居环境变迁历程的城市形态，设计师已予以认可并尝试着进行实践，以为当前的创作提供不同层面的意义。景观都市主义者具有转变和改变当前城市形态的直觉，从而构建出前所未有的新生复合事物，将城市设计从当前毫无希望的过去与现在、城市与乡村、里与外的二元对立中解放出来。

注释

1. 我非常感谢我在哥伦比亚大学的同事布莱恩·麦克格里斯教授（Brian McGrath）和维多利亚·马歇尔教授（Victoria Marshall）。我也非常感谢建筑联盟主席莫森·莫斯塔法维（Mohsen Mostafavi）教授和在那里负责景观都市主义课程的西罗·那耶（Ciro Najle）教授，以及为我介绍这一理念的查尔斯·瓦尔德海姆。我还要向比尔·桑德斯（Bill Saunders）和安东尼奥·斯卡坡尼（Antonio Scarponi）对本文早期的更长版本提出的意见表示感谢，当时以电子版发表在2003年秋季的《哈佛设计杂志》（Harvard Design Magazine）上。

2. See Spiro Kostof, in the *The City Shaped* (London and New York: Thames and Hudson, 1991), and *The City Assembled* (London and New York: Thames and Hudson, 1992). Also Kevin Lynch, *Good City Form* (Cambridge and London: MIT Press, 1981), 73–98.

3. See Sebastien Marot, *Suburbanism and the Art of Memory* (London: The Architectural Association, 2003). Marot bases his complex synthesis and hybrid discipline on Frances Yates, *The Art of Memory* (London: Routledge and K. Paul, 1966), Colin Rowe, *Collage City* (Cambridge, Mass. and London, England: MIT Press, 1978) and the land artist Robert Smithson.

4. Mohsen Mostafavi and Ciro Najle, eds., *Landscape Urbanism: A Manual for the Machinic Landscape* (London: Architectural Association, 2003), and Georgia Daskalakis, Charles Waldheim, Jason Young, eds., *Stalking Detroit* (Barcelona: Actar Editorial, 2001).

5. Patrik Schumacher and Christian Rogner, "After Ford," in Daskalakis, Waldheim, and Young, eds., *Stalking Detroit*, 48–56.

6. Le Corbusier, *Towards a New Architecture* (Harmondsworth, England: Penguin Books, 1970).

7. Schumacher and Rogner, "After Ford," 50.

8. Ibid., 49

9. Ibid., 50. See also David Harvey, *The Condition of Post-Modernity* (Oxford: Blackwell, 1987) and Edward Soja, *Post-modern Geographies* (London, New York: Verso, 1989).

10. For Cedric Price's Think Belt, see Royston Landau, *New Directions in British Architecture* (New York: Braziller, 1968), 80–87; for Archigram see *A Guide to Archigram 1961–74* (London: Academy Editions, 1994).

11. Richard Register, *Ecocity Berkeley* (Berkeley, CA: North Atlantic Books, 1987).

12. Lynch, *Good City Form*, 115.

13. Ignasi de Solà-Morales Rubió, "Terrain Vague," in *Anyplace* (Cambridge, Mass.: MIT Press, 1995), 118–23.

14. See http://www.vanalen.org/exhibits/greenort.htm, and Guy Debord, *The Society of the Spectacle*, trans. D. Nicholson-Smith (New York: Zone Books, 1995).

15. Daskalakis, Waldheim, and Young, eds., *Stalking Detroit*. In "Projecting Detroit," Daskalakis and Omar Perez of the Das 20 Architecture Studio propose building two long, low, ramped, enormous glass fingers across Woodward Avenue, the main axis of Detroit—fingers that would reflect the ruins of the baroque Grand Circus, marking the edge of the old core (79–99). Jason Young leads a group of associates in a series of site-specific interventions, all expressing "Line Frustration" with the lines of demarcation in the city, including the Eight Mile line. They stress the importance of the media image of the inner city and propose a Media Production Center for one site (130–143).

16. Corner, "Landscraping," in Daskalakis, Waldheim, and Young, eds., *Stalking Detroit*, 122–25.

17. Ibid., 122

18. Ibid.

19. Ibid.

20. Ibid., 123.

21. See Bart Lootsma and Inge Breugeum , eds., *Adriaan Geuze: West 8: Landschapsarchitectuur* (Rotterdam: Uitgeverij 010, 1995), 44–45.

22. Corner, "Landscaping," 124.

23. W. G. Hoskins, *The Making of the English Landscape* (New York: Payson & Clarke, Ltd., 1955).

24. Ebenezer Howard, *Garden Cities of Tomorrow* (London: S. Sonnenschein & Co., Ltd., 1902), and Patrick Geddes, *Cities in Evolution* (London: Williams & Norgate, 1915).

25. Ian McHarg, *Design with Nature* (Garden City, NY: Published for the American Museum of Natural History, the Natural History Press, 1969).

26. See James Corner, "Eidetic Operations and New Landscapes," in Corner, ed., *Recovering Landscape: Essays in Contemporary Landscape Architecture* (New York: Princeton Architectural Press, 1999), 153–69, and Corner's courses at http://www.upenn.edu/gsfa/landscape/index.htm.

27. Quotation from Monica G. Turner, Robert H. Gardner, and Robert V. O'Neill, *Landscape Ecology in Theory and Practice: Pattern and Process* (New York: Springer, 2001), 10.

28. See ibid., 10, and Richard T. T. Forman and Michel Godron, *Landscape Ecology* (New York: Wiley, 1986), 619; see also Richard T. T. Forman, *Landscape Mosaics: The Ecology of Landscapes and Regions* (Cambridge, England: Cambridge University Press, 1996).

29. James Corner and Alex S. MacLean, *Taking Measures Across the American Landscape* (New Haven, CT: Yale University Press, 1996).

30. Anuradha Mathur and Dilip da Cunha, *Mississippi Floods; Designing a Shifting Landscape* (New Haven, CT: Yale University Press, 2000).

31. Alan Berger, *Reclaiming the American West* (New York: Princeton Architectural Press, 2002).

32. See http://www.vanalen.org/competitions/east_river/projects.htm.

33. For Downsview see http://www.vanalen.org/exhibits/ downsview.htm and http://www.juncus.com/release1/index.htm. Also see Julia Czerniak, "Appearance, Performance: Landscape at Downsview," and Kristina Hill, "Urban Ecologies: Biodiversity and Urban Design," in Czerniak, ed., *CASE: Downsview Park, Toronto* (Cambridge and Munich: Harvard Design School and Prestel, 2001), and Stan Allen, "Infrastructural Urbanism," in *Points + Lines: Diagrams and Projects for the City* (New York: Princeton Architectural Press, 1999), 48–57.

34. http://www.nyc.gov/html/dcp/html/fkl/index.html and http://www.juncus.com/release2/index.htm.

35. Mohsen Mostafavi and Ciro Najle, "Urbanism as Landscape?," in *AA Files* 42 (London: Architectural Association, 2000), 44–47.

36. See http://www.mcdonoughpartners.com/projects/p_ford_rouge.html.

37. See Terry R. Slater "Starting Again: Recollections of an Urban Morphologist," in Slater, ed., *The Built Form of Western Cities* (Leicester and New York: Leicester University Press, 1990), 22–36, and http://www.bham.ac.uk/geography/umrg.

38. See Anne Vernez Moudon, "Getting to Know the Built Landscape: Typomorphology," in Karen A. Franck and Lynda H. Schneekloth, eds., *Ordering Space: Types in Architectural Design* (New York: Van Nostrand Reinhold, 1994), 289–311.

39. Stephano Bianco, *Urban Form in the Islamic World* (New York: Thames and Hudson, 2000), 153.

40. Michael P. Conzen, ed., *The Making of the American Landscape* (Boston: Unwin Hyman, 1990).

41. Joel Garreau, *Edge City* (New York: Doubleday, 1991).

42. International Society of City and Regional Planners, 2001, "Honey, I Shrank the Space," Congress note at http://www.isocarp.org/2001/keynotes/index.htm.

43. See http://www.orl.arch.ethz.ch/FB_Staedtebau/home.html.

44. Patrik Schumacher, "Autopoesis of a Residential Community," in [+RAMTV] and Brett Steel, eds., *Negotiate My Boundary!: Mass-Customization and Responsive Environments* (London: Architectural Association, 2002), 12–15. See also http://www.arch-assoc.org.uk/aadrl.

45. See http://www.aaschool.ac.uk/lu.

46. For Bernardo Secchi, see *Prima lezione di urbanistica* (Rome, Bari: Editori Laterza, 2000). For Paola Viganò, see *La Città Elementare* (Milan: Skira, 1999) and Viganò, ed., *Territories of a New Modernity* (Naples: Electa, 2001). See also Stephano Munarin and Maria Chiara Tosi, *Tracce di Città; Esplorazioni di un territoria abitato: l'area venet* (Milan: Franco Angeli, 2001).

47. Xaveer de Geyter Architects, *After Sprawl* (Rotterdam: Nai Publishers/DeSingel, 2002).

48. See Alejandro Zaera-Polo, "On Landscape" (132–34); Iñaki Abalos and Juan Herreros, "Journey Through the Picturesque (a Notebook)" (52–57); and Jesse Reiser and Nanako Umemoto, "In Conversation with RUR: On Material Logics in Architecture, Landscape and Urbanism" (102–10); in Mostafavi and Najle, eds., *Landscape Urbanism: A Manual for the Machinic Landscape*.

实用的艺术：景观都市主义的思索

An art of instrumentality: Thinking through landscape urbanism

理查德·韦勒/Richard Weller

图 1 "语义的叠加"

就传统意义而言，将城市浪漫地理解为一个艺术作品的集合体本质上是不可能的。相反，当代与全球化紧密关联的大都市却成为一个贪婪、失去人性化特征的混乱体，其中诸多基础设施和规划的问题越来越屈从于基本动机。而且，即使我们在充分考虑环境限制和社会危机的情况下来发展城市，城市也依然保持着机械的特性，而非艺术。

为了将艺术和实用工具这两个相去甚远的字眼结合起来。我有意识地回到景观学的理想主义上来，并回归其兼顾艺术和科学而成为一项整体性事业的定义。[1] 假如我们能意识到，在艺术和科学领域中实际存在着许多景观设计学科难以拥有的内容，而且正因为这些内容的缺乏，景观设计学科似乎对重塑世界收效甚微，那么对该学科的这一定位似乎才具有理论上的正确性和被寄予厚望的价值。[2]

景观学科在引领重塑世界之重任上表现出的无力，不能简单归因于资本主义的邪恶本质和传统工程学科与建筑学科的霸权。尽管景观学科的机会在日益增加，但由于其自身无法在概念上和实践上将景观规划（landscape planning）和景观设计（landscape design）这两个分别代表科学和艺术的字眼相融合，其领域和影响还是受到了削弱。通常的说法是规划关注于基础结构（包括各种机械系统和土地利用），这一结构对城市各个方面都是必不可少的，但无论就其本身还是就其功能承载的语义都很有限（low semantic load）。从另一个方面，设计被认为是对某一物品或特定场地的精雕细刻的纯粹生产过程，实际它也是这样被实践的，因而承载着更多的语义。因为设计聚焦于主动意识性的意义（intentional meaning），所以会以牺牲规模和工具性为代价，而规划则以艺术性的不足为代价获取了规模和效力。虽然情况并非总是如此，并且也许过于概念化，但景观学科的双面危机确实是问题的症结所在。[3] 这并非新的言论，因此这篇论文（用不相干的潜台词拼贴而成的）并不是宣扬新的问题——而是探求解决老问题的方法。[4]

景观都市主义可以把新的途径归拢在一起。尽管景观都市主义仍然存在着一些浮夸的定位和不切实际的作品，但它具有进一步探讨的价值，因为看起来它有着充分的理论准备，并且在实践上似乎能够解决规划和设计之间的分裂，同时这也调和了建筑与景观、空间与实体、实用与艺术之间的分歧。重要的是，景观都市主义是作为一个跨学科的敏感领域而产生的，而非力图掀起一场运动，其中将

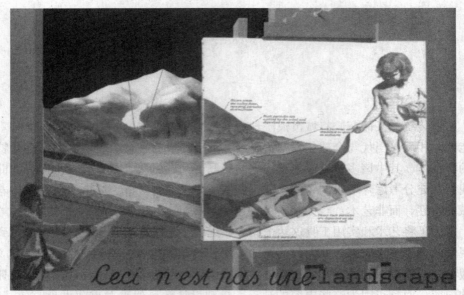

图2 "艺术、工具和景观设计"

景观定位于批判性地处理当代都市异化状况的基准面。

随着近年建筑界对景观的兴趣的提升及景观学科的自我批判反思，当代都市的土地已不再是现代主义时期被压制的对象。相反，正如伊丽莎白·迈耶（Elizabeth Meyer）曾经指出的，[5] 它孕育了21世纪的艺术。而使景观在这一不同寻常的时刻异军突起的原因，就在于原先被认为是景观的地方几乎已经被现代主义完全改变了（如果没有被完全清除的话）。因此，这篇文章试图对当今城市中的景观所意指的内容进行描绘，目的是为了理解景观都市主义并能够对其设计源流进行评述（图2）。

从工业社会向后工业信息社会的转变过程中，发达国家的后现代景观学科随着现代基础设施的完善曾一度欣欣向荣。在通常的景观实践中——这里我指的是在欧洲、北美洲和澳大利亚所发表和认同的景观设计概念——景观设计师通常受委托设计那些城市基础结构之外的空间。他们受雇的理由之一就是为那些本就不该成为城市基础设施的地方提供说辞，因此也通常被期待着对呆板而机械的基础设施创造出其所不具有的幻觉。公众的想象力对于现代主义的田园式景观的印象变得摇摆不定了，但景观却仍常被定义为未受基础设施染指的区域。这种状况更多地表明了18世纪英国式审美盛行的力量，以及对当前现实关乎甚少的事实。更进一步来讲，似乎顺理成章的是，在经济理性主义和建筑学与工程技术的霸权作用下，在任何开发项目中发挥基础设施作用的任何物品或系统，如今却被赋予了一种高于景观系统（在社会——生态领域）的独立性的优先地位，而这些基础设施原本

图3 "生态"

是被置于景观系统之中的。可是，正如每个景观设计师都熟知的，景观是所有生态交换必须经过的媒介，它本是理所应当的未来的基础设施，因此更具结构上的而非优美景致意义上的重要性（或两者至少同等重要）（见图1）。

要明白在日益拥挤的世界上哪些地方应该留白，并如何去实现——正如景观设计师们所从事的那样——是至关重要的。但令人惋惜的是，景观设计经常只是为昨日之自然及邻近环境掉几滴鳄鱼的眼泪，或在为自身的葬礼布置花圈时就已寿终正寝了。另外一种情况是，景观设计作为一门关于美的艺术（fine art）①，以其对艺术所持的批判特性的炫耀，常被认为是颓废的创作——就像詹姆斯·科纳所提到的"语义保留地"（semantic reserves），在那里，"只有鉴赏家和知识阶层可以欣赏这种叙述性故事。"[6]

景观设计沉迷于对花园的含意的解读，而规划倾向于简化论（reductionism）②以及对文化与自然之间的调和关系的夸张论述，两种倾向实际是一样的。[7]景观规划与景观设计之间的鸿沟削弱了景观设计学科的品质，这一方面是由专业细分所致，另一方面也是景观设计学被拓展得过于宽泛以至在知识和现实上跨出了景观概念所传达的内容之范畴的必然结果。

景观所指代的事物，若非通过所谓的生态学来运转，就不能称之为景观。但也许我们可以为景观找到新的概念性意象，其中可能的就是景观都市主义者以其敏感性而对处于全球交错联系中的自然与文化混杂系统的理解。这种理解也许会引发争议，但却必然会将呈两极分化状态的设计与规划的陈规缝合起来。

生态科学及其以环境主义（environmentalism）面目出现的流行化表达，对景观设计学以及整个社会都具有实践和哲学上的含义（图3）。生态学带来的概念转变（和20世纪的物理学、生物学一起），即世界实际上是有机体与环境、物体与场地相互联系和依存的整体。尽管生态学在通俗的意象里被解释为一种被牺牲掉的"自然"（a victimized nature），但它越来越成为新的更复杂的模型的同义词，该模型存在着普遍性的秩序（或者就是无序），譬如混沌与复杂性理论，就

① 译者注：这里作者主要强调是为了美感而非实用的艺术。
② 译者注：简化论指用相对简单的原理解释复杂现象或结构的企图或趋势，这种理论认为生命过程或思维活动是遵循物理和化学法则的。

图4　"具有震撼力的画面"

是浪漫主义者与科学家们借以发现先前未获承认但随时间而逐步展现出来的秩序的万花筒。[8] 生态学有着深远的意义，不仅仅因为科学技术从对机械物体的测量到对非线性系统的描绘的发展（这使科学更接近生命），而且还因为它把文化系统置于演化的宏大叙事篇章中。从这种意义上来说，生态学不仅仅是测量先前无法测量的科学手段（a meta‑science），而且是一篇含蓄地导向关于含义与价值，关于艺术等诸多问题的叙事论文（discourse）。

最近，当代科学隐喻的创造潜力激发了我们对生态学和都市主义的思考。诸如多样性、流动性、复杂性、不稳定性、不确定性和自组织等术语开始流行，它们成为颇有影响力的设计发生器，塑造着我们思考、建造场所的方式。[9] 詹姆斯·科纳在 1996 年的一篇关于生态学的论文中写道："生态学和创造性演变之间的相似性预示着景观设计学的另一方向，即关于人们如何生活，关于如何与土地、自然和场所紧密联系的各种约定习俗都受到了挑战，而人们对生活的多元追求通过创造而重新得到释放"。[10] 他主张景观设计学应该与生态学建立创造性的关系，从而探索"一种新的更有意义、更有想像力的文化实践的可能性，而不是仅仅关乎改善、补偿、审美或以商品需求为导向"。[11] 确切地讲，是他发现了景观设计学中的创造性已经常常被降为解决环境问题及其美学的表象层次这一问题。[12] 生态学与创造性的结合，以及创造性和实用性的结合，是令人长期寄予厚望的。

尽管带来了其他问题，但生态危机使原本不可见的东西变得昭然，借助这一视角，我们看到了真实的自然，看到了我们对于城市形态的执迷，也看到了我们过于单一的传统审美观。但获得这一视角并不容易；比如用一个房子之类的简单物体为例，将其拆开来追溯各组成部分的来龙去脉——从其源头到终极产品。结果是，在可以想象的范围内，我们得到了一个复杂的四维图解，然而它几乎不能描述关于物质和相关过程的真实复杂程度。

如果不是为了"拯救世界"和过于简单地将文化嵌入自然，景观设计学与生态学的联姻本是再合理不过的事情。景观设计学——究其内在，是与显见的变化背后的材料与过程相关的——似乎正好为生态美学赋予了合理的形式。景观设计学不是凝固的音乐。生态学公理及现在由源自混沌理论的蝴蝶效应所证明的一些事情，都表明所有事物是相互联系的。因此每种行为，每个设计，都是意味深长的。在这一事实基础上更为重要的是，地球的每处表面不都是给定的，而是通过人类的介入而处理过的景观，因而景观设计学若不能更强大，就只能归咎于自己了。

在使现代性遵从于场所特征的宏大叙事中，景观设计学被赋予了潜在的力量（图4）；但当代的城市不再受此束缚，因此景观设计学必须将其使命归结到土地上。景观都市主义不仅仅关注高密度城市区域和公共空间，它关乎的是整个景观，当代全球的大都市受其哺育，同时又把其根茎贪婪地深入景观之中，从而形成了在航空照片或卫星影像中所看到的城市扩张。就是在航空影像的结构框架中，景观设计学发现了其将现代性遵从于场所的宏大叙事篇章①。

但航空影像是一种浮士德式的（Faustian）自相矛盾的表达。这是因为尽管他们揭示了隐藏其下的事物，但也成为导致傲慢态度的偶像。航空图片使一切显而易见，但通过将事物删减成为壮观的模式，却使得整体中的复杂性和矛盾性被削弱了；他们隐藏了活态景观中真正的社会政治和生态关系。

科纳的《丈量美国大地景观》一书就批判性地采用航空图片进行研究，并限定了景观设计相关实践的量级。13正如瓦尔德海姆所认为的，科纳的蒙太奇手法并不像麦克哈格的叠加规划图及描述那样把自然、文化两极完全分开，而似乎令人满怀希望也好奇地地期待着一种全面的"建造生态学"（constructed ecolgoy）的未来。14可是，即使后结构主义者认识到了麦克哈格的二元论观点的不足，他们也给予了其规划以及潜在的综合成果很高的赞誉。与麦克哈格的《设计结合自然》不同，科纳的《丈量美国大地景观》并不是一本关于规划的书。科纳并没有对其所见到的土地进行设计，也没有为其他致力于此的人士提供任何方法。麦克哈格教导我们如何重新设计这个世界，并针对每个问题给出相应的答案（除了为什么规划图从来都未能实现这一问题），而科纳的地图、照片、场地数据组成的拼贴似乎仅仅只是一种表述——只是对传统主题与新技术的独特交叉的图像记录，和一种对场地的解释分析的印记。

如果我们通过回顾能够认识到麦克哈格的思想在生态上和方法论上的不可能性，那么我们能否在科纳太过美丽的图像中也预见到一种过度注重审美与自我表现的后现代主义倾向？正如麦克哈格的方法可以通过死记硬背固定程序并反复实

---

① 译者注："宏大叙事"一般指有某种一贯的主题的叙事：一种完整的、全面的、十全十美的叙事；常常与意识形态和抽象概念联系在一起；与总体性、宏观理论、共识、普遍性、实证（证明合法性）具有部分相同的内涵，而与细节、解构、分析、差异性、多元性、悖谬推理具有相对立的意义；有时被人们称为"空洞的政治功能化"的宏大叙事，与社会生活和文化历史的角度相对；题材宏大的叙事，与细节描写相对；与个人叙事、私人叙事、日常生活叙事、"草根"叙事等等相对。

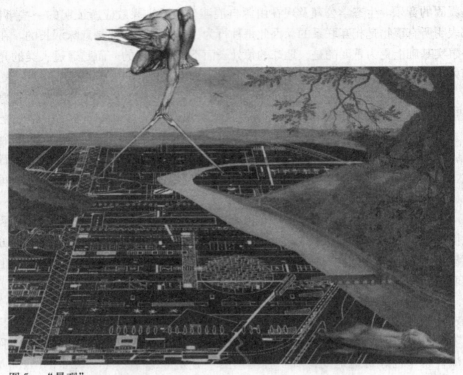

图 5 "景观"

践而学会一样，科纳的华丽表现和理论复杂性看起来似乎有故弄玄虚之嫌，从他最近对"工作的环境"（Landschaft）的偏好胜过"建成的景致"（Landskip）可见，这是一种分离且矛盾的视角。[15]不管如何，《丈量美国大地景观》界定了运转中的活态景观，把诗意带进规划师的领域，当我们熟知了麦克哈格的工作，我们也更容易认同景观设计学充其量是实用的艺术（art of instrumentality），也许最好是实用的生态艺术。如果严肃地总结上述方面，景观都市主义者需要把麦克哈格、科纳的理论以及场地本身结合起来思考。[16]

景观历史学家和理论家约翰·彼思·亨特（John Pixan Hunt）引导我们朝向这种结合再进了一步。他写道：风格高雅的公园和花园作为语义的保留地（semantic reserves），其设计实践为整体场所的塑造提供了模型。[17]这一点已在库哈斯和 OMA 未能实现的巴黎拉维莱特公园方案中有所体现，同时该案例及其设计思想一直在景观都市主义文献中被作为整体景观概念化的新方法的标准而出现。亚历克斯·沃尔（Alex Wall）认为 OMA 的巴黎拉维莱特公园方案属于"一种社会工具的范畴"，该方案将景观设计作为安排各种基础设施以实现一系列计划中的潜能的装置，而非一个充满象征叙述性和模拟元素的完全美学意义上的构成，这使其成为过去20年争论的中心。[18]詹姆斯·科纳对库哈斯在1999年时的贫乏生态信条（ecological credentials）并不介意，相反他认为库哈斯的方案是景观设计的一个重大突破，认为这有可能是"一个真正的生态景观设计"，因为这样的景观较少关注一项已做完了设计的完整项目的建造，而是更关乎设计的"过程"、"策略"、"媒介"和"骨架"——这些都作为催化框架，可以激发多样化的关系去创造、显现、联结和异化。[19]

正如马克·安杰里尔（Marc Angelil）和安娜·克林曼（Anna Klingman）解释的那样，库哈斯简单地把城市解读为"风景"（SCAPE）——其中建筑、基础设施和景观都无差别并受同样因素的支配（图5）。[20]正是这种关于城市环境及其关联景观的概念影响了新一代的设计师（尤其是在欧洲）。欧洲文化与自然复合编织而成的网络强化了沃尔将当代景观这一概念视作"催化胶合剂，各种活动展开的表面"，以及"组织各种物体与空间和各种过程与事件的功能矩阵"。[21]

沃尔高度赞誉OMA的拉维莱特公园方案是富有开创性的，并认为景观就像电池板——通过其表面我们可以使互联网畅通，排污系统正常运转，使所有程序有序进行，就像他所指出的，"我们应提升其能力来维持、丰富人们的活动（图6）。"[22]对于沃尔，对于其他许多自称是景观都市主义者的设计师，晚期资本主义的情况（即冷漠、缺乏归属感，资本、货物和人的流动等）促使他们将从外在空间形态来"观看"城市的方式，转变为从流动着的四维动态系统来"解读"城市。与新保守主义者重建传统或本土意象的都市理论相反，沃尔认为当代景观是由"流动的网络、无等级的模糊空间、根系状的扩展传播、精心设计的活动表面、相互联结的网络、作为基质和催化剂的大地、不可预见的活动和其他多种情况构成的。"[23]这种对晚期资本主义景观快速变化和难以捉摸的状况的解释，同时也热切地倡导一种景观作为服务矩阵（service matrix）的理念。根据沃尔的观点，设计的重点正在从"城市空间的形态转向城市化的过程，这种过程即便尚未扩展至全球，至少也覆盖和跨越了广大区域的表面"。[24]与本书中心主题相一致，沃尔阐述了景观规划的雄心，并将它们演绎为一篇设计檄文。

本文中的"城市"含义也有所变化。在这里城市不再是一个场所或只是"一个"系统，而是所有过程和系统的一部分，正在任何特定时间段内覆盖和编织着世界的某处地域。类似地，对哲学家和历史学家曼纽尔·德兰达（Manuel de Landa）来说，城市是各种不断变化着的系统的凝结物，是一种更大的时间过程的减速或加速的产物。[25]正如罗伯特·史密森（Robert Smithson）认为的，城市及其全球化景观是文化、技术、自然系统的混合物，并被包上了城市形态、制度、物质和意识的增长的外壳，这些都被视为更大的演化现象中的结晶体。[26]如果

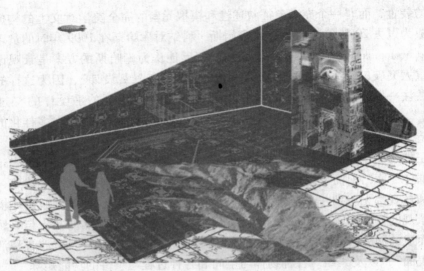

图6 "连续的矩阵"

接受德兰达将文化历史定位于自然历史之中是一种基于生态敏感性的历史编纂的看法的话，那么现在更适于把城市中心描述为纵横地表的各种过程相对集中的区域，这里所说的地表具有一定的厚度，可以被理解为承载着各种联系、关系及潜力的复杂地域。总之，当代城市是延展至城镇、乡村和荒野的景观、建筑和基础设施，城市不再是与"自然"相对立的一种理论上的定位，但通过这一象征，人类在世界上的所有创造也都同样可以被名正言顺地自然化。

　　沃尔的观点更多属于现代主义、未来主义及当代系统思想，而非更为传统的景观设计源流，如英式花园、大众公园、田园城市及简·雅各布斯（Jane Jacobs）的思想等，但正是这种差异使其更容易吸引注意力。事实上，促使景观都市主义这一新思想建立的各种形势条件，早先就已激励景观设计学抛弃传统城市田园牧歌式的风格，转向对根基（groundedness）、导向（orientation）和定位（emplacement）的渴求。任何新的关于景观设计的言论——比如沃尔——必须以其对传统景观设计弊端的论争来作为评价其水平的标准，即要么抵制和批判后现代主义城市，要么创造性地重塑它。

　　就理论上而言，沃尔的意图是采用一种批判的而非顺从的方式来进入并梳理城市的各种力量。实际上，当沃尔将他的景观理念解释为一个支配性的矩阵（dominant matrix），并"也许是唯一可以承载无节制的流行文化（无休止的流动性、消费、密度、废弃物、奇观及信息）的希望，并同时吸收和改变着由资本投资与能量的复杂多变所导致的积聚与分散的各类交互式事件"时，听起来就像一

图7　数据景观

个年长而和善的批判地域主义者（regionalist）。[27]但是，当他流露出对于"将地球的表面重塑为光滑、连续的矩阵以有效地连接日益不同的各种环境要素"的审美偏好时，[28]就一点也不像一个批判地域主义者了。在某种程度上，他发现自己的观点实际有点儿自相矛盾。

沃尔说，景观都市主义者的设计策略"不仅力图解决物质空间的变化，还解决社会与文化的转变，从而发挥社会与生态的代言人的作用"。[29]除了提到生态学，他实际谈论最多的就是现代主义了——也许景观设计学有其自己的现代主义，即一种生态意义上的现代性，一种摆脱了浪漫主义和美学的生态学。即使库哈斯的生态信条是值得怀疑的，他与景观都市主义者在解读事物之间的关系时，仍然是关注生态的，就像建筑师知道自己的需要一样。当建筑师在场地上布置对象时，他们从理论上和设计领域上也正转变为景观设计师。但人们也许想知道的是，建筑师们仅仅是认为景观是与其他基础设施一样的一类基础元素或网络，还是为了更有效率地使粗暴机械的城市结构覆盖整个地球。

作为近来诸多再创造的一部分，建筑学现在也非常关注所谓的景观，但这并非为了构建一个与现代理性相反的基本框架，也不是为了寻找批判性地域主义的所谓地方精神；相反的，建筑学关注景观是将其作为当代"社会—生态—文化"形势的更广阔的信息场，以便实现更好的控制。部分是因为现实，部分是为了实现自我满足的预言，全球城市及其"基础设施"（infra - structure）和"上层建筑"（supra - structure）结构系统失去了本质特性并成为"后辩证法式"景观（denatured and post - dialectical scape），这一观点正越来越被景观设计师们所接受和理解。

景观学科有着焕然一新的自信，并认识到凭借其自身处理大尺度动态系统的能力，这一学科有充分准备去处理规划师和建筑师在设计城市中努力解决但未能奏效的问题。[30]新一代的景观设计师已作好从哲学和实践的角度来协调城市结构的准备，他们将城市文化和城市自然两方面都归入一个独特的、无边界的动态生态系统。在这种情况下，建筑设计和景观设计这两门学科发现彼此已经在世界所编织的网络中纠缠在一起了。

就编织世界网络而言，有一件事情是确定的：就是一切都是不确定的——这种状态适合用混沌理论来预言不可预测的可能性。经验表明，试图控制整体是徒劳无益的。当然，库哈斯提到了对不确定性的配置，也提出了多样性和再分配的原则，以及"用潜在的可能性浇灌场地"的主张。[31]尽管尚可论证，但不确定性是这个时代的特征已成事实，并由此可以证实，这一模糊的论断是关于景观都市主义的讨论所共有的（也许必须如此）。他们同样也源于库哈斯式的华丽修辞，暗示建筑设计是会被冲刷走的沙堆城堡，从而有效地将建筑学的工作范围扩展至景观。沉没还是激流猛进？景观还是建筑？都是，这似乎就是库哈斯的答案。[32]

源于库哈斯的敏感性，新一代的设计者正逐渐远离设计辩证法及浪漫主义道路，因为他们在功能与形式、理想与现实之间引发了张力。当达到某种习以为常的程度时，这种浪漫主义的辩证法似乎过于繁琐，不太适合在一种信息爆炸的文化中发展。因为在这种文化之中，设计过程变成了一种关于计算而非符号学（semiotics）的问题，一种关于统计边界的讨价还价，而非基于解释学的兴趣。这样的工作都被归入"数据景观"（datascapes）一类的主题，巴特·卢茨马（Bart Lootsma）把它解释为只是对"影响甚至调整或操纵着建筑师工作的所有可测力量的视觉表达"。[33]当然，这样的工作也是景观都市主义的一部分（图7）。

景观设计师往往依靠场地分析来论证其成果的有效性，数据景观与此并无不同，它们常被认为很具说服力，但也有很浓的商业和官僚气息，因为设计师的主观性可以被嵌入看起来十分客观的数据中。然而，设计过程所具有的浪漫主义倾向，常使设计师们为理想形式和现实间的冲突而痛苦，而数据景观主义者正好相反，他们从一个项目的外部边界条件着手，认为项目往往是需要不断协商的。因此数据景观理论并不急于得到预想的设计成果，而是积极地考虑项目的限制和规则。例如，卢茨马告诉我们一些贯穿在"西八"的景观设计作品中最重要的主线，即"一些类似交通法规和公民法典的明显没有情趣的东西——这通常被那些把自己的创造力放在第一位的设计师看做是讨厌的障碍"。[34]卢茨马继续指出，对于一名设计师而言，抛开主观能动性而遵守给定地点的官僚规则不一定意味着就是新实用主义或组装无意识的机器人（尽管有这样的风险），与之相反，设计师"完成了一项每个人都可以参与甚至推翻的真正的公众行为"。[35]确切地讲，场地是怎么变成这样的，或者它是在哪里得到检测和证明的，实际仍是个未知数。

来自MVRDV的维尼·马斯（Winy Maas）的实践方式与数据景观理念类似，也自动地将影响任何设计项目的经济和制度约束考虑进来。马斯认为，一项设计如果一直几乎排他性地关注并运用真实的材料，那么其形式就会超越艺术直觉或形式偏好，进一步来讲，其结果"也会对一个不能理解自身数据的维度及意义的世界持以批判和嘲笑。"[36]与此类似，科纳相信"数据景观规划师通过另辟蹊径地限定问题，揭示出隐藏于特定地域中的新的可能性……从而产生了新颖独创的解决方案。"[37]尽管基于数据景观的一些设计成果和主张被四处鼓吹而流行一时，但我们也有疑问，既然根据科纳和马斯的理论，数据景观者可以采用盲目的数据得到创造性的解决方法，那么为什么富有各种数据的景观设计过程却不能够呢？

首先，无论从景观设计的意图还是媒介来讲，都不应使其自身成为对以人类为中心的新奇事物的追逐。但做出这一限定，还需要考虑景观设计师对数据的依赖，因为他们也许需要借此完成所有工作。因此，是实证主义者（positivist）而非释经学者（hermeneutic）的敏感性，降低了作者在设计过程中的催化作用。从另一个角度来看，许多景观设计实际上并没有充分运用场地数据来使其方案更具说服力，而仅是作了一些表面的场地分析。例如，设计师总是更愿意对他自己预先构思、期望或想要的影像进行模拟，而不管场地信息表明存在着哪些问题，在这种情况下，他们得到的总是一些如画的方案。

数据景观的研究显示，设计创造性和批判性操作的方法，正在从以视觉和意识形态为决定要素的方向，转向对任何特定场所中相互交织着的社会、政治、经济的动态关系的描绘。就此而言，数据景观作为一种方法论，实际上就是规划。它潜在的也具有生态意义。但是当很容易理解数据景观是如何描述设计/规划的问题和内容的时候，对于它们如何产生具有创造力的设计方案却不那么容易理解（与不成熟的新功能主义相反）。

MVRPV 的数字城（Datatown）就是这样一个案例。它以严格的数据推断为基础，在现有边界不变的情况下将荷兰的人口扩大了四倍，并使相应的复杂空间结果可视化。数字城这本书充满了各种将碳汇森林和家畜饲养放入多层高楼中的夸张景象，这也许是保证 1600 万欧洲人生活在 400 千米 ×400 千米的景观之中而保持现有生活质量不变的必需之策。[38]杰出的反乌托邦者——毋庸置疑这就是数据景观最原始的形式。作者除了推断现有数据情况并使形式遵循功能之外，没有做任何其他的事情；其结果是与麦克哈格在景观限制中找到其理想生存生境的静态文化相反的极端。但两种模型都否定创造性，也对协同进化着的文化与自然综合体所必需的开放性持排斥态度，唯一留下来令人想知道的是，在这些极端情况下世界将以何种方式生存，以及这是否就是景观都市主义脑海中的世界。

总之，卢茨马告诉我们，数据景观"不大关注哲学、理论和美学，其更关心的是幻想与实际的内容如何以创造性但又自相矛盾的方式相结合"。[39]他把新生代与旧的一代区分开，宣称数据景观关乎"批判实用主义"（critical pragmatism），而非"批判地域主义"（critical regionalism）。[40]我们知道，对现代性遵从于场所特征的宏大叙述，压制着批判地域主义的激情——所以需要向卢茨马的批判实用主义询问的是，"批判什么"和实用"是针对什么目标"而言的。卢茨马、沃尔和科纳的答案是，设计的目的就是"将后资本主义的繁杂情况进行重整，向更为丰富的社会—生态目标看齐。"[41]这似乎又转回到了肯尼思·弗兰姆普敦的批判地域主义的伦理标准上，而且几乎成为他在 20 世纪 80 年代所写的重量级反叛论文的后记。弗兰姆普敦自己也认为能够转变失控的全球性大都市的唯一希望在于景观这一结构因素，而不仅仅是一种基于当地真实性的美学资源。[42]

如果生态学与社会都如同数据景观阐述的那样简单，那么现在每个地块都可以用更接近四维的社会——生态真实情况的方法来描绘。计算机可以及时发挥作用，模拟并使特定条件下的动态变化过程可视化——针对与设计介入相关的各种复杂的生态流和文化流建模。这篇文章一开始就阐明，数据景观的计算机系统设计师就像声控体系统的设计师一样，工作在一个流动的数据、概念和形式的领域中，由此可以预见，把景观设计的艺术性与实用性相区分无疑是有害的。与将时间导向一个固定的终点的总体规划不同，景观都市主义者在了解了整体后作出部分景观干预，这是战略性的转向，这也许会在整个系统中引发非线性的循环。对于规划关乎整体和设计偏重局部的伪饰与偏见，也许这里有一条线索，那就是通过一种精妙和谐并实用的景观设计学统筹起来。[43]它也许不能拯救世界，但会从景观学角度激发一场跳跃式的发展来进行反思，也就是一场走向实用性生态艺术的运动。

注释：

1. 景观学既是一门艺术，也是一门科学，同时也是一门常会因偏重二者之一而受到偏见影响的学科。实际上这是梅勒妮·斯莫（Melanie Simo）的《百年景观学》（100 *Years of Landscape Architecture*）（Washington, D. C.,: ASLA Press, 1999）——美国景观学会的百年纪念出版物（Centennial Publication）一书中所一再出现的主题。类似地，西蒙·斯沃菲尔德（Simon Swaffield）在其总结景观学理论的著作中，指出景观学作为艺术与科学，既是实践性的，也是理论化的，这种观点虽在 20 世纪 50 年代第一次听闻，但这种雄心在新千年中依然保持着其核心地位。西蒙·斯沃菲尔德的《Theory in Landscape Architecture：A Reader》（Philadelphia：University of Pennsylvania Press, 2002），229。

2. 我记得美国景观设计师彼得·沃克（Peter Walker）曾指出，景观设计师尽管声称其针对土地的工作优先权力，但其影响的只是土地上的很少一部分表面——这是一种似乎不言自明的观点。还可附加说明的是，这种影响还有可能带来一种倾向，即每一寸土地都愈加需要进行专业化的管理。

3. 景观学知识体系的分野，以及其实践者的分界，一般的讨论都认为带来了规划和设计之间的分裂，而这自 20 世纪 70 年代以来尤为明显。这再次成为上面引用的梅勒妮·斯莫的《百年景观学》一书的主题。而且这也是大多数国家级景观学刊所一直争论的主题之一。伊丽莎白·梅耶（Elizabeth Meyer）也重提了这一话题，"后地球日难题：将环境价值解译到景观设计当中"，以及安妮·温斯顿·斯波（Anne Whinston Spirn）、"伊恩·麦克哈格，景观学与环境主义"，两方面都参见迈克尔·科南（Michel Conan）的《景观学中的环境主义》（Environmentalism in Landscape Architecture）（Washington D. C.：Dumbarton Oak, 2000），112 – 14，187 – 90。

4. 本文是 2001 年"网格"大会（MESH）上发表的一篇主旨发言稿的精炼和缩减版。当时是在墨尔本皇家技术研究院召开的两年一次的澳大利亚景观学年会上发表的。与本文相关的其他一些内容发表在 2001 年的《景观评论》中（Landscape Review），同时发表的还有一篇描述詹姆斯·科纳的作品的文章。

5. Elizabeth K. Meyer, "Landscape Architecture as Modern Other and Postmodern Ground," in Harriet Edquist and Vanessa Bird, eds., *The Culture of Landscape Architecture* (Melbourne: Edge Publishing, 1994).

6. James Corner, "Eidetic Operations and New Landscapes," in Corner, ed., *Recovering Landscape: Essays in Contemporary Landscape Architecture* (New York: Princeton Architectural Press, 1999), 158.

7. 现代主义城市规划隐含着的统治地位，通过对于（城市发展的）可预见性（predictability）及对于乌托邦（utopia）的信念而得到巩固。但目前显然已经被其对应面所替代，即基于对（城市发展的）不可预见性（unpredictability）以及反面乌托邦（dystopia）思想的新的空间干预战略，

8. 罗伯特·库克（Robert E. Cook）对于生态学的当代模式是如何受到混沌理论（chaos theory）和复杂科学（complexity science）的影响进行了大量阐述。参见罗伯特·库克的《景观可以从中学习什么？生态学的新范式与景观设计》（Do landscape learn? Ecology's New Paradigm and Design in Landscape Architecture）（in Conan, ed., *Environmentalism in Landscape Architecture*, 118 – 20）。

9. See James Corner, "Ecology and Landscape as Agents of Creativity," in G. Thompson and F. Steiner, eds., *Ecological Design and Planning* (New York: John Wiley & Sons, 1997), 100.

10. Ibid., 82.

11. Ibid.

12. Ibid.

13. James Corner and Alex MacLean, *Taking Measures Across the American Landscape* (New Haven: Yale University Press, 1996).

14. Charles Waldheim, "Landscape Urbanism: A Genealogy," *PRAXIS Journal* no. 4 (2002): 4–17.

15. Corner's essay "Eidetic Operations and New Landscapes" is structured around a dialectic between *landschaft* and *landskip*.

16. 我已在许多地方指出，科纳的实践实际是与这一议题紧密相关的。参见理查·德韦勒（Richard Weller），《在解释学与数据景观之间：从詹姆斯·科纳的文章来看对涌现景观设计理论与实践的批判性评价》（Between Hermeneutics and Datascape：A Critical Appreciation of Emergent Landscape Design Theory and Praxis through the Writing of James Corner, 1999 – 2000, Landscape Reivew, vol. 7, no. 1（2001）：3 – 44）。

17. John Dixon Hunt, *Greater Perfections: The Practice of Garden Theory* (Philadelphia: University of Pennsylvania Press, 2000), 220.

18. Alex Wall, "Programming the Urban Surface," in Corner, ed., *Recovering Landscape*, 237.

19. Corner, "Ecology and Landscape as Agents of Creativity," 102.

20. Marc Angelil and Anna Klingmann, "Hybrid Morphologies: Infrastructure, Architecture, Landscape," *Daidalos: Architecture, Art, Culture* no. 73 (1999): 16–25.

21. Alex Wall, "Programming the Urban Surface," 233.

22. Ibid.

23. Ibid., 234.

24. Ibid.

25. 曼纽尔·德兰达（Manuel de Landa），《一千年的非线性历史》（A Thousand Years of Non – linear History）（New York：Zone Books, 2000）。德兰达追溯了过去千年中基因、语言和材料等内在不可预见的流动性，以随之揭示它们在城市形态方面的表现。与这篇文章有关的是德兰达将自然与文化形态混合起来的历史观，以及把它们作为一种共同进化（coevolving）的生态系统的分析方式。然而，我们

却习惯于将历史作为一个不断演进的、对事件、思想和认同性的叙述过程，它们是与作为背景的自然世界是背道而驰的。

26. Robert Smithson, "The Crystal Land" in Nancy Holt, ed., *The Writings of Robert Smithson* (New York: New York University Press, 1979), 19–20.

27. Wall, "Programming the Urban Surface," above n 19, p 247.

28. Ibid., above n 19, p 246.

29. Ibid., above n 19, p 243.

30. 阿德里安·高伊策（Adriaan Geuze）已经认识到了这一问题。"建筑师和工业设计师经常视其设计为一个最终的天才产品，其审美完全源自他们的智慧。但如此这样的一个设计常会因最细微的破坏而颠覆。景观设计师已经学会了将其设计放在远景（perspective）中来看，因为他们知道设计是需要不断调适和改变的。我们都已经学会视景观为无数力量和创造性的结果，而非一个错误的完成品（fait accompli）。" 参见高伊策，引自巴特·卢茨马（Bart Lootsma），《生物形态智慧与景观都市主义》（Biomorphic Intelligence and Landscape Urbanism），*Topos* no. 40（2002）：12。

31. Rem Koolhaas, "Whatever Happened to Urbanism?" in Koolhaas and Bruce Mau, *S, M, L, XL* (New York: Monacelli Press, 1995), 971.

32. Ibid.

33. Bart Lootsma, "Synthetic Regionalization: The Dutch Landscape Toward a Second Modernity," in Corner, ed., *Recovering Landscape*, 270.

34. Ibid., 266.

35. Ibid.

36. Winy Maas, "Datascape: The Final Extravaganza," *Daidalos: Architecture, Art, Culture* no. 69/70 (1999): 48–49.

37. Corner, "Eidetic Operations and New Landscapes," 165.

38. Winy Maas, Jacob van Rijs, and Nathalie de Vries, *Metacity/Datatown* (Rotterdam: 010 Publishers, 1999).

39. Lootsma, "Synthetic Regionalization," 257.

40. Ibid., 264.

41. Ibid., 273.

42. See Kenneth Frampton, "Towards an Urban Landscape" *Columbia Documents* no. 4 (1994): 83–94; as well as Frampton, "Seven points for the Millennium: an untimely manifesto," *Architectural Review*, online: http//www.arplus.com/Frampton.htm.

43. Stan Allen has looked in to this, see Allen, "From Object to Field," *Architecture After Geometry; Architectural Design Profile* vol. 67, no. 127, ed. Peter Davidson and Donald L. Bates (1997): 24–32.

运动中的景象：在时间中描述景观

Vision in Motion：Representing Landscape in Time

克里斯多弗·吉鲁特/Christophe Girot

图 1　巴黎杜勒里花园

"形态受到了最为严格的限制，因为在其形成的过程中对细节要求最高，但这并不是说要过分关注细节而忽视周围环境"。

——亨利·福西永（Henri Focillon）

景观都市主义概念的形成，旨在描述 20 世纪下半叶的城市化景观研究的进展。它一经提出，就像一个叛逆少年，把先辈们所有的理性主义（rationalist）、功能主义（functionalist）以及实证主义（positivist）的教诲完全置之脑后。这一理念的首要意图是对近数十年发生在城市景观中的各种现象进行解析，并进而施加影响。因此与早期在一片几乎空白的土地上描绘和建造理想城市的城市设计思想相比，可谓大相径庭。它所面对的是一种复杂得几乎无法解释清楚的情形。这种情形一方面在世界各地奇怪地一再出现，同时又会因地形、气候和文化的不同而保持差异性（图1）。

数字电视等新媒体技术的发展，将许多设计学科（尤其是处理户外空间问题的学科）在视觉和信息交流方面的研究推及到无法预料的高度。景观都市主义思想，以及景观设计和城市设计等学科都从这种技术进步中获益巨大。从景观都市主义思想在欧洲发展壮大的背景来看，活动景象（moving images）这一主题，无论对城市设计还是对决策进程的潜在影响都是值得考虑的。尤其对城市景观设计而言，一旦认识到这种对视觉形象的新的思考方式可能会对未来城市的塑造产生巨大影响，其意义就更为重大（图2）。

谜样的城市

我们已经从 20 世纪初的一种有意识的城市形态驱动模式（a conscious form-giving model），转向 21 世纪初的一种很大程度上基于定量程序（quantitative programs）和规范标准（regulatory norms）的自发生长的城市特性（a self-generated urbanity）。如果当前还认为存在着某种城市美学的话，那么它最有可能在一种特殊的进程中形成。在这一进程中，更为传统的景观识别性（older landscape identities）会与土地价值、房地产开发、生产力以及流动性等问题残酷而又不可回避地碰撞在一起。由此形成的城市环境很难描述清楚，令人迷惑和迟钝，并且视觉

图 2　苏黎世的阿弗尔特恩（Affoltern）

上也使人不快。数十年的连续巨变，已经改变了我们所熟知的弥久形成的欧洲景观特征。难得保留下来的，常会被改造为中世纪风格的商业区，其间遍布悬挂着招牌的小精品店、工艺品市场以及花卉店（图3）。

　　斯蒂凡诺·博埃里（Stefano Boeri）和乔瓦尼·拉弗拉（Giovanni Lavarra）针对意大利景观动态演变的论文"地域的变化"（*Mutamenti del Territorio*，Muta-tions of the Territory）堪称里程碑之作。他们在该文中提出了一种景观综合分析方法（aggregated analysis），从而完全从对欧洲城市景观原型的既定的、模式化的经典分析方法中走了出来。[1] 根据他们的研究，传统方法主要采用平面图和透视效果图来帮助分析。而他们假定，在欧洲存在着一种建立在特定的统一、严整及其他特性基础上的实体现象学（a material phenomenology）。这不无反传统的讽刺意味。其实直至现在，从这份景观遗产中总还是能挖掘或演绎出一连串的有价值的思想，形成其所谓的"欧洲城市语汇"（European Urban Phrase）。而这一思想中最令人感兴趣、也最易引发争论的观点是，欧洲城市景观的形成是一个长期的、不断变化着的连续体，是一个各种系统和各个时代相互交织的复杂运动过程，是无数历史时刻被压缩在一个特定空间内的聚合体。进而，博埃里和拉弗拉宣称，欧洲景观在数世纪的发展过程中，各种各样的变革或被认同或遭到拒绝，但都经过了自我调节。因此，景观实际经历了上述多样而复杂的转变。如果我们接受上

图 3 苏黎世的卡塞恩（Katzen See）　　　　　图 4 苏黎世的阿弗尔特恩（Affoltern）

述前提，那么就需要解开隐藏在景观变迁过程中的"遗传密码"（genetics），从而对未来的景象做出清晰的阐述。当今最缺乏的无疑是一种能清楚地解读这种复杂性，并将各种因素有机组织起来，最终整合到设计思考当中的能力。

城市景观是一面多棱镜，它折射出我们时代的特征。一方面，它只是我们专业工作的原材料，难论其好坏；但另一方面，采用何种工具才能够恰到好处地反映其特征，并对之施加影响，却是更为重要的问题。所谓的"科学"的规划模式往往披着精确的、数字化的美丽外衣，但却只部分表达了真实景象。因此，有必要重新恢复城市景观研究中的科学的（scientific）、经验主义的（empirical）和启发式的（heuristic）三种方式的平衡关系。而实际当中存在着的三种主要作用力——衰败（degeneration）、维持（permanence）以及变革（transformation），会同时从物质空间和意识形态两个角度作用于城市，并且它们相互之间也在不断碰撞。每种力量都会作用于场地，人们一方面可以来观察它们，却同时会采取不同的方式来理解和应对。具讽刺意味的是，当前的景观理念更倾向于上述第二种力量——维持。实际这是一种相对较弱的力量。在很大程度上，从当前画意的景观遗产（the picturesque heritage）的依然流行就足以解释了。这也反映出当代缺乏设计思想上的创新（图 4）。

此外，城市发展往往是抽象的政治过程的结果。这种过程很少会产生人们所期望的、或被许诺的结果。[2] 这种认识并非想和我们现实中的工作方法相悖，而是为了理解他们在设计和决策过程中是如何被误用、贬低以及操控的。我们知道，当代的城市不再是一种思想的产物、一部杰出规划的成果，或一个显赫人物的作品，而是连续、多层次的、但相互少有关联的发散式决策的结果。而已有的表现工具，不仅影响到整个决策过程以及媒介，还随之影响到整个设计和建造过程。一般而言，规划图与规划作为展示商业和政治诱惑力的工具，与它们作为设计和

图5　厄文新城中的厄文大教堂

建造城市环境的基础文件本身之间的矛盾，彻底暴露了我们思考今日城市及城市景观的方式的局限性。被广为宣传的法国厄文新城（new town of Evry in France）就是一个此类实例。尽管这一城市开发项目拥有优秀的建筑和景观设计，但作为一个新加入者，始终令人觉得与当地环境格格不入，缺乏明确的可识别性与凝聚力。就像一堆零件的堆积，并不等于一个有机的整体。一般而言，整体设计观念的缺失，以及异质元素的粗暴拼贴，都会产生与外界隔绝的（hermetic）环境，从而导致了当前的城市窘境：理论意义上的现代城市已经趋于分散化，其原来的自然本底也已完全改变，并且许多改变已超出了我们的想象——水体被覆盖或者改道，地形被推平或被整饬，森林变得支离破碎——诸如此类情况数不胜数。问题的本质是目前规划中强烈的实用主义色彩和短期目标驱动，使得城市景观中敏感的实体和视觉特征正逐渐被遗忘（图5）。

　　对此，我们还可以列举出更多受到质疑的景观实例。甚至还可以说，一半以上的城市环境的形成，已经与建筑师、景观设计师和城市设计师无关。譬如在法国，数以千计的工业区、商业区和居住区沿着纵横如织的路网春笋般出现，各类工程设施充斥着我们的眼目。这些都成为此类情况的尖锐表现。沃尔科·卡曼斯基（Volko Kamensky）执导的纪录片《神圣妄想》（Divina Obsesion）展现了纯技术型的街道的特征（诸如转盘之类），以及这些特征对我们阅读和理解普通法国

图 6 静态画面，第 55 号，让－马克·巴斯特曼特（Jean－Marc Bustamante）

景观究竟会产生多么大的影响。³我们已经进入了一个墒值盲目增大的时代（blind entropic projection），许多后果还不可预知。①但一些理论家已经将这种不可预知的特点作为教条。如当代城市的放任主义审美观（*laissez faire aesthetic*），并不需要长远眼光；它只以一种特殊的方式发生和演化。对未来前景的毁誉，以及事后的被动欣赏，都证实了我们的劳作与生存的半盲目状态。我们对城市快速发展中残留下来的自然结构及其内在潜力的理解，都已经变成了后知后觉。在这里，景观不再被认为是一个主要结构要素，而是蛋糕上的樱桃，是建成土地上的最后的绿色装饰。这种极端的消极态度，反过来不仅影响到场所的可意象性（imageability），还会影响到其内在的品质与价值（图 6）。

走向一种新理解

然而，由上述分析得到的结论，并不是说城市解构所导致的破碎化就理当成

---

① 译者注：墒增加原理就是热力学第二定律。能量是物质运动的一种量度，形式多样，可以相互转换。某种形式的能量如内能越多表明可供转换的潜力越大。墒原文的字意是转变，描述内能与其他形式能量自发转换的方向和转换完成的程度。随着转换的进行，系统趋于平衡态，墒值越来越大，这表明虽然在此过程中能量总值不变，但可供利用或转换的能量却越来越少了。内能、墒和热力学第一、第二定律使人们对与热运动相联系的能量转换过程的基本特征有了全面完整的认识。

图7 巴黎的香榭丽舍大街

为一种典型模式。过去几年的情境主义①言论（situationist discourse）除了点明进一步衰退的前景外，对景观领域影响甚微。同时，上述分析也并非必然意味着我们总要以查考场地的遗迹的方式来证明我们的改造的合法性。这种仅仅建立在记忆基础上的追溯的态度，绝不是一种对品质的保证——其实，它一直否定着其他更为多样化的诠释方式的可能。对场地及其历史的高度理智化（intellectualized）的分析，必定是排外和片面的，其中潜伏着对环境特殊性的漠视。无论是混沌理论中的放任自由观点——即一种打破城市设计旧习的方法，还是对已逝美好事物的忧郁牢骚（melancholic），这些教条并没有为当前的城市化窘境提出任何令人满意的良方。而现实就摆在面前。因此，如博埃里和拉弗拉所言，接纳一些观点迥异的关于城市景观的文献也许更为可取。这类文献也许会揭示出一些传承于过去的品质，或许还能纠正和澄清当前一些晦涩、难解的问题。而我们现在需要重新建立一种能描述当前形势的语言，这种语言能将场所间的复杂性与矛盾性一体考虑，并能够有力地揭示新景观的特点。其与众不同之处在于，必须能对现实中的景观做出反应——它们或者已被改变得面目全非，或者已被各种力量所抹杀。这便提出了建立一种当代城市景观的全新视角的必要性———种能够帮助更清晰地理解每处场所并提供行动计划的视角（图7）。

这种新的观察城市景观的方式可以帮助我们更好、更全面地来理解身边异彩纷呈的现象，还可以极大地增强我们对场地做出恰当、一致的反应的能力。因此，倡导一种开放而有差别的、不刻板的景观阅读方式至关重要。通过这种方式，可以在抓住历史痕迹的同时认清未来的潜力。同时也要将场地放在一种能进行动态演化和自我修正的参照系中来思考。这是一种视觉上的参照系，目的是为了约束并强化城市随时间而变化的天生潜能。然而，用我们当前的规划方法几乎

① 译者注：Situationist International，情境主义国际，20世纪20年代至60年代在法国兴起的一个文化和政治激进团体，关注从"生产"向"消费"转变的西方资本主义世界的文化与政治现象与问题。在其代表人物如德波（Guy Debord）等的著作和言论中有大量关于景观的论述。其含义是指"以消费优先的幻象建构起来的景象为基础的生活"，景观概念在这里是一个批判性的范式，意味着社会图景是由少数人（资本家、商人和广告制作者）制造出来，由大多数人观看的迷人的过程。

不可能找到这样一种综合的景观分析视角。我们用于记录和设计景观的传统工具，几乎是在表达一种对世界极端片面和负面的看法。

　　如同在量子机械理论中，对一种现象的感知完全取决于观察者的立场，在设计过程中，主观看法也应成为其中的一部分。因此，必须建立一种新的评价城市现象的方法，以便对于城市是如何被规划、被感知和被体验等方面的问题展开研究。同时，我们必须对我们分析和建设当代城市的方式及理由进行质疑。所谓的"客观"评价是从严格的功利主义视角出发所能达到的最佳表达，但仍留给我们一大堆难解之谜。譬如对于形形色色已然将我们遗弃的城市环境，该如何解释和理解？我们还能依赖、认同它们吗？因此，当前十分有必要重新生成一种对城市的拓扑理解（topological understanding），以揭示我们的人性（humanity）在多元变幻的环境中究竟还剩下些什么。同时，我们还必须发现一种更为务实的城市景观分析方法，以便从一种可理解的整体观念来解释这种复杂性，使之能更为广泛地与公众交流（图8）。

变化中的想像力

　　无论是我们的想像力（即个体对场地的印象投射），还是行动（即个体或群体对环境的利用），对于理解场所都很有帮助。若再将自然和地理作用力考虑在内，景观的概念就形成了。通常情况下，景观，特别是城市景观，可以视作人类在不同时期相继作用于土地上的活动的总和。但这种由我们的认知和概念混合成的复合体，却令景观设计走入了真正的死胡同。我们熟稔的景观设计手法，究竟距离现实有多远？我们曾经把景观视作场所，但现今却逐渐习惯于从纸上或电脑屏幕上来谈论景观。这种不负责任的态度，不单是因为与理不通，更因为与实际不符，因此应予以质疑。但由这种态度导致的现实中的劣质景观却比比皆是。规划中最优美的阐述，无论是复杂的多层次分析，还是简单明了的直接陈述，都不能掩盖对场地内在特性的缺失。在绘图法（cartography）发明或臻于完善之前，优美的景观就已经存在数个世纪了。人们千百年来经营着这些十分古老的景观，对景观的思考也是根植于土地的，即视之为地之所出。在没有（现代）规划的时代，想像力就成为了一项工程的决定性力量。诸如场地的丈量和计算、水文分析、工程建造以及园艺学等方面的技术和技艺，都为想像力的因地制宜与灵活运用奠定了基础。而今天面临的核心问题是，我们是否能够重新建立一种源于场地的想像力。对规划历史的研究，并不等同于根植于现实土地的想像力。我们需要重新考虑想像力对于规划的重要性，这里强调的是一种基于运动特性的想像力，它与已经定型的教条规范完全不同，是能够反映并改变城市复杂性的工具。

图8，图9　巴黎的厄文新城

　　在设计的初期阶段，如能对视觉形象进行更好的整合和更深入的理解，并与项目进展和公众交流保持直接或间接的联系，会对景观设计领域大有帮助。这种想像力不仅关注城市和景观设计中的创造力，还会影响具体项目的全部决策过程，包括获得公众的理解与认可。这一新的视角，也许就存在于我们习以为常的思维框架之外，而它们能真正地把不同的时间和空间因素结合起来，从而形成一个新的维度。数字录像工具，若与更为传统的地形和建筑知识表达进行某种程度的结合，就能够使我们建立一种对场地的整体想像力，其中时间、空间和运动之间便建立起了相关性。概括起来，这实际奠定了一种从四维视角来理解景观的基础。这种新的手段，可以立刻用来评估繁杂的背景环境，从而完全重新定义我们的观察方法（图9）。

运动中的景观

　　认识人类对景观认知的局限十分重要。为什么这样说呢？举例来看。当从视觉和感觉角度来评价城市环境时，为什么运动这一要素总会被忽略？另外，在我们欣赏某处环境时，是否会把城市中汽车飞驰的嘈杂声音与悦耳的小鸟啼鸣混为一谈？对于上面的问题，现在有可能构想一种新的思考方式，将运动中的时间与空间因素作为运动统一体（travelling continuum of space and time）而非一连串的静态结构来整合考虑，并以此来指导设计。这就意味着我们惯常的观察方法，将会被一种更接近于我们理解现实的新方法所替代。数字景观录像（digital land-scape video），就是作为观察这种复杂现象的理想工具而新近出现的。它慢慢地出现、成长，并形成了自身的风格，与电视录像和音乐插播艺术迥乎不同。景观录像既不是电影，也不是纯艺术作品，它针对特定场地的特质与事件，无论是经历史累积而成的还是人为规划的，都带有一种易辩性的观念（argumentative dis –

图 10　巴黎的国家大桥（Pont National）　　　图 11　海牙的原子能工厂

course）。录像中收集的素材，展示了一处场所中的鲜活实例，绝无粉饰；就此而言，其内容往往极端原始但却极富说服力。因此，在景观录像中，每种事物都可以一视同仁地放在一起——美丽的风景常与人所厌恶的地点为伍。对场所的传统诠释在这里不可避免地被消解了，进而形成了一种对城市与自然的相互关系及其连续统一体的更为全面的想像力。

　　对一处邻里社区所拍摄的航空录像，清晰地呈现了极为复杂的形象细部特征，并有力地展现了景观的主要结构框架。因此，该方式对于揭示场地的可辨识特征具有很大帮助，诸如住宅和街道所处的位置，以及河流和树林的布局等等。其图像栩栩如生，并完全忠实于场地。这种方法还可以把不同时间及运动的情况结合起来，从而便于展现其连续变化着的各个方面。例如，某处场地不同季节的景观可以被并置在一起；各个时期的变化和改造也可以被汇集起来进行视觉呈现。从不同的速度和运动状态来看一处景观，能够对我们脑中既定的可识别性产生巨大冲击，从而引入一种强烈的相对概念（relativity）。记录人在一天中不同时刻的行为活动，能够展现我们文化环境中万花筒般的复杂特质。那种被称为景观贫瘠化（the impoverishment of landscape）的现象，现在则可以被重新理解为一种具有多样性（diversification）和丰富性（enrichment）的形态（图11）。

　　景观录像使观众也发生了改变；图像的立即可识别性改变了观者的感知，录像就像镜子一样，反射出我们每日目睹的一切。就是这种直接反射性，把居民习以为常的观察方式，改变为一种主动的、带有批评性质的视角。一旦建立了这种对视觉现象的新的理解，哪怕是针对最平凡的城市环境，也能够利用这种方式来对人们的习惯及心理进行批判性的改善。不同于那种对一些相似城市场所的纯艺术性的摄影，录像描述的是一个连续统一体而非一系列固定的画面，因此可以将其从静态约束中完全释放出来。在这里，"好看的"（sightly）与"不好看的"

图12　诺曼底的二战登陆遗迹（Le Landemer）

（unsightly）之间的界限已经消失了，它们混合成为了一幅整体的景观图像。一个对某处特定场所的五分钟长的介绍可以收入大量的信息和论据，通过最深入大众的电视屏幕媒介，传达给更为广泛的民众。

录像正在逐渐变成一种对景观的新的诠释方式。在德国汉诺威市进行了一项名为"微缩景观"（Micro Landscape）的博士后研究项目，由布里奇特·法兰森和史黛芬妮·克莱勃斯（Brigitte Franzen and Stefanie Krebs）指导。该项研究获得了大众汽车基金会的（VW Foundation）不菲资助，其目的是探索新的动力学和运动在当代景观设计中的重要性，这里就采用了录像作为工具。[4]斯蒂凡诺·博埃里基于景观录像进行研究，为2003年威尼斯双年展（Venice Biennale）提供了一份名为"边界装置"（*Border Device Call*）的作品，在柏林当代艺术学院（the Institute for Contemporary Art in Berlin）进行展示。其中，他就利用录像而非其他媒体，描述了从柏林到威尼斯，再到耶路撒冷的路径。[5]我在苏黎世的事务所也完成了意大利和瑞士的几项课题，其中不仅把录像作为观察的工具，还作为综合设计的工具。[6]项目的成果已被多个重要的决策所采纳，因此显然，这种新的想象形式正在开始对我们塑造景观的方式产生影响（图12）。

欧洲多所学院中的景观设计教学已经开始采用录像作为研究工具。包括德国

图 13　苏黎世阿弗尔特恩（Affoltern）的鸟瞰

汉诺威大学和瑞士苏黎世联邦技术学院，都开始利用这种新的形象思考方式来训练年青一代的设计师。他们在这一领域的探索已逐渐形成了自身的特色。比如，他们正在研究录像分析如何可以影响设计的发展。在 2002 年秋季，苏黎世联邦技术学院针对苏黎世卡塞恩地区（Kasern Areal of Zurich）进行了一项关于城市景观设计和录像的联合研究，展现了录像作品与设计中的潜力。[7]虽然苏黎世联邦技术学院的景观设计研究生课程 2003 年才开始，但就已经把录像工具与设计联系在一起进行研究，并且作为一门必修内容。该课程要求学生保持独立思考，开辟新的思路，在他们的设计中要更好地把时间和空间考虑结合起来（图 13）。

中介空间（in－between space）

我们从场地中能够感受到形式各异的运动，而我们看待景观的方式，也已极大地被这些运动所改变。[8]这些运动着的图画，如穿梭往来的车流，起起落落的飞机，都使我们对自己生来就接受的传统形象思维方式产生质疑——通过一连串的固定框图及画面来理解景观。法国历史学家迈克尔·科南（Michel Conan）基于对景观与运动的关系的研究，近来完成了一篇颇具启发意义的论文，其中对景观透视法（landscape scenography）的静态基础前提进行了分析。[9]他认为从风景画

图 14 苏黎世阿弗尔特恩（Affoltern）的鸟瞰

艺术起，就开始树立了对景观的静态理解，其中运动被忽略了，或至少未得到足够的重视。人们对如画景观（pictureque landscape）的感受，是把它看作为前后连续的一系列静态景致，就如由吉拉丹侯爵（Marquis René de Girardin）设计的厄米维农宅邸（Ermenonville）浪漫主义风格的步道一样，并没有把运动作为一项重要的内容在景观体验中予以考虑。科南还参考了法国哲学家亨利·伯格森（Henri Bergson）的理论，认为一种穿越了景观的旅行只能被理解为一系列不可移动的画面，由此而在记忆和审美中留下烙印。任何处于两幅连续的静止画面之间的运动状态，无论它们是什么，都是没有感情色彩的。如果这种对景观的独特解释已经超越了我们的时代，一如被旅游活动所浓缩的，那么我们需要询问自己，两幅景致之间的黑洞真正意味着什么，它们对形成一种新的思考和观察方式起到多大的作用（图14）。

　　为什么所谓的"黑洞"，也就是两幅美的景观画面之间的部分，会令我们如此重视？难道对这个优雅的社会仍然保持忠诚就不可取吗？难道支持从我们祖先那里传承下来的景观美感就不应该吗？但现实情况是，我们每天都在运动，每天

图 15　苏黎世的苏伯格公园（Zuriberg）

都在穿越无数个难以解释的"黑洞"。它们已经变成了我们身边的城市化世界中的主导因素，就像在瑞士的米特兰德（*Swiss Mittleland*）中所描绘的例子一样。我们需要对这些大量的非存在体（nonentity），抱以与阿尔卑斯山胜景一样的重视程度。当然，对这些黑洞的审美接纳需要一个很长的过程。我们需要更多的时间和记忆来使它们的特征进入我们的脑海，并且真正地转变自己的欣赏方式。许多艺术家都试图在自己的作品中表现这一思路。而具讽刺意味的是，这些未经规划的不可名状的景观（nameless landscape），都突然变得极为流行。以瑞士来说，艺术家彼得·费茨利（Peter Fischi）和大卫·韦斯（David Weiss）对苏黎世郊区进行的照相研究（photographic studies），和摄影家乔治·额尔尼（Georg Aerni）对阿弗尔特恩（Affoltern）进行的景观图像研究，都努力通过图画来对这样一些不可名状的地方进行综合研究。[10]法国艺术家让－马克·巴斯特曼特（Jean－Marc Bustamante），以其对卡塔鲁尼亚（Catalunia）居住区的半毁坏景观的静态画面描绘（*tableaux*），进一步概括了这种既成事实（*fait accompli*）的视觉可接受性。但是这种艺术化的方法暗含着两方面的危险：首先是对近十多年来的城市建设产物的毫无遮拦的审美展现，实际上抵消了空间结构理念的意义；其次，它们常常追求静态画面取景，却忽视了运动的概念，以及景观当中内在的流动性（flux）。严格来讲，这些艺术家的作品，都可以看做是静态画面。它们所描述的是一些丑陋、平常的地方，但却捕捉住了其最细微、最复杂的一面，并且倾向于使我们接受它们本来就是这样，并与实际相符。由此可以得到一个结论，尽管我们也许能从这些新的拓扑理论（topology）中获益匪浅，但仍然要对当前的景观想像力予以质疑，不仅因为其画意特征，也在于其静态性。因此有必要重新建立一种视觉感知语法，使我们更好地理解并预防性的采取行动（图15）。

　　城市景观在很大程度上已经自成一格（sui generis）——也就是说，场地不再由具体的要素组成，而是被一些抽象的规则和制度所塑造和改变。这些所谓的"与实际相符"（after the fact）的环境，实际上却是盲目的。如果你愿意，也可以称它们为景观。但却需要深入洞察和敏锐感知，以便从其内部出发来感知它们。这里我们必须重新寻找用来解密当代城市的工具。一般而言，今天的城市景观已经开始分解和破碎了。我们要能鉴别出导致这些不适当现象出现的原因和它们的表现方式。通过获得新的工具，就能够用它来反思我们的城市景观。通过向城市表象之下的隐藏部分学习，就有可能理解我们知识的局限。毋庸置疑，只有了解并接受了这些局限，才能够真正地孕育出调查试验的新方式，正如米歇尔·福柯（Michel Foucault）在其关于表达的局限的文献中所指出的。[11]这样我们的想像力就可以发挥到极限，能够超越现时状态，接近一些尚难预料的优先问题，从而使我们最终能以全新的方式来思考和塑造城市景观。

注释

1. Stefano Boeri and Giovanni Lavarra, "Mutamenti del territorio," in Alberto Clementi, ed., *Interpretazioni di paesaggio* (Rome: Meltemi editore, 2002), 96–106.
2. 近年来法国景观的郊区化，已经催生了多样化的场所解释理论。在这些当中，塞巴斯蒂安·马略特（Sébastien Marot）关于郊区主义（suburbanism）的最新著作，在场地与内容（site and program）之间假定了一个完全的角色互换，通过某种方式，场地在这里被赋予了一种可随项目而调整其设计理念的能力。参见马略特，《郊区主义与记忆的历史》（*Suburbanism and the Art of Memory*）（London：AA Publications，2003）。
3. Volko Kamensky, *Divina Obsesion*, Germany 1999, 16mm, color, Magnetton, 27:30 min.
4. Brigitte Franzen and Stefanie Krebs, *Mikro-Landchaften, Studien zu einer dynamisierten Kultur der Landschaft* (Hannover, Germany: VW Stiftung, 2003).

5. Stefano Boeri, *Border Device(s) Call*, in the exhibition Territories, Kunst-Werke—Institute for Contemporary Art, Berlin, June 1–August 25, 2003.

6. Christophe Girot and Mark Schwarz, *Feltre, Imagine, Imagini, Imagina* (Zurich: Vues SA, 2001). Christophe Girot and Mark Schwarz, Die Nordküste, Affoltern (Zurich: Vues SA, 2003).

7. 克里斯多弗·吉鲁特（Christophe Girot）指导的项目，也得到了瑞士苏黎世联邦技术学院景观设计实验室（ETH Landscape Design Lab）的朱利安·瓦拉（Julian Varas）、景观媒体实验室（Landscape Media Lab）的约格·斯托尔曼（J·rg Stollman）和佛瑞德·楚尤尼格（Fred Truniger）的联合指导。

8. See Christophe Girot, "Movism," in *Cadrages 1, Le Regard Actif*, ed. Christophe Girot and Marc Schwarz (Zurich: GTA Carnet Video, Professur für landschaftsarchitektur, NSL, ETH Zürich, 2002), 46–53. The text first appeared in the proceedings of the Herrenhausen Congress of 2001. It was subsequently integrated into the GTA, ETH publication.

9. Michel Conan, "Mouvement et métaphore du temps," in Philippe Pulaouec Gonidec, *Les temps du paysage, Paramètres* (Montréal : Les Presses de l'Université de Montréal, 2003), 23–35.

10. Peter Fischli, and David Weiss, *Siedlungen, Agglomeration* (Zurich: Ed. Patrick Frey, 1993). Georg Aerni, *Studie Öfflentliche Raüme Affoltern*, Amt für Stadtebau Zürich, 2003.

11. "Il n'est sans doute pas possible de donner valeur transcendentale aux contenus empiriques ni de les déplacer du côté d'une subjectivité constituante, sans donner lieu, au moins silencieusement, à une anthropologie, c'est à dire à un mode de pensée où les limites de droit de la connaissance (et par conséquent tout savoir em pirique) sont en même temps les formes concrètes de l'existence, telles qu'elles se donnent précisément dans ce même savoir empirique." Michel Foucault, "Les limites de la représentation," *Les mots et les choses* (Paris : Ed. Gallimard, 1966), 261.

追溯景观都市主义：现场的凝思

Looking Back at Landscape Urbanism: Speculations on Site

朱莉娅·泽涅克/Julia Czerniak

图 1　密斯·凡·德·罗（Mies van der Rohe），芝加哥会展中心，相片拼贴，1939 年

"对景观的思考即是对场地的思考"。这个看似简单明了的命题，往往由于场地潜在的特征在景观设计中被忽略而变得似是而非。大多数设计师可以非常成功地把握传统意义上的场地特征，如备受重视的生态、视觉和地貌特征，但只有少数人创造性地解决了场地在当代所面临的一些挑战，譬如棕地的修复与再利用问题。更少的人会从场地独特的组织体系、表现序列、形式语言、材料模板和用途表征出发思考景观设计的问题。

导致这种疏漏的一个原因是将场地等同于基于法律产权划分的建筑地块的习见，而不是把场地理解为大型的复杂景观体系，即各种要素组成的关系网络以及在不同时空尺度下运转的系统组织与进程。针对一处建筑地块，如果将其放在与之有关的嵌套尺度参照系中来考虑，譬如从地块所属的社区、城市到整个区域，那么其设计策略就会得到巨大的拓展和丰富。[1] 以这种思路来构思场地，表明景观设计项目不仅可以从更宽广的领域内汲取有用信息，还可以影响比自身物质空间范围大得多的区域（如暴雨在排入其汇水区之前要进行净化一样），从而体现一种生态系统意识。

建筑师卡罗尔·伯恩斯（Carol Burns）在其 1991 年极具影响力的评论文章"回到场地：建筑学的当务之急"（On Site：Architectural Preoccupations）中，对场地的如上特征进行了颇具说服力的考查。他明确地区分了空旷场地与建成场地；她认为一处"空旷"场地，即如同于一张白版（tabula rasa）①，对此她用一张密斯·凡·德罗 1939 年的芝加哥会展中心（Chicago Convention Center）项目的照片拼贴进行阐述（图 1）。[2] 在该案例中，现有场地的重要性和影响（即芝加哥历史街区肌理）先是被消解，进而被叠加上了设计师的意图。由该案例推及古今的景观作品，我发现若对其进行归类，基本都是把基地作为"清理干净的场地"，把建筑的意图凌驾于场地之上，除了考虑诸如陡坡或是退化土壤等方面的特性，并没有形成对场地更为深入的理解。[3] 尽管很多景观作品远不及密斯的白版（Mies's tabula rasa）激进，但从拉斐尔（Raphael）的玛达玛庄园（Villa Mad-

---

① 译者注：tabula rasa，源自拉丁文，意指"洁净的桌面"，在文学中，指"原生的、纯净无瑕的心灵"，包含白版（tabula rasa）的意思，如心灵如白版，没有所谓的先天观念，通过视、听、味、触、嗅这些感觉过程才在上面印上痕迹，形成观念和知识。

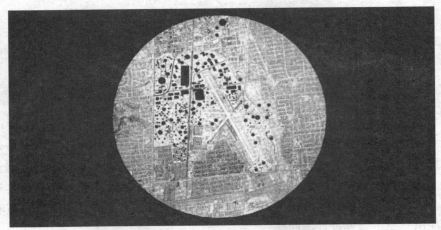

图 2　布鲁斯·莫（Bruce Mau），树城，2000 年；图底关系

ama）到 OMA 和布鲁斯·莫（Bruce Mau）的树形城市（Tree City）等所展现的，仍然是把建筑与景观元素并置在场地上，通过设计使它们巧妙地适应场所的细微差别（图 2）。但是，这些卓有声誉的设计有意地忽视了场地的组成、事件及生态结构等对项目所能产生的重大影响。因此具讽刺意味的是，并非所有的景观作品都是因场地而宜的。[4]

伯恩斯显然反对上述做法，为此她反思，积极"建造"一处场地的态度与实践，即设计师为突出其自身在该项目中的影响而选择场地中一些有价值的特征进行表达（同时也使之较少关注项目的整体性），是否就是景观设计实践发展中的关键而具创造性的部分。但究其本质，上述选择也是存在偏见的，也就是说不同的设计师在不同时间的优先考虑是不同的，可能基于几何学的思考重于对自然地形、地貌的考虑，有时甚至理念上的兴趣更超越了感知层面的兴奋点。鉴于此，一些看似无甚关联的项目，如以擅长捕捉场地特征著称的艾森曼建筑师事务所（Eisenman Architects）和善于因时因地而异的哈格里夫斯联合设计事务所（Hargreaves Associates），其对场地的研究就具有了相似的感知力（图 3，图 4）。

"场地"理念推动了景观设计项目与新兴的景观都市主义思潮的接轨。这里的景观都市主义一词，是对城市景观规划与设计的概念化理解，源于城市景观的方方面面的特征，包括其多学科性（关于思想的历史）、功能（基于生态学和经济学角度）、形式与空间属性（作为自然与文化系统的组织结构、体系及组成）、过程（基于时间特性），以及这些特征影响下的不同尺度的工程项目。景观都市主义还表明了一种关于土地的独特文化与感悟力，这不同于项目中常见的对可持续发展、生态学及复杂环境过程的肤浅理解。景观都市主义思想的核心理念，不

图 3 艾森曼/特洛特建筑设计事务所，视觉
艺术中心，1989 年

图 4 哈格里夫斯联合设计事务所，公园，
1991 年

仅仅涉及景观如何展现（关于这一内容已发展得相当完善），更重要的是它如何
形成（是上一问题潜在而不可回避的对应者）。

在过去 20 年中，景观实践中表述性（performative）与表象性（representa-
tional）的关系一直是哈格里夫斯联合设计事务所与艾森曼建筑师事务所众多项
目的中心议题。就我所看到的当前设计学科对景观的表述能力（performative ca-
pacity）的热衷，这两个事务所一方面进行了奠基性的工作，但同时也在进行着
反思。他们的研究有三重目的：首先是场地的特质（包括基于物理法则的，以及
发散性的、无逻辑的）如何在设计中显现；[5] 其次是推测基于场地特质的设计实
践在当代城市与景观中的含义；最后也是最重要的是，这些项目表明了场地的生
成潜力（generative capacity），如空间位置、物质和文化背景、价值驱动的发散
型定位等等，表明景观的表象性内容总是在不停地发生变化这一暂时性特征。

在 1988—1991 年的瓜德鲁佩河（Guadelupe River）和拜斯比公园（Byxbee
Parks）项目中，哈格里夫斯设计事务所把场地作为一处自然进程的保留地——
从地质作用力的形成过程到垃圾填埋场的工程做法——由此来塑造场地的表面。
我所感兴趣之处在于对特定的地形地貌的反映，如交织的沟渠、冲积扇和水珠状
沙堆等。在瓜德鲁佩河项目中，哈格里夫斯事务所和工程师小组设想将河流的洪
水威胁作为一个积极因素参与到城市生活之中，由此设计了长达 3 英里的线性公
园和防洪系统，穿越加利福尼亚州圣荷西的市中心。该设计的目的之一就是让人
们看得见并更容易理解河流，因此设计团队没有把河流封闭在可达性极差的混凝
土暗渠中，而是通过起伏的天然土丘地形、种植石笼、连续的混凝土台地来防洪
并提供多重亲水点，并且设计了多处水景，其中纵贯整个公园的林荫大道喷泉

图 5，图 6　蜿蜒如织的马迪河河床水槽，阿拉斯加（左图）；哈格里夫斯建筑设计事务所，瓜德鲁佩滨河公园，1994；地形研究模型（右图）

（Park Avenue Fountain）就是一个激发亲水性活动的绝佳典范。它不仅提供了野生动物栖息地和游憩空间，同时也使河流景观——这一曾经的城市财富，而后被城市开发所掩盖——再次成为了城市的重要组成部分。

上述措施促进了对于河流景观的了解，强化了对其作用力、形态及演变过程的理解，这比仅仅让这条河流可见更为重要。为推动这项工作，哈格里夫斯联合事务所对特定情况下河流冲刷作用下的形态进行了研究，如紧缩尺寸、弱岸类型和大宽深比河道等，并以之作为其公园地形设计的参考（图 5～图 7）。[6] 随后，在河流下游公园中设计的被称为"波形堤"（wave－berms）的地形，就模拟了这种作用过程（图 8）。这种模拟是通过对力量决定形态（在本案例中即是洪水水流）的深入了解而精心构建的，而不是采用相反的方式，即通过工程化的形态（水渠）来控制变化着的介质（洪水）。在这里，构建波形堤的设计策略成为最显著的特色。[7] 这决不是简单地从图形出发编造的一个设计主题。为了模拟这些形态，设计团队用粘土搭建了一个 80 英尺长的整体公园模型，然后用带有颜色的水进行涡流形成和泥沙沉积模式的测试。由此抽象出来的形态最后就成为了这种种植了植物和用于加固的波形堤，它一方面发挥导洪的功能，另一方面通过这一几何拟型而形成交通网络，服务于公园游客。

拜斯比公园是位于加利福尼亚州帕洛·阿尔托（Palo Alto）的一处 30 英亩的卫生垃圾填埋场。在这里，被设计者称之为"弧形堤"（arc－berm）的地形提供了作用力与形态演变的另一个范例。这些"弧形堤"的作用类似于冲积扇，呈分段的圆锥形，用以控制由于地表径流所造成的水土流失，并在一端形成剥蚀－沉

图7，图8　瓜德鲁佩滨河公园：80 英尺的工作模型（左图）；地形景观（右图）

积系统（图10）。[8] 更重要的是，哈格里夫斯事务所将该公园理解为垃圾填埋场再开发的试验场，由此产生了一种新的人工地貌。这些高出沼泽 60 英尺的由垃圾形成的土丘，构成了公园的主要地形，同时提示了其自身的存在。例如，设计小组提出的水滴形土丘集中于地形的高点，顺应着地段的主导风向。很显然，这是一个矗立在人造场地上的人工构造物，但其形态反映的是在自然风蚀作用下风力逐渐向下风向减小过程的一种反转形，因而提供了一种不同于简单复制自然形态的手法（图9，图11）。[9] 这些覆盖了今日垃圾场的小丘，同时还作为对该区域的原住民奥隆印第安人（Ohlone Indians）所遗留下来的废弃建筑外形的一种追忆和共鸣。

　　无论是瓜德鲁佩滨河项目，还是拜斯比公园项目，哈格里夫斯事务所都把注意力集中在了公园的地形地貌上，很明显，这是把场地的小特质放置于由特定、多重的设计动机、规划策略、复杂的技术和生态要求等共同形成的大景观体系之中来看待，从而在景观的表述性和表象性之间搭建起一种颇有煽动性的关系。这些形态既是实用的——是引导洪水流动、行人运动、地表径流的装置，同时也具有表象意义——它们建立在对场地演变形成过程的理解的基础之上，比如河流案例中的侵蚀与沉积过程，以及卫生垃圾填埋场案例中的重建与再利用过程。[10] 这些形态中所蕴含的对场地特定条件进行的带有自我意识的抽象化和强化，揭示了其人为创造的特性，但也可能是以使用者的感知作为参照而形成的。[11] 更重要的是，这些形态参与到了随时间而变的大尺度暂时性景观之中，并且在各种变化力的作用下发生着改变。然而，瓜德鲁佩河公园的波形堤是固定的，它们发挥着其工程上的作用，而洪水则以远大于其他暂时性力量的方式改变着公园。

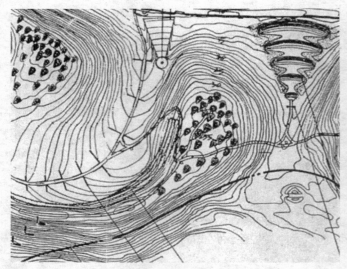

图 9，图 10　拜斯比公园：表示弧形堤和水滴形土丘的总平面图（左图）；冲积扇（右图）

拜斯比公园中的土丘和护堤坐落于不稳定的垃圾填埋场之上，它们会随着废物的分解而逐步下陷并发生改变。按照这种方式设计的土地，既使场地的各方面条件（如生态、地质、社会、文化）清晰可辨，给予公园以显著的特征，也没有限制对场地过程的理解，并使之在更大范围内具有更强的可读性。这种对公园中发挥着表象意义或临时性作用的元素的区分，被景观建筑师和评论家阿妮塔·贝瑞斯贝塔（Anita Berrizbeitia）特别强调。在对多伦多当斯维尔公园竞赛中获胜的 OMA 和布鲁斯·莫的树城方案（Tree City）的讨论中，她指出景观设计项目在着眼于环境和生态问题的同时，还应清楚地解决诸如含义、艺术表达和语汇等方面的问题，而这些是通过其设计元素对于外部干扰的"开放"或"封闭"的态度决定的。[12]借用贝瑞斯贝塔的概念，我们可以认为，哈格里夫斯事务所设计的独特地形，对诸如风、水等干扰是封闭的，而公园的其他部分则是开放的。这一结果也表明，公园可以在满足大尺度生态功能的同时还保持一种内涵与意味。

在瓜德鲁佩河和拜斯比公园项目中塑造的地形，是基于对场地独特演化过程的了解。1991 年的法兰克福葡萄园公园总体规划（Rebstockpark Master Plan）是一个集住宅、办公、商业、城市公园为一体的综合性城市景观，由著名建筑师彼得·艾森曼（Peter Eisenman）和景观设计师劳瑞·欧林（Laurie Olin）共同完成。该项目是建立在对场地的独特关注之上的，同时也是对被艾森曼称为"静态城市主义"（static urbanism）的图底文脉关系的一种的批判。[13]艾森曼、欧林和哈格里夫斯认为，致力于挖掘场地的特质可以增强景观作品的可视性和可读性。

图 11 植有低矮灌木的沙丘

　　葡萄园公园项目安排了复杂的内容以满足城市和"自然"的需求,从而对 20 世纪末的城市与自然进程之间的关系提出了一种非传统的解答。这种解答是通过挑战景观设计师詹姆斯·科纳所指出的"19 世纪设计理念"而实现的——即自然被看做是从城市中独立出来的、连绵起伏的、田园式的景观,以及自然被认为发挥着城市化的道德解毒剂的作用。[14]美国许多大型城市公园,如旧金山的金门公园或曼哈顿的中央公园,都是"城市 - 自然"对立关系的典型范例。而在葡萄园公园项目中,设计师则力图转而探索"城市与自然"的潜在融合关系。[15]该项目还对近来一些大尺度城市景观设计竞赛时常探讨的一个关键问题进行了思考,即新建公园如何在与环境之间建立起可持续的关系的同时,成为更受欢迎的社会活动场所。

　　很大程度上,各种可能的图底关系及城市与自然的对话,都深深地根植于对场地概念的理解和使用。无论是第二次世界大战时的飞机场、游泳池、湖泊及园地,还是周围环境中的元素,如田径场、轨道和仓库,场地上的各种信息和线索,表面的或隐含的,都可以重构为一个复杂的网络体系,其元素可以扩展到更广大的背景中去,如区域绿带系统(图 12,图 13)。此外,城市中的各种场地形态元素(办公室、商店、住宅、娱乐及停车场)散布在区域性的农业景观之中(果园、草场、生产园林、林地、灌溉沟渠、篱笆和运河),从而形成了一个城市中的人工场所,但兼具城市与自然的双重特征。这种对场地、内容及形态的重构,被覆于整个场地表面的动态干扰网格结构所激活。

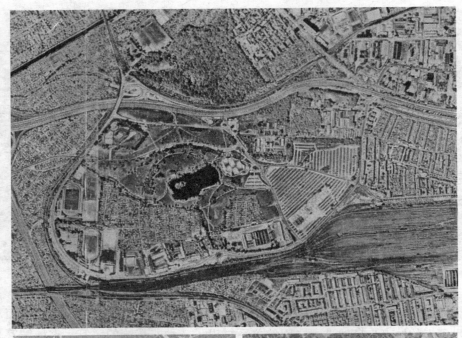

图 12 ~ 图 14　艾森曼建筑设计事务所与汉娜和欧林事务所，葡萄园公园。1991 年；基地鸟瞰图（上图）；葡萄园公园：艾森曼建筑设计事务所提供的总平面（左图）；汉娜和欧林事务所提供的总平面（右图）

　　彼得·艾森曼及其他人已就法兰克福葡萄园公园中所采用的折叠策略（the strategy of folding）进行了很多阐述，这一策略构成了葡萄园公园的虚构结构及期望结果。[16]但是关于景观发展的叙述却寥寥无几。艾森曼指出这种"具有编织肌理的场地表面，成为了一种事件/结构的拓扑关系"，继而不可避免地消解、但也重新构造了新与旧，对象与背景以及图与底的标准关系，弥补了标准关系中可供选择的策略的贫乏。[17]若观察一下该项目中建筑物与景观之间作为结果而出现的地域连续体，则有力地支持了这些可能性。

图15，图16　葡萄园公园：树木构成分析
（上图）种植图解（左图）

在劳瑞·欧林看来，一个项目的潜在价值在于"可以为人们与其日常工作生活及环境之间搭建一种全新的关系"，这一点可以通过景观规划设计的周到考虑与详细安排来实现（图14）。[18]从形态角度来看，各种景观元素，例如道路、植被、排水沟和地形地貌都可以用来阐明场地中叠置着的多重网络，为公园赋予一种新的形态和意象，同时强调其社会和生态功能。欧林的设计为急剧的城市化提供了一处能暂时休息的场所，同时也为场地上的事件与活动提供大量暂时性停车位，而其着眼点其实是改善空气质量、运动以及水文循环过程，帮助平衡区域整体自然系统，这对城市生态系统至关重要。

最终，大量栽种的树阵和广泛使用的排水沟这两大要素构成了景观结构的主体。树阵由乔木冠层、林下种植层和各种果树精心组合而成，例如苹果树、樱桃树和桃树（图15，图16）。在这里，传统城市公园中常见的单一种植方式，如奥姆斯特德在纽约中央公园中的榆树大道，已被像农夫的树篱一般的乡村和农业景观类型所取代。这些树木被有组织地布局在多个方向上，并和田野、灌木及草坪斑块等相结合，一起发挥控制微气候作用的。形式感很强的排水沟和排水渠形成了一个整体性的场地网络系统，收集贮存雨水、净化废水、重新引导地表水渗入地下（图17，图18）。各式各样的景观元素组织在一起，提供了各种运动接触的界面，或称之为生态交错区，不同的生态环境在这里相遇，相互作用，为提高物种多样性和改良野生动植物栖息地，创造出有利条件。[19]

可以想象，人们在穿越这一景观时能够感知到景观元素的非传统并置关系。其中，设计对于公园和停车场的限定就是一个明智的选择（图19，图20）。举例来说，公园的一些交通流线在树阵下方汇聚为集合通道。这些通道由一系列条状草甸、花圃及石头构成，它们在塑造一种公园氛围的同时，还掩盖了为周末活动

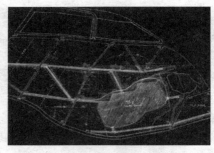

图 17，图 18 葡萄园公园河道结构平面
（左图）河道剖面（下图）

预留的大量停车设施。公园设计中的另外一种并置是指种植策略，它们一目了然地划分了公共空间与私密空间。在私密空间，居住单位周边的区域由常规的多年生植床了和草甸构成，尤其是后者，是由没有杂草和虫害侵扰的草坪所构成的景观，保持了连续的绿色，并被修剪成低矮、均匀的高度，更为亲切（图 21）。与此形成鲜明对比的是，该公园的公共开放空间是用农业景观语汇替代了草坪，并形成了一种乡村牧场式草甸公园（图 22）。保持这种草甸可以减少那些对环境产生污染和损害的维护要求，如施肥、浇水、割草以及病虫害防治。种植园中的一些经济花卉和蔬菜仍然需要这些维护措施。然而它们是由市政府进行管理和维护的，其目的是为了生产用途，而不是为了装饰，换句话说，它们可以带来经济利益和收入。由此，葡萄园公园探索了模拟自然或重塑日常田园景象的方式，这也是设计界许多人士思考的内容，但在相当长的一段时间内，这一思路生态上并不可持续，同时也与社会责任无关。

当然葡萄园公园可以（实际也已经）被视为一个表达了各种复杂过程的设计项目，是在一种对自然力量和循环过程的隐喻驱动下完成的。欧林承认并置的景观策略提供了一个不定的几何系统，它就像一个中枢，社会的、建筑的及诗意的发展都可以在其中实现。[20]尽管其更大的体系结构仅是表象性的，但其各个组成部分的发展使之不亚于一个实际有效的景观系统。

此外，其利用突变理论（catastrophe theory）并通过包容和抽象等方式来类比自然过程的实验，不可避免地暴露了艾森曼和欧林对各种都市主义形成过程中意外事件、机遇、变革所扮演的角色的偏爱。[21]通过将城市肌理、场地特质和德国

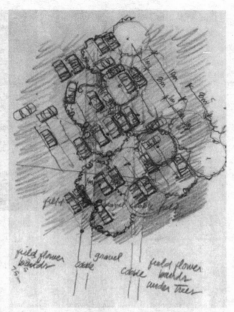

图19，图20　葡萄园公园停车场平面图（左图），停车带材质详图（上图）

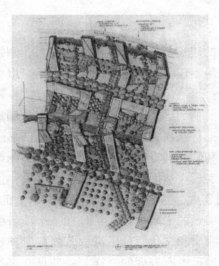

图21，图22　葡萄园公园住宅用地种植详图（左图），表达草甸及果树种植的场地平面图细节

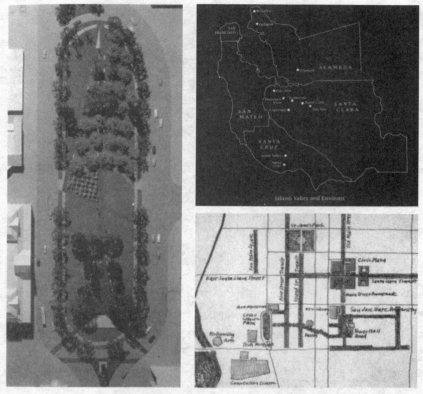

图 23 ~ 图 25　哈格里夫斯建筑设计事务所，城市公园，1989 年；总平面图
（左图）；硅谷卫星城（右上）；佐佐木事务所，圣何塞城市设计 1983 年；
城市连接（右下）

式乡村编织在一起，这个项目形成了转化中的建筑及景观元素的图底关系，塑造了一个社会上和生态上都可行的场所。景观绝不仅仅是建筑的背景，它是可以描绘、想像并清晰可见的。

　　在瓜德鲁佩河、拜斯比公园和法兰克福的葡萄园公园项目中，设计者从场地的特质出发进行设计。哈格里夫斯设计的瓜德鲁佩河公园，已经在圣何塞市显示出其社会和生态上的重要性。相反，艾森曼和欧林的竞赛获胜项目法兰克福葡萄园公园，只进行了前期开发，至今依然没有实现。然而，通过出版物和展览，这一项目继续影响着现代建筑、景观与城市的实践。这种差别并不仅是学术上的，因为富有想像力地解析场地就是在设想景观实践的未来。场地一旦在一个项目中被定格在特定的空间范围内，就会从当地的物质和文化背景中汲取营养并对其产生影响，并且，就如同在法兰克福的葡萄园项目中所表现的一样，一处具有表述力和表现力的场所的形成，将会毋庸置疑地推动景观实践的发展。

截至目前所讨论的项目，展示了关于场地的创造性思考是如何影响并塑造着景观设计的。然而，最终影响设计的是项目如何构筑场地，而不是场地的某种细节如何影响设计。[22]哈格里夫斯事务所位于圣何塞（1989年）的广场公园项目详细阐明了这一点，该项目展示了景观都市主义对于场地潜能的深刻解读。该公园的建设地块约为3.5英亩，呈卵形，地块上有一座18世纪的官邸、广场及场地内部的自流井，它是沿加州海岸的印第安人聚落的一部分。[23]尽管这一显而易见且潜在的历史背景对于设计极为重要，哈格里夫斯事务所却摆脱了传统宅基地产权界限的束缚，从城市中的基础设施联系及区域的气候和文化历史等方面得到启示（图23，图24）。其结果是塑造了一个在多方面涉及更大范围的城市景观作品。公园的主要交通流线模仿了以前的要道——国王高速公路（King's Highway）的模式。在这里，线路的走向是有迹可寻的，每条道路都规定了明显的独特材质，用以连接重要的公园活动项目。此外，佐佐木事务所（Sasaki Associate）通过城市基础设施把广场公园与圣荷西的都市计划紧密地联系在一起，使其成为一个融街道、广场和庭院于一体的城市公共架构体系的一部分（图25）。[24]许多公园元素都参考了区域的某一特征：如绚烂的蓝花楹树阵展现了当地水果种植的农业景观的历史；一处放置于玻璃体中的喷泉，其形态从水雾、涌泉到喷泉交替循环变化，在夜间更会荧光四射，模拟当地经常薄雾笼罩的气候特征，并标示了当地自流井的位置，同时也用模拟辉光暗示其周边高科技工业的蓬勃发展。

从更大的场地背景下构思作品，曾经是景观设计师最为渴望的事情，至少从伊恩·麦克哈格在其著作《设计结合自然》中盛赞了生态美德（ecological virtue）之后是如此。然而，广场公园中隐含的嵌套尺度参照系——从地块、城市到区域——就如生态及其他方面的意义一样，也具有了社会、政治和经济方面的意义。例如，将喷泉置于包含了水和光双重隐喻的并列参照系中，主要是为了展现地区经济的转型，从单一的农业和果业生产到高科技软件工业的发展。这种转变影响了当地社区，也代表了不同选区选民的兴趣以及他们与土地和城市的关系。1998年夏天，在我参观期间，公园长椅上坐满了上班族，他们或在使用便携电脑，或在享受丰富的午餐。旁边，当地居民则在草地上野餐，孩子们在喷泉周围嬉戏，消夏避暑。这样一个社交活动丰富、种族多元的城市中心，也处于成功的高科技公司与帮派问题严重、学校拥挤不堪的低收入社区混合的背景之下。而这一简单的日常生活画面一定程度上缓和了某种紧张关系。这种紧张关系曾一度因为政府投资数十亿美元支持高科技公司起步发展，导致当地的联合协会破产而更趋加剧。[25]

这里显明的不同的顾客与公共资源之间的矛盾，引出了一个与相关的问题，即在当代城市中将多重尺度参照作为一种运作模式以维护城市景观的公共责任。艺术史学家米温·夸恩（Miwon Kwon）在其探求场地特质的艺术实践过程中，提出了两点与景观公共性（landscape's publicness）相关的观点。[26]首先，她主张，今天以场地为导向的艺术实践的显著特征，就是如何将现状定位服从于人们推断的定位，而这一定位被描述为充满知性的、包含智慧或文化思辨的领域。[27]然而，影响广场公园设计的空间地域，既是这一地块，同时也是城市、区域等所有受该项目影响的地区。它们与社会生活领域相融合，如夸恩所建议的，包含了社会－经济方面的可识别性及其外在表达。可以想到，夸恩的第二个观点强调，"场地不仅是一个场所，应能从中感受到一个受压迫种族的历史，一个政治上的动机和一个被剥夺权力的社会群体的机会，这在概念上是一个重要的飞跃，它重新定义了艺术和艺术家的公共性"。[28]夸恩的观点是具有突破性的，对于景观设计师来讲也是一样。

尽管广场公园项目的设计，的确代表了处于文化冲突中（如农业产业的绚烂果树与高科技产业的发光玻璃体的强烈对比）的不同选区选民的利益，但它也可以被认为有效地推动了对话。这不同于19世纪在田园牧歌式的景致之中进行的社会展示和革新，该项目的内涵是在地方性基础上确立的，是在文化意义上决定的，同时又是在使用过程中产生的。因此，该项目作为公共公园无疑是成功的，它代表了一种景观类型，就如艺术批评家及活动家露西·利帕德（Lucy Lippard）所指出的："也许最有效的公共艺术形式就是公园本身，它处于一个持续不断变化的过程之中，在这里社会和自然相遇"。[29]景观的自然发生和随时间流变的天性在这里并不是被媒介本身所证实，反而是被栖居者的流动和转换活动所证实，个人与集体附着于土地的社会流动性这一特点经常被设计实践过程忽略。以这样的观点，广场公园指明了在人为设计的城市景观中追求公共性的策略。

对于场地的思考即是对于景观的思考。上述这些项目创造性地构建和分析了场地，有选择地对场地特性进行了复原或探寻，创造出具有革新性的城市景观。一方面，哈格里夫斯事务所团队形容他们对待场地特征的策略为"挖掘其对于栖居者的真正意义"。[30]另一方面，艾森曼以批判性的动机系统地利用了场地的特征，其目的是为了置换、错位和颠覆其研究对象、场所及尺度。然而，无论他们对主要的场地结构选择顺应还是对抗，这些作品使得城市设计更具特色。他们也与景观都市主义在理论和实践形成过程产生共鸣。

通过景观来证明和限定都市主义，需要调动景观全部的词源语意。当代的实践更认同时间优于空间，性能优于外观，影响优于内涵，这将不可避免地面对景观的具象性属性。除了从日耳曼语变异来的"landschaft"一词表示一个"人占据的单元"，并意味着景观作为一个不断变化着的具有社会和生态关联的系统以外，它在语源上的对应词汇"landskip"还把景观作为一幅图画、一处优美的风景。[31]后来演变为"landscape"，包括了复杂的内涵，设计师必须考虑到景观是如何被感知的：这涉及它的外观、印象及具象性的考虑。本文简要讨论的这些项目，提出了一些刺激性的方式，但并非老酒装新瓶也不是事后诸葛式的后续考量，而是使之成为从景观概念的形成一直到景观形成的生成这一过程完整而不可缺少的一部分。

注释

1. Linda Pollak's reading of Henri Lefebvre's provocative diagram of social space (Henri Lefebvre, *The Production of Space* [Oxford: 1991]) suggests a strategy of "nested scales." See Pollak, "Constructed Ground," in this collection.

2. Carol Burns, "On Site: Architectural Preoccupations," in Andrea Kahn, ed., *Drawing Building Text* (New York: Princeton Architectural Press, 1991), 146–67.

3. 罗伯特·厄温（Robert Irwin）针对公共/场地艺术的工作类目在这儿十分有用。厄温对于场地统治（site dominant）、场地调整（site adjusted）、场地特征（site specific）和场地制约/决定因素（site conditioned/determined）等概念的区分，表明了场地与人为设计的景观之间的相似关系与细微差别。这里对场地特性的调节，表明应对场所的已知条件进行调整。参见《导论：改变、质询、品质与条件反映》（Introduction：Change，Inquiry，Qualities，Conditional，in *Beijing and Circumstance*，*Notes Toward a Conditional Art*）（San Francisco：The Lapis Press，1985，26–27）。也参见乔治·哈格里夫斯在其景观设计实践中对于场地的探讨，见其文章《超越自身的后现代主义》（Post Modernism Looks Beyond Itself，in Landscape Architecture vol. 73，no. 7（1983）：60–65）。

4. 景观评论家和理论家伊丽莎白·梅耶（Elizabeth Meyer）已就景观设计与场地的关系发表过不少演讲及文章。她的精细思维极大地影响了我所关注的领域。参见即将出版的著作《现代性的边缘：当代景观学的理论与实践》（*The Margins of Modernity*：*Theories and Practices of/in Modern Landscape Architecture*，manuscript in progress 20006）。

5. 对于这个短语，我需要感谢马克·林德尔（Mark Linder），他认为根本性的理论问题是如何使建筑学展露真颜？（make its appearance）。参见林德尔，《不仅限于字面：极少主义之后的建筑学》（*Nothing Less Than Literal*：*Architecture after Minimalism*）（Cambridge，Mass.：MIT Press，2004）。

6. For a comprehensive discussion of braided channel formation, see Luna B. Leopold, M. Gordon Wolman, and John P. Miller, "Channel Form and Process," in *Fluvial Processes in Geomorphology* (New York: Dover Publications, 1995), 284–95.

7. 关于瓜达鲁佩河公园的设计过程，我于1998年7月在与正在罗马美国科学院的哈格里夫斯事务所总裁玛丽·玛格丽特·琼斯（Mary Margaret Jones）进行了电话探讨。

8. Michael A. Summerfield, "Fluvial Landforms," in *Global Geomorphology* (Essex: Longman Group Ltd., 1991), 222–24.

9. Ibid., "Aeolian Processes and Landforms," 248–55.

10. For a discussion of the implications of "representation" in Hargreaves Associates' landforms, see Anita Berrizbeitia, "The Amsterdam Bos: The Modern Public Park and the Construction of Collective Experience," in James Corner, ed., *Recovering Landscape: Essays in Contemporary Landscape Architecture* (New York: Princeton Architectural Press, 1999), 187–203.

11. 对于公园的抽象地形的可读性的讨论，参加哈格里夫斯的《超越自身的后现代主义》61。

12. Anita Berrizbeitia, "Scales of Undecidability, in Julia Czerniak, ed., *CASE: Downsview Park Toronto* (Munich: Prestel, Harvard Design School, 2001), 116–125.

13. See Eisenman's discussion of "grounds" in "Folding in time: the singularity of Rebstock." in Greg Lynn, ed., *Folding in Architecture* (London: Academy Editions): 23–26.

14. See James Corner, "Terra Fluxus," in this collection.

15. Laurie Olin, "The Landscape Design of Rebstockpark," September 1992. This essay is published in German in *Frankfurt Rebstock: Folding in Time* (Munich: Prestel, 1992). Translation courtesy of the author.

16. See Peter Eisenman's discussion of the "agency of the fold" and the influence of catastrophe theory on the development of Rebstockpark in "Unfolding Events: Frankfurt Rebstock and the Possibility of a New Urbanism," in John Rachman, ed., *Unfolding Frankfurt* (Berlin: Ernst & Sohn, 1991): 8–17; and Eisenman, "Folding in Time: The Singularity of Rebstock," 23–26.

17. Eisenman, "Unfolding Events," 9.

18. Olin, "The Landscape Design of Rebstockpark," 5.

19. 劳瑞·欧林 (Laurie Olin) 从生态学原则中受到启发，强调葡萄园公园作为一个相互关联的系统而运转。景观生态学亦为许多当代景观实践提供了一种类比或模式。例如，景观设计师詹姆斯·科纳和建筑师斯坦·艾伦 (Stan Allen) 都引用理查德·福尔曼的景观生态学原则（板块、边界和边缘、廊道和连接性，以及镶嵌体），作为城市景观发展的有用工具。参见欧林的《葡萄园公园景观设计》(The Landscape Design of Rebstockpark)，以及艾伦的《基础设施都市主义，点与线：城市图解与项目》(Infrastructural Urbanism, *Points + Lines：Diagrams and Projects for the City*) (New York：Princeton Architectural Press, 1999)。

20. Olin, "The Landscape Design of Rebstockpark."

21. 通过地质学以及画意思想来理解项目并不稀奇。评论家库尔特·福斯特 (Kurt Forster) 指出，葡萄园公园"真实地描绘了地质过程的概念"，根据他的看法，这很大程度上应归功于艾森曼 (Eisenman) 的"追踪即时关系"的策略，以替代对"静态蓝图"(static mapping) 的追寻。参见库尔特·福斯特，《为什么一些建筑比其他的更为有趣？》(Why Are Some Building More Interesting Than Others?)《哈佛设计杂志》(no. 7 Winter、Spring1999)：26 – 31。罗伯特·索摩尔 (Robert Somol) 受"意外"理论 (accident) 启发来反思城市研究，并建议将葡萄园公园放在画意景观的传统中来仔细阅读，这作为一个景观参照系，将项目的生产过程而非其形式产品置于更重要的地位。参见罗伯特·索摩尔，《意外将会发生》(Accidents Will Happen, in Architecture and Urbanism vol. 252, no. 9 (Septermber 1991)：4 – 7)

22. 在安德里亚·康 (Andrea Kahn) 为 1996 年范·艾伦基金会 (Van Alen Fellowship) 完成的竞赛说明中（发表于《大众财产：纽约加弗纳斯岛概念竞赛》(Public Property：An Ideas Competition for Govenors Island)，参与者都被问及场地 (site) 与建筑地块 (building lot) 的区别，与这儿讨论的话题很有关系："如果建筑地块是一处物质空间干预受到限制的区域，那么场地则是一个尺度和内容都发生着交叉的定义宽泛的集合体，在这里，全球性力量都会影响到地方状况，大都市层面的关注点也对区域有影响。虽然所有的物质空间设计方案都针对加弗纳斯岛（建筑地块）而提出，但受这些方案（这块场地）影响的并不仅仅是这个岛本身。"参见《眺望：我们如何看待场地》(Overlooking：A Look at How we Look at Site)，或参见《离散实体》("Discrete Object" of Desire)，邓肯·麦克科库戴尔 (Duncan McCorquodale)、卡特琳娜·茹蒂 (Katerina Rüedi) 和萨拉·威格沃斯 (Sarah Wigglesworth) 合编的《实践的渴望：建筑学、性别及其他多学科领域》(*Desiring Practices：Architecture, Gender and the Interdisciplinary* (London: Black Dog Publishing, 1996)：174 – 85)。

23. Reuben Rainey, "'Physicality' and 'Narrative': The Urban Parks of Hargreaves Associates" in *Process Architecture 128, Hargreaves: Landscape Works* (Tokyo: 1996): 35.

24. For a detailed description of Sasaki Associates' planning efforts, see Peter Owens, "Silicon Valley Solution" in *Landscape Architecture Magazine* 89, no. 6 (June 1999): 52, 54, 56–58.

25. This situation was discussed by Chris Arnold, *Morning Edition*, National Public Radio, May 24, 1999.

26. Miwon Kwon, "One Place After Another: Notes on Site Specificity," in *October* 80 (Spring 1997): 85–110. Kwon's provocative, albeit provisional, paradigms for site-specific art practice were very helpful in developing this essay.

27. Ibid., 92.

28. Ibid., 96.

29. Lucy Lippard, "Gardens: Some Metaphors for a Public Art," in *Art in America* 69, no. 11 (November 1981): 137, as cited by George Hargreaves in "Post-Modernism Looks Beyond Itself."

30. Hargreaves Associates Project Descriptions.

31. 景观词源（Landscape etymology）的"双重认同"（double identity）——一种辩证的、对答式的关系，包括景色（view）与被一片丈量的土地（measured portion of land），建成的景致（landskip）与工作的环境（landschaft），图画（picture）与过程（process），主体（subject）与客体（object），以及美学（aesthetic）与科学（scientific）——上述关系在多处文献中进行过讨论。参见丹尼斯·科斯格罗夫（Denise Cosgrove）的《景观的思想》（The Idea of Landscape），在《社会结构与象征性景观》（*Social Formation and Symbolic Landscape*）一书中（New Jersey：Barnes & Nobles Books）；约翰·斯提尔格（John Stilgoe）的《景观》（Landscape），在《1580到1845年间的普通美国景观》（*Common Landscapes of America：1580 to 1845*）（New Haven：Yale University Press, 1982）；杰克逊（J. B. Jackson）的《词语本身》（The Word Itself），在《发现乡土景观》（*Discovering The Vernacular Landscape*）（New Haven：Yale University Press, 1984）：1－8；以及更晚近的詹姆斯·科纳的《清晰操作》（Operational Eidetics），《哈佛设计杂志》（Harvard Design Magazine）（Fall 1998）：22－26。

构筑场地：尺度的辨析
Constructed Ground: Questions of Scale

琳达·珀莱克／Linda Pollak

图 1　琳达·珀莱克，希拉·肯尼迪（Sheila Kennedy）和佛朗哥·凡林科（Franco Violich），
"场地图示，"1990 年；场地施工鸟瞰图

景观都市主义主要是从景观设计学科（landscape architecture）衍生出来的，同时把其关注范围扩大至涵盖文化、历史、自然和生态等各个方面（图1）。与出自建筑学和规划领域的城市设计相比，景观都市主义在某种程度上更加强调对时间暂时性（temporality）的认知。他还有可能通过挑战传统建筑学的封闭性和控制性来从事建筑活动，由此含蓄地否认了城市现实中缺乏能进行比较的共同特质的看法，而这是城市设计与景观设计做不到的。在此背景下，建筑不再作为一个物体来分析，而是作为一种可以用于改换城市景观的技术装置，但同时并不完全受其自身各个构成要素间的相互关系的控制。

　　建筑史学家肯尼思·弗兰姆普敦指出：在现代城市的塑造过程中，"至关重要的是与景观的协调一致，而不是独立的建筑形式"。[1] 然而，建造景观需要能够领会景观的能力，但该种能力的缺失一直弥漫在建筑设计文化中。并且，这种持续存在的盲目性，在依然常见的图/底式的设计图中清晰可见，这种分析方式并不关注场地的物质性，而仅仅把地面作为围绕建筑的空地而已。历史上惯用的图底分析是对立系统思维的一部分，其他类似的对立系统还包括：建筑与景观，实体与空间，文化与自然，工作与场地。在这里每组的第一个名词都是前景，是至关重要的；而第二个名词，自然地就成为背景。一般情况下，我们倾向于把第二个词，或所谓环境词（environmental term），作为抽象的容器，与发生在其中的实体、事件及关系分离开来。第二个词语经常与景观—空间—自然—场地之类的模糊体（landscape – space – nature – site blur）融合在一起，与建筑清晰的轮廓线形成对比。

　　我提出"构筑场地"（constructed ground）的目的是将注意力集中于这些表达环境的词语，使其超越限制它们的系统的束缚。构筑场地代表了一个多元化的架构，涵盖建筑学、景观学和城市设计，致力于当代城市景观复杂性的研究。场地自身的框架被作为设计的素材，并以景观作为一种结构元素及媒介，以反思城市状况，并创造一种并不把自然排斥在外的城市日常生活空间。其目的就是平等地关注建筑、景观和城市这三者，没有传统学科框架中的孰轻孰重。[2]

　　本文将重点放在一个词上面，即空间，而在实体/空间这一对立词组中，建筑学的倾向性并不认可围绕在实体周围的空间。法国哲学家亨利·勒菲弗（Henri Lefebvre）在其1974年版的《空间的生产》（The Production of Space）这一著作中，挑战了当时并未受质疑的"空间"概念。他指出，这一概念的产生被两个相互强化的幻象所隐蔽。他定义其中一种为透明幻象，即世界可以如其真相一样地被感知。这种幻象使空间在权力的作用下仍保持无形，有云："齐心共创纯净空间"。[3] 另外一种被他定义为现实幻象，即看来自然发生的事情，不需要任何解释。这种幻象，以文化和自然本性为基础，使景观成为遮蔽不良历史的工具。[4]

有关空间的可识别性的对立类型，与主体特征的对立类型的划分相似，比如白与黑，男人和女人。正如地理学家多琳·玛西（Doreen Massey）指出，"我们现在意识到人有多重性格，对于场所来讲也是一样的。"[5] 尽管在当代设计理论有一种倾向，把这种可识别性的流动特征解释为无领域性（de-territorialized）和游牧性的含义，但我宁愿认为，尽管可识别性并没有永久性地被一种或两种先天的特征所限定，但它仍是基于空间的，并以因地理环境和历史时期而异的方式在发挥作用。在设计过程中探求这种时空特异性，需要一种具有表述能力的差异化理论，一种基于"彼"概念（a conception of the other）的方法，该方法即源于可识别性是相互关联的而非对立的前提。一种相互关联着的可识别性从社会学意义上来讲，依赖于清晰表述。正如英国文化理论家斯图尔特·霍尔（Stuart Hall）所形容的，"关联是在一定条件下，可以把两种有差异的元素统一为一体的联系形式。"[6] 换句话说，统一是一种可能性，而不是一个先验的假设。对于设计领域的挑战是，需要发展一种构筑场地的方式，使其可以支持和表征空间的多重可识别性，并把注意力转移到常常被忽略的（构筑）背景上面。这种工作方式，不仅需要我们意识到在新环境设计中隐藏的、逐渐消隐的历史性环境要素的潜力，而且更要知道这些要素在历史边缘化过程中是如何构筑现有的环境的。借用科学家唐娜·哈拉维（Donna Haraway）的一段话，我们的目标是"使其协调共鸣，而不是把其割裂。"[7]

勒菲弗在《空间的生产》一书的分析中，揭示了城市的复杂性，他描述其为"差异空间"。与传统的对于城市空间的理解不同，这里的空间远远不是一个中立的容器，而是一个充满张力的地域，明确地包含了自然形成过程。他把社会空间定义为"通过自然与社会产生的一切，无论经过合作或是冲突的方式，如邂逅、集会及共时性……"[8] 这种差异化空间可以是构筑场地的起点，也可以被理解为一个面向设计实践的框架，其中，建筑学、景观设计和城市设计三者可以在不同尺度间的协商中使正在形成的空间更具特色和差异性。

尺度概念作为一种对空间差异性的表达，可以被用于处理建筑、景观和城市之间的关系，由此涵盖了广泛的形式、生态和社会等各个方面。这些关系可以在雷姆·库哈斯/OMA、安德鲁·阿瑞欧拉（Andreu Arriola）、凯瑟琳·摩斯巴赫（Catherine Mosbach）、艾莉森和彼得史密森（Alison and Peter Smithson）及阿尔

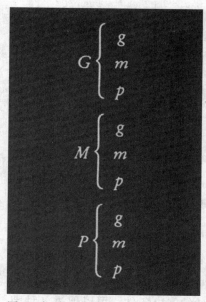

图2　亨利·勒菲弗（Henri Lefebvre），嵌套尺度图解

瓦罗·西扎（Alvaro Siza）的著名案例中得到充分的理解；但本次讨论可先从我们的马尔皮莱罗·珀莱克建筑设计事务所（Marpillero Pollak Architects）两个未建成的项目入手，进而勾勒出一种在多种尺度混合作用下思考场地的方法，而这在仅仅考虑场地自身的物质空间区位时是察觉不到的。

尺度是所有城市景观设计中固有的一个问题，但很少见诸于设计理论和实践的讨论之中。作为一个可参照主体空间或时间维度的概念设计工具，它支持一种对建成环境进行关联性分析的方法——这是一种清晰表达差异性的超越实践层面的做法，同时又没有使一方屈从于另一方，或使某一方居于绝对控制地位。对建筑、景观或城市，虽没有固有的、指定好的尺度，但不同的设计实践仍有与之相配的一系列尺度。建筑的尺度跨域于建筑物的室内及室外两个领域，从最小的细节到整体的存在，很少超出项目真实可见的距离。城市的尺度超越了从特定场地可见的范围，直到规划发生的尺度，既与场地有着千丝万缕的联系，也塑造和生成了场地。景观的尺度也要大大超出特定的场地，包含多重的生态系统。

勒菲弗在他对于空间分析的图解中，展示了一个嵌套的尺度分析图，这是通过对于日本空间秩序的分析发展而来的（图2）。[9]此图借助两种相互支撑的策略，支持了城市作为一种差异空间体系的构成法则，并通过共同作用形成了动态关系。他的第一个创新是引入了"转换尺度"（transitional scale，T）的概念，作为调和"私密尺度"（private，P）和"全球尺度"（global，G）的工具。其第二个创新是这三种尺度中的每一个都能够与其他两个尺度相融合。这一图解奠定了一种能够支持动态的、具有多维度差异的空间设计方法的基础。其对各层面的叠加，表明所有尺度本质上是具有差异性的，正是由于尺度层级的存在，它们不会变得固化或单一。[10]能认识到统一性既不是获得可识别性的先决条件，也不是其必要条件，这将帮助我们根据变化过程进行设计，并兼顾其多样性及矛盾性。

图3，图4　马尔皮莱罗·珀莱克建筑设计事务所（Marpillero Pollak Architects），彼得罗西诺公园设计竞赛（Petrosino Park），纽约，1996 年：在市政设施影响下的场地形成过程图解（左图）；模型示意（右图）

　　场地存在于多重尺度之中。如果说一个项目可以被理解为对场地的再创造，那么项目在不同尺度下操作的潜力取决于设计师对于现存的和曾经存在过的各种因素和力量的深入了解和重新表达，这些作为设计的先决条件，可以促进各种因素和力量之间的相互依存关系。作为与建筑师和城市设计师合作的景观设计师，我们的工作实践包括了将城市中空置数十年的废弃用地转变为公共空间。这些废弃地的衰败往往可以溯因至现代主义时期的总体规划框架，它们未能意识到自身在功能与活动的多重尺度中角色定位的复杂性。一种重视尺度的设计策略具有重新调整场地的可能性，在某种程度上它可以与周围环境形成共鸣，并且共同为场地可识别性的形成作出贡献。

　　对导致场地隔离状态的历史演变进程的追溯，可以支持我们 1996 年为彼得罗西诺公园（Petrosino Park）所做的规划。这是一片曼哈顿市中心的土地（图3，图4）。场地的每一边都从不同尺度的肌理中被切割出来，使得公园具有在一种新的词汇下来进行重新定位的潜力。历史分析显示，接连的城市基础设施建设，包括 1902 年的威廉斯堡大桥（Williarnsburg Bridge），1904 年的第 4、5、6 号地铁线和 1927 年荷兰隧道（Holland Tunnel）的建设，都先后切割了这块三角形的场地，使其宽度更加狭窄。挖空的地下空间，造成了周边严重的交通阻塞。理解上述这些生成场地的具体过程，为四种新的、不同的尺度阈限概念（new scaled thresholds）的生成提供了支撑，并从场地可见的物理边界延伸到无形的边界。这些新的尺度阈限在公园的可识别性生成过程中得以明确呈现并参与其中，通过不同社会团体、经济、生态系统及信息网络之间的相遇，一种"转化存在"形成了。尺度的不同层次嵌套在多重的城市和生态秩序之中，使其中任何一个方面都无法独自代表公园的整体特征。[11]

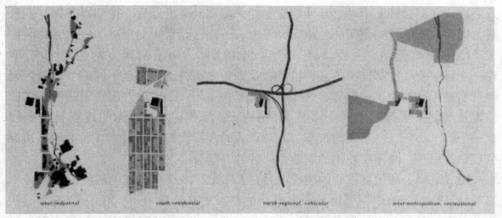

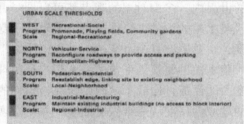

图5，图6 马尔皮莱罗·珀莱克建筑设计事务所；"超越四方体"项目，纽约，1999 年。多重尺度活动的平面和剖面图解（左图）城市尺度的临界值，揭示场地中的个人活动尺度（上图）

　　而彼得罗西诺公园项目只是城市的一个小片段，景观都市主义的主要兴趣点在于大型的后工业用地，它们对城市的未来有重大影响。我们进行的名为"超越盒子"（Beyond the Box）的项目，是 1999 年探索在纽约工业用地上发展超市零售业的研究的一部分。场地选在废弃的城乡交界处的南布朗克超级街区（South Bronx superblock），大约 2 英亩（图5，图6）。我们在工作中把整个城市理解为由多层表面组成的景观（而不是常规的单一表面），该项目把一系列抽象和具体的尺度附着在基地上。自从 20 世纪 60 年代建造了跨布朗克的高速公路，基地本身逐渐产生了许多的分割。若将这些分割描绘出来，以不同尺度的活动和利用方式展现，它们会彼此牵动、延伸至交界处并使基地做出反应，这使得发挥它们的潜力以促成新的异构空间的生成变为可能。一些已经存在的尺度——向北是大都市尺度的高速公路；向西是区域尺度的休闲区；向南是地方的住宅/步行肌理——每一个尺度都提出了某种机会和计划。方案将这些完全不同的城市秩序延伸至超级街区抽空了的内部，这些秩序交织在一起，限定出外部盒子式的实体的位置及尺度，从而产生一个多样化的社会和自然空间。空间的终点是地形装置——停车小丘，一个面向汽车、人与景观的多层次的基础设施。场地的东边保留着工业用途，是还在使用的制造业厂区的一部分。

完成这样一种尺度重叠的建成项目是 OMA 于 1992 年完成的鹿特丹当代美术馆项目（Kunsthal）。回顾雷姆·库哈斯的都市主义公式 …… "在一个完全虚构的世界内，多少对立的观点都可以同时并存，"[12] 可以看到多尺度的并存体现在当代美术馆的坡道上，在这里坡道转变了身份，成为建筑、城市和景观：从城市尺度，自西则迪克街（Westzeedijk）开始，它就作为从城市到公园的主要通道，当代美术馆的建筑则变成了一个门户；由坡道架在 6 米高的堤防上并凌空跨过穿越东西的便道，构成了从西则迪克街延伸的桥梁；而坡道允许该建筑物对荷兰景观的地域性尺度从三维做出回应，并使游客能察觉到繁忙的机动车道路和绿色田园的并置（图7，图8）。在建筑尺度方面，博物馆也适应着坡道，坡道穿过建筑并依靠建筑布置了许多功能块，包括售票亭、咖啡馆、画廊、书店和橱窗；坡道也提供了博物馆的内部组织结构，由坡道进入建筑，蜿蜒曲折，盘旋重叠形成入口、观景台、通道、房间和屋顶花园。在景观尺度上，坡道是形成并组织公园游览的步道的五个相似尺度运动元素之一。每个元素控制一个类似于当代美术馆大小的区域：一座穿越花圃的桥梁，一条穿越森林和池塘的小道，一个由种植和排水设施装饰的硬质铺底的舞台，以及入口的小树林和它对面的矮墙及白色贝壳的地面。

通过在多个尺度上介入环境，坡道有能力在相应的建筑、景观和城市不同层次上对环境产生影响。就像在勒菲弗的图表中，每个尺度都互相嵌套：屋顶平台是整个公园景观的一个片断，垂直的置换使之成为建筑内部的一个前景要素，也成为了建筑的顶点；剧院的场地是一个多姿多彩的庭院，既是公园的尺度同时也兼具建筑的尺度（图9，图10）。

现代主义者的一个常用规划技巧就是把功能分开处理，用以解决矛盾，如通过控制车行来创造人行景观。这一功能分离的策略继续产生贫乏的环境。而且，它无法支持孤立用地的重建与复兴，因为这种荒芜状况很大程度上是由于它被夹在根本不同的尺度之间造成的。1922 年，建筑师安得鲁·阿瑞欧拉（Andreu Arriola）

图7～图10　大都市事务所，当代美术馆，鹿特丹，1992 年：坡道，背景为城市（左上）；剖面图解，通过坡道连接形成连续的回路概念（右上）；花境草图（左下）；配有多种颜色座椅的礼堂（右下）

在巴塞罗那的加泰罗尼亚荣誉广场（Placa del Glories Catalanes）上通过把车流和人流分层的处理，创建了一种新的空间秩序。（图 11）。该项目把地方尺度的车道、城市尺度的车道、停车装置、公共景观和儿童活动场地交织在一起。在城市尺度，它的功能相当于一个大型的交通枢纽，引导车流在其顶层的主要街道行驶。在地方尺度上，车停在中层和底层的结构中，围合着中心的公园，公园的入口从外面看是一栋建筑，从里面看是玻璃建造的坡道。在这一供机动车使用的基础设施上的植物种植，又使其成为邻里尺度上的日常公共活动空间。

　　尺度是表达城市发展的一个关键，不同尺度之间的差异性应该得到充分的重视，而不是为努力保持其人性空间尺度，保持其可见的文化建设可识别性，而压制其他的尺度规模。景观设计师凯瑟琳·摩斯巴赫针对一个 10 层高水泥基座的住宅项目的室外空间有所创新。她在设计中采用了"不合比例"的概念，有时甚至加大不同尺度之间的距离，强化它们之间的紧张关系，以此来诠释一种新的都市人性空间。平台、道路与长凳一方面适合个人的尺度，一方面它们也同样与建筑、自然和城市的尺度相呼应。用木材包覆的这些元素唤醒了室内空间亲密的

图 11，图 12　安得鲁·阿瑞欧拉（Andreu Arriola），加泰罗尼亚的荣誉广场（ Placa del Glories Catalanes），巴塞罗那，1992 年（上）。凯瑟琳·摩斯巴赫，艾蒂安·杜雷 （Etienne Dolet），室外空间，纽约，1992 年（下）

图 13　艾莉森和彼得史密森（Alison and Peter Smithson），罗宾汉花园（Robin Hood Gardens），起伏的丘状地形，伦敦，1972 年

氛围，并把这种氛围置换到城市环境之中（图 12）。同时，她也提供了材料的一致性，使得该项目可以在更大尺度范围内运作，仿佛是混凝土本身镶嵌到整体中一样。凯瑟琳致力于这种空间模糊性的研究，把看似平行存在的、相互分离的建筑、景观和城市作为一个景观连续体连接起来。

　　上述每个项目都提出了一些办法，利用生活中必不可少的尺度差异性为创造理想城市空间作出贡献，而不是排斥它。进一步的讨论是关于"大"（bignesss）的概念。从城市和建筑的角度，这一概念主要是从"纪念性"来设计的。"崇高"的概念与景观一起，提供了对于解决尺度差异性的另一种策略。美国的自然和现代景观在历史上通常代表着城市外部的壮观景象，这些空间传统的力量意味着，自然在明显可以感觉到的被压缩和遏制的情形下（反之，则是城市公园的扩张）经常归属于不重要的背景地位。然而，景观的崇高气质更多已与不可知的感官有关，而非客观可定义的尺度。它使事物的总体概念和无法从总体上理解事物的认知观之间形成了对立。换言之，如同伊曼纽尔·康德（Immanuel Kant）所写的，在事物中我们可以发现崇高的气质，"这一事物的无限性不仅由其本身身体

图 14　阿尔瓦罗·西扎（Alvaro Siza），莱卡（Leca）游泳池，马图辛诺斯（Matushios），葡萄牙，1961 年

现，同样也通过整体得以呈现。"[13]

罗宾汉花园（Robin Hood Gardens）中心区被草坪覆盖的小丘，是建筑师艾莉森和彼得·史密森 20 世纪 70 年代的住宅设计，展现了一种无边界的环境，同时仍能参与城市边界的构成（图 13）。小丘的尺寸，与限定它的两个线性的建筑物有关，这使得它从形式上似乎向上和向外挤压，创造了一种张力，既是空间性的，也是物质性的。它那从视觉上几乎无法控制的存在（uncontainable presence），与其基本的图像品质相结合，把对有限院落空间的感受转化为对住宅街区本身重复性表面的尺度调节。

阿尔瓦罗·西扎于 1961 年设计的勒达·德·帕尔梅拉（Leca de palmeira）游泳场馆综合体，限定和复制了多重尺度的建筑、人、城市和景观，使建筑和海滩行人存在于无际的海边和地平线上，而不是企图去使这些空间的力量变得庸俗化（图 14）。海洋泳池边的防波堤与浪尖相遇，产生出巨大的浪花，再现出茫茫大海不可阻挡的进程。建筑物的条带地理形式是在当地尺度上形成的，它们错综复杂地穿越了海岸多岩石的场地，无论在沿海景观的区域尺度上，还是在较小的游人行为尺度上，它们都形成了一条通过岩石到达大海的通道。使用混凝土作为

图 15　阿德里安·高伊策／西八景观设计事务所，防洪堤坝景观，东斯克尔特（East Scheldt），荷兰，1985 年

建筑材料，提示出可从基地看到的工业区储油罐的工业尺度，而不是漠视或企图从这个以自然娱乐为主的空间序列上将之筛除。如果没有意识到该位置上的困难，我们很容易便将场地中具有崇高气质的勒卡游泳场（Leca Pool）归结于其壮观出色的场地，而将建筑师的举措归结为一种保留。这个项目通过提出和强化现有的力量并将新的行为尺度组织到现有场地中，重构了一个沿着繁忙公路排布的半工业氛围的岩石海岸。

　　由西八景观设计事务所设计的风暴潮防护堤的项目，用另外一种方式展现不可预知的自然。该项目建立了一种在景观生态的多尺度间循环摇摆的状态（图15）。它契合了数种沿海鸟类的迁徙尺度，尽管这种尺度并不被防护堤所营造的当地区域性的景观所容纳。基础设施的置入使鸟类转移到堰洲岛，在那里，它们根据颜色来进行安排，并以物种同类相聚的原理为引导，栖息在充满黑贝壳和白蚌壳的带状基地上。该项目维持了一种动态的轻盈感和结实的形体感之间的紧张联系；铺满彩色贝壳的高地吸引着鸟类——这是大自然不可抑制的部分，它们在这片土地上以一种不稳定的方式栖居，甚至以这种方式再生了设计。

　　这些策略中的每一个都加强了尺度的作用，以支持一种城市景观包容性的概念。城市景观被不断地重新改造，如同它们自身在不断自我重建一样。在社会方面，景观再造的潜力意味着它可以以一种让意料不到的事情发生的方式得到不同人群的认同。在生态方面，它提供了一种手段，帮助我们接近那些过于庞大或复杂而难以理解的单一、整体的事物。在这两种情况下，都提供了设计不确定性的临时方法，通过这种方法，意料之外的空间特征可以从要素与栖居环境的相互关联中浮现。

这些项目自身不稳定的特点是一种积极因素，从设计作品的含义或感觉上看，这产生并维持了一种开放性。这些项目并没有模糊建筑和景观之间的界限。相反，它们存在于这一边界中，通过其不稳定性或固定性的缺失，来构建一个穿越于界限边缘、来回摇摆的空间氛围。

这些项目的重点是地面部分，在某种程度上它们确认了自身的建造，但这不能等同于虚构的、人未触及的自然。每个项目都不仅放大了场地的作用，并且还翻倍地予以强化，将场地作为多重场所来生成或分析，而不是作为简单、封闭的表面，归于传统意义上的"景观"。这些场地披着不同的外衣，相互隔离并膨胀扭曲，描绘并塑造着物质空间，同时发挥着自然和社会的作用，以验证某种重要公共空间的可能性，这一类公共空间并非抹除差异性而是让这些差异性独立并存。

注释

1. Kenneth Frampton, "Toward an Urban Landscape," *Columbia Documents* no. 4 (1994): 90.
2. 本文是一项城市户外空间研究的一部分。该研究意在建立一个框架，并非依赖一种两极分立的观念，如人工化的建筑与自然的景观，而是并不排斥任何一门学科领域。该项研究得到了格雷厄姆基金会（Graham Foundation）的专项资助，用于支持美术与艺术方面的高级研究。
3. Henri Lefebvre, *The Production of Space*, trans. Donald Nicholson-Smith (Oxford: Blackwell Publishers, 1991): 28.
4. Ibid., 29.
5. Doreen Massey, introduction to *Space, Place, and Gender* (Minneapolis: University of Minnesota Press, 1994), 3.
6. Stuart Hall, "On Postmodernism and Articulation: An Interview with Stuart Hall," *Journal of Communication Inquiry* vol. 10, no. 1 (1986): 91–114.
7. Donna Haraway, *How Like a Leaf* (New York: Routledge, 2000), 71.
8. Lefebvre, *The Production of Space*, 153.
9. Ibid., 155.
10. 这种承认排除了以马赛克出现的空间的概念——这是由一系列不同场所（locale）组成的系统，每个场所都有其自身的复杂性。这一概念从理论上允许差异性的共存，但却没能表达它们的相互依存性，也因此失去了表达其相互作用的潜力的机会。

11. To understand more about the identity of the thresholds, as well as the design for the park interior, as shown in the model, see Linda Pollak, "City-Architecture-Landscape: Strategies" *Daidalos N° 73: Built Landscapes* (Spring 2000): 48–59.

12. Rem Koolhaas, "Life in the Metropolis or the Culture of Congestion," *Architectural Design* vol. 47, no. 5 (May 1977): 319–25.

13. Immanuel Kant, *Critique of Judgment*, trans. Werner S. Pluhar (Indianapolis: Hackett, 1987), 98.

从理论到反抗：景观都市主义在欧洲

From Theory to Resistance：Landscape Urbanism in Europe

凯利·香农/Kelly Shannon

图1　彼得－拉茨及其合伙人事务所/ latz and Partners，金属广场（Metallica），杜伊斯堡北公园/ Duisburg – Nord Park，德国，1999 年；自然化的工业考古学

在全球各地，随着城市化进程的加剧，土地经常被形容为无物质空间边界的连续人造景观。[1] 在对当代城市的探讨中，都市和郊区、城市和乡村之间的区别变得无关紧要了，土地的概念性边界也被模糊了。当今对于都市主义的讨论中，充斥着"景观"及其影响深远的概念范畴——包括其理论和投射到城市场地、区域土地、生态系统、网络、基础设施以及大规模有组织地域上的能力。[2] 涵盖这一主题的日益增多的各种出版物则是城市景观重新融入更大的文化想像范畴的明证。北美在合成和清晰阐述景观都市主义概念方面奠定了基础，最近欧洲也对这一新兴概念作出了贡献。[3]

"批判性地域主义"（critical regionalism）这一说法，早在 1981 年就由亚历山大·楚尼斯和里安·勒费夫尔（Alexander Tzonis and Liane Lefaivre）提出，可以被看做是当代对景观都市主义的兴趣的欧洲版序言。对他们来说，批判性地域主义是一种手段，用来批判二战后的现代建筑并创造一种对场所的全新认识。[4] 批判性地域主义设计的特征来自当地的一些限定性制约因素，这些因素产生了各类场所及其集合性表达。虽然楚尼斯和勒费夫尔明确地是从建筑学角度来著述的，但根据他们的观点而形成的环境决定主义（environmental determinism）是近来才被拓展到以景观为媒介的批判性地域主义。而就此方面的努力，包括了对国际上强势的现代化和城市化"通行"模式的挑战，和对晚期资本主义均质化效应的抵制。

批判性地域主义一词的广泛传播源于肯尼思·弗兰姆普敦 1983 年的著名论文"走向批判性地域主义：抵抗建筑学的六个要点"（Towards a Critical Regionalism: Six Points for an Architecture of Resistance）。[5] 论文以保罗·利科（Paul Ricoeur）的理论为哲学依据，强调通过便利而单一平庸的文化传播，科技正在使整个世界趋于均质和同一。弗兰姆普敦的批判性地域主义是一种"抵抗建筑学"，在其所依附的地域内寻求"缓和全球化冲击"以及"映射和服务于有限的区域和人民"的目标。他提到了场地所固有的力量和特质，并引用近期在提契诺景观（Ticino landscape）中采取的措施为例来证实一种方法，此法与地域场所构建了有意义的联系：

用推土机把不规则地形铲成平地显然是一个技术论支持者的态

度，他们渴望一种绝对无地理差异的状态，而对同一地点作阶地处理以获得阶梯式的建筑外形，则是一种致力于"驯化"场地的行为方式的表达。[6]

20世纪90年代，弗兰姆普敦进行了更进一步研究并得出结论，孤立的都市主义手段似乎无法抵御无情的文化和区域"单调和同一化"的趋向，可能留下的唯一可行的手段是通过"巨形"（megaforms）和"地形"（landforms）与景观重新组合，他曾经用这两个术语来"强调这些形式所具有的通用的'形式－赋予潜力'，从而突出从景观角度来改造地形的必要性，而不是将地形作为自成体系的单一结构"。[7]

在另一篇论文中，弗兰姆普敦明确指出景观可以作为一种控制土地的工具，譬如在密度逐渐迅速降低的城市化区域中心，景观可以作为开放空间和自然资源公园的保留地。他提出这样的观点，是对彼得·罗补救性"中间"景观（a remedial middle landscape）这一表达的呼应。他提倡因场地而异的景观应作为建成形态与都市化进程中的无个性表面之间的调和物：

> 从罗的论文可以推断出两个突出的因素：一，应优先考虑到与景观协调一致，而不是独立的建筑形式，二，迫切需要将某些大都市建筑和场地类型，如大型购物中心、停车场和办公园区，改造成景观化的建筑形式（landscaped built form）……高密度大都市的反乌托邦景象（dystopia）①，已经是一个不可逆转的历史事实：长期以来人们采用了新的生活方式，但并不是说形成了一种新的本性……我想说我们必须构思一种补救性的景观，它能够在正在行进中的、趋于毁灭的人造的商品世界中扮演一个关键性的、拯救危难的角色。[8]

人们对"场所"的疏远，已经成为过去20年间理论家广泛讨论的话题，同时对新的全球化景观也不乏清晰的阐述。同时，概念的重新定义和都市的重新形成——甚至到都市的消解——主导着对具有可想像力和可读性的建筑环境的研究和探讨，并且对城市的各种干预已丧失了独特性和个性。城市历史、城市规划和城市设计的一贯做法不足以理解和高质量地介入当今的状况。有必要激进地反思城市化的运作模式，以根本性地和批判性地重新思考城市的发展。弗兰姆普敦尖锐的立场和他对景观的信念，作为一种对抗建成环境趋于全球化和均质化的有效工具，为景观都市主义的概念演化提供了一个平台。[9]

法国城市景观理论家塞巴斯蒂安·马洛特，在景观的复兴和角色转变等方面

---

① 译者注：Dystopia，反乌托邦，指一种非理想化的地方，糟透的社会；地狱般的处境。

有过大量的论述，形成了系统而明确的景观郊区都市主义理论（landscape sub-urbanism）。马洛特认为郊区都市主义实际上是一种丰富而古老的传统，它具有独特的形态和类型，郊区传统研究的工具、模型和方法，都可以作为跳板，去更新对于城市公共空间的舞台布景式（scenography）的印象。

马洛特就郊区都市主义的论述，在21世纪拉鲁斯大百科（Grand Larousse）中的贡献在于直指景观方法，并强调场地的重要性（和功能内容相对）。他用"理论假说"、"批判的"和"真正的实验室"等字眼来定义"郊区都市主义实验及其景观方法"，作为替代当代都市主义的最佳选择。

> 郊区化都市主义：名词。[M. FR. 郊区 意大利语：suburbia] 与都市主义相对。1. 一系列规划和发展实验及方法（包括景观、建筑、基础设施和地质工程技术），特别是那些发生在郊区的，它们也借此对其自身的空间和面貌进行塑造。2. 一个学科领域，由诸多第一灵感来自于郊区情景的实践项目组成，在这里，都市主义实践影响下的传统等级制度（在建筑界盛行的理性原则）被颠覆，它们徘徊于内容与场地之间，而场地自此成为设计项目的原始素材和起始点。3. 史学图解式（historiographic）的批判性理论假设，并无必要把其自身的观点排除在外，如把发展作为从户外到室内，从郊区到城市的一种运动方式。引申：史学图解的方法把郊区的实验及景观的方法（特别是花园）作为都市主义和土地规划发展的真正实验室。

马洛特认为，欧洲的权力分散导致了新的社会公共活动的繁荣，区域景观品质不仅被视作可销售的实体（marketable entities），更是作为公共空间的保留地。随着旅游业和娱乐业迅速取代农业，对新的经济体系的适应要求创新，同时又不能完全丧失其"可识别性"。马洛特判断，当代的景观设计师处于小农阶级（基层文化）与城市阶层（高雅文化）的交汇处，他们必须要采取和其前辈相比根本不同的方式。场地的独特特质恰恰为新型项目提供了基本原理及原始素材。[12]

马洛特为基于场地本身的景观研究和设计定义了4个步骤：追忆或是对以往历史的回顾；为新的环境条件进行筹备安排；三维空间序列分析；关联结构体系的建立。第一步和最后一步都强调了在景观中可能存在的阻力。"追忆"（anamnesis）把土地和公共空间看作远古历史文化的表达，或是对塑造出独特景观的所有特殊人类活动的表达；场地最终继承了历史的馈赠。

关联结构体系（relational structuring）是指对场地未来的利用及再利用前景的预测。按照马洛特的说法，景观必须被理解为相互关联的空间。在扩展其机

会范围的过程中，景观策略具有挑战官僚权力体制的约束的能力。马洛特写道，

> "景观作为一种较大的环境概念，很少受控于单一的权威势力，这说明关联结构体系的形式不可能完全从形式出发，因为它们是谈判和调解的工具（如在周边的选区、管理当局等之间）。"[13]

马洛特曾试图通过一种对城市公共空间的新思路来复兴景观。比利时的城市设计师和学者马塞尔·司麦茨（Marcel Smets）也曾把景观传统提升到了一种对当代城市设计的虚拟的"救世主"的位置（a virtual savior）。司麦茨曾制定了一套当代城市空间设计概念的分类法，为当代设计师如何在"不确定"的条件下工作提出建议——这种不确定不能解释为缺乏清晰性，而是对未来发展的"测不准"特性（indeterminancy）的探讨，当然也无法将之定义为一个精确的形式。对于司麦茨来说，网格（在预先设定的规则下，为未来的发展提供了基础架构的人工形式）、载体（casco）（或是容器，来自于景观，反映其组织形式）、空地（景观作为统一的背景存在，以确保新的介入因素的自由）以及画面剪辑（montage）（不同内容和组成的层的剧烈叠合），作为四种设计方法，间接地参考了弗兰姆普敦对于都市主义新手段的鼓吹。

> "（载体）反映了景观的构成形式，而且它是基于当地的地质和水文条件生成的。因此，它可以被认为是适应场地条件的理想自然框架。其与众不同的结构，具有允许其在不改变自身可识别性的前提下进行多种变化的能力。"[14]

对于司麦茨来说，载体为项目架构了一个基于场地本身物理和地理逻辑的基础；它试图寻找一个"合法化的景观真理。"[15]很多时候，最少的干预会设法提供更显然的证据，表明已经存在的属性，并把特定的场地纳入到更大的环境背景当中。

对基础设施的偏爱

尽管有这样的推断，欧洲已发展起来的景观都市主义言论，总体而言，与其说作为一种理论的出现，不如说更像是一种在设计实践领域的创新。[16]景观正日益与城市基础设施、生态学、城市稀疏化（de-densification）及城市蔓延紧密联系起来，而传统的城市设计被认为是造价昂贵的、缓慢的和缺乏灵活性的。与此同时，一些景观都市主义的项目成功地抵御了私营领域的投机逻辑和公共领域的极度官僚、技术导向。

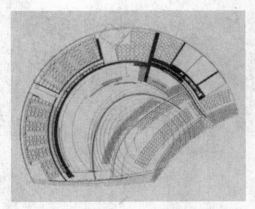

图2 琼·罗伊格（Joan Roig）和恩里克·巴特列（Enric Batlle）设计的特立尼泰特立交公园（Nudo – dela – Trinitat），加泰罗尼亚，西班牙，1993 年；市政基础设计景观

伴随着城市远郊区的快速增长，一些后工业区域需要清理和重新策划功能定位，因此从理论上讲，迫切需要准确地借助场所智慧来重塑环境——这在保守的马丁·海德格尔（Martin Heidegger）和克里斯蒂安·诺伯格（Christian Norberg）的《地方特性》（genius loci）著作中论述不多，却更多见于埃利亚·增西利斯（Elia Zenghelis）的当代论述，其论述旨在揭示景观现实中的现存逻辑性，并通过将非实质性内容与潜力相区别以寻找场地本身的能力。[17]在最近的一些欧洲项目中，景观都市主义策略已经就地域的恢复性和抵抗性社会与文化构成传达出一种声音，——当然也包括景观的号召力。生态和城市策略的叠加提供了一种方法，使项目能创造出新的相互关联的网络系统，以补充现有的结构。

城市、乡村和周边地区向交通通勤区域的逐渐转变，正在形成一个现代的和无形的道路、高速公路和铁路网络。上述转变也表现出对地理环境及创造高品质空间的相对漠视。明显的例外就是法国的高速火车景观（France TGV）和巴塞罗那的环形道路，两者都被广泛宣传和关注，因为它们是艺术的土木工程与城市生活的综合。在巴塞罗那，这个城市的二环路（Ronda de Dalt）是为 1992 年奥运会建造的。在奥瑞·波西加（Oriol Bohigas）的积极发起下，一个工程师和建筑师团队在贝尔纳多·索拉（Bernardo de Sola）的领导下设计了一个支路系统，这是基于本地及区域运输网络的，该网络通过截面设计将本地条件重新布局，以产生出新的内容和开放空间。通过降于地下的深沟，公路被严丝合缝地嵌入在景观当中。下沉的公路只是在与市区主要道路的重要交叉点上加以覆盖。被覆盖的部分发挥了延长的桥梁的作用，为当地的地面交通服务，并被休闲娱乐设施或大众公园所激活。无论是建成的还是未建的项目，这些景观和基础设施框架被综合在一起，力图创造新的都市活动的可能场所。在其中一个较大的路口处，琼·罗伊格（Joan Roig）和恩里克·巴特列（Enric Batlle）已经建成了一个包括交通中转站、公园和体育设施的综合体（图 2）。

图3 国际建筑展览埃姆舍公园，鲁尔区北部，德国，1989—1999 年；生态稳定性

对生态学的偏爱

欧洲景观和城市设计师越来越多的设计任务是在后工业（和后农业）的棕地和地形含糊的缝隙地带的设计。德国北部鲁尔地区曾经是欧洲的钢铁和煤炭中心，1989~1999 年，这里举办了国际建筑展览（IBA），[18]其内容就是：同时面对修复环境损害和刺激经济复兴的区域挑战。

大约 120 个项目在一项综合城市重建计划中开始实施。对于自然景观，并非采取恢复和还原，而是生态稳定化（ecological stabilized），使该地区的工业遗产被循环再利用，其中许多巨大的工业遗迹都被改造和利用作为文化活动中心。不过令人印象最深刻的是该项目协调有序的区域尺度规划和实施。具体体现在埃姆舍景观公园（Emscher Landscape Park），一个绿色走廊区域，连接了杜伊斯堡和卡门之间的 17 座城市，沿着已经进行生态修复的埃姆舍河及其 350 公里长的支流延展（图 3，图 4）。

该区域战略中最为人称道的项目，是彼得·拉茨及其合伙人事务所设计的杜伊斯堡北公园，是对梅德里西钢厂（Meiderich steel mill）和邻近蒂森（Thyssen）4/8 的采矿综合区的改造项目（图 1）。在 230 公顷的公园内，对场地的记忆是通过片断来重新集合的，废弃的墙体、铁轨、地下画廊和桥通过工业考古而就地安置。拆建物料通过回收产生出新的土地及混凝土结构，而新的植物和生态系统在粉煤灰和矿渣堆的基础上蓬勃生长。按照罗萨那·瓦卡里诺（Rossana Vaccarino）和托根·约翰逊（Torgen Johnson）的说法，拉茨的项目已成为一种再生景观（recycling landscape）的模式，在那里"看不见的、不想要的、遗余的事物，以经过重新设计的具有崇高品质的艺术形式，都获得了新的生命。"[19]

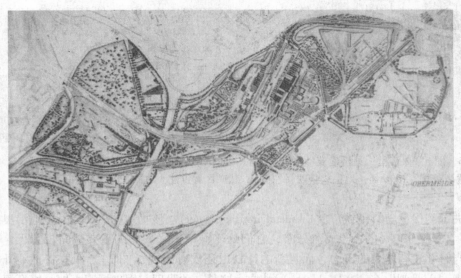

图4 拉茨及其合伙人事务所，杜伊斯堡北公园，棕地清理和功能重新定位

2010年的国际建筑展览将着重重建前德意志民主共和国的萨克森－安哈尔特（Saxony – Anhalt），这是一片20世纪的大型露天褐煤开采区域，那里的农业用地功能被大量转变。随着德国的统一，大量的砾石和沙山、矿坑、人工水系等人造景观很大程度上已经被放弃；巨大的采掘坑变为相互连通的湖泊，大面积的树林开始覆盖在人造的地形上。总部设在英国的弗洛里·贝格建筑师事务所（Florian Beigel Architects）为莱比锡（Brikettfabrik Witznitz, Leizig）的该区域制定了一个深思熟虑的项目计划，他们认为该项目有潜力成为一种原型，并可以成为哈雷－莱比锡－德累斯顿（Halle – Leipzig – Dresden）地区后工业城市景观的起搏器。他们的项目提供了近期、中期和远期的计划，兼顾了之前的厂房建筑和后矿业时期的景观。工厂大楼所在的高地位置已经被重新设想成一系列活动区域（或称地毯），以便能随着时间的推移而应对城市发展的压力（图5）。

如果城市中没有新的发展，这里将只剩下一个植物和矿石的花园（从场地上的原料可以推断）。但是，这些相同的"地毯"可以被设计成为由住宅、商业楼宇以及重新策划的工业大楼所组成的新的挂毯（图6）。花园作为其中具有调节功能的舞台，其小尺度与最终建设的地段相一致。这一项目以该地区新的经济发展的不确定性（与司麦茨对这一词的解释相近）为前提，而同时，后工业景观被重建，采矿挖掘所造成的巨大变革仍然是该地区的历史不可磨灭的见证。

采用一种新的"柔韧性"秩序来组织并策划也是一个可行的景观改造策略。1995年多米尼克·佩罗（Dominique Perrault）就用这一方法来处理法国卡昂郊区

图5，图6　弗洛里·贝格建筑师事务所（Florian Beigel Architects，Brikettfabrik Witznztz），莱比锡，德国，1996 年：地毯式景观（左图）；从矿区看重建大厦的花园（右图）

消失了的优尼美特钢铁厂（Unimetal iron and steel）。该场地的 700 公顷土地沿奥尔河（River Orle）的一条支流分布，它们处于城市未来发展的重要战略位置上，尽管当时并没有增长的压力，而且新的计划也还没有出现（图7）。佩罗将土地开发作为"前景观"（pre－landscape）结构，这是一种肌理，用来标记土地，修复河岸和连接城市、河流及外围的农业用地，并建立了有利于将来发展的基础设施背景（图8）。[20]百米见方的网格叠加在场地上，这些一公顷的土地内交替种植草地和树木，形成了丰富的挂毯图案，随着时间的推移而逐渐城市化（图9）。该场地的标志物——大型制冷塔，已经随其他一系列选择出来的重要构筑物一起进行了改造，它坐落在 300 米×900 米的空地范围内，那里是将成为未来发展的中央公园。

后工业场地上的自然

在更普遍的棕地再开发策略中，不少项目都侧重于恢复或重新引入自然过程以及重塑其景观特征；利用场地自然进程的特征，可用来带动某些干预措施。举例来说，特尔州园林展览会（Agence Ter's States Garden Fair），由奥斯特费尔德煤矿（Osterfeld）和埃姆舍公园的局部转变而来。该项目将文化遗产、生态修复以及新的开发，综合到一个计划中，并投资使以前看不到的自然进程变得更容易看到和理解。如该地区的地下水资源通过一种十分有趣的分段运输方式，连接了巴特奥尹豪森镇（Bad－Oeynhausen）和洛纳镇（Löhne），并强化了该地区的温泉疗养度假区的独特性。水文地质调查指出了为各市镇提供富含硫磺和铁的水源的断层走向。而地下的秩序能在地面上找到暗示，城镇间东西向的条纹通过渗透性的篾筐被标识出来，暗示着地下的裂缝，而水则在这些裂缝中流动。公园的中心部分是已被挖空的地形，在那里有一个巨大的 15 米深的管道（四分之三的部分在地面以下），水则不定期的从管道涌出（图10）。

图 7，图 8　多米尼克·佩罗（Dominique Perrault），优尼美特公园，卡昂，法国，1995 年，叠加的秩序（顶图），前景观结构（底图；左图和右图）

图 9　优尼美特公园，等待重新开发。

图10 特尔区域花园展示，巴特奥尹豪森镇 （Bad－Oeynhausen）和洛纳镇（Löhne），2000 年；自然的节奏

图11 因亚吉·奥尔地（Inaki Alday），玛格丽塔·基尔（Margarita jover）和皮拉·桑乔（Pilar Sancho），加列戈河（River Gal-ego），是苏埃拉（Zuera），西班牙，1999 年；水之舞台

在西班牙苏埃拉（Zuera），位于加莱戈河（River Gallego）南岸的一个城市复兴项目，创造了将水文和生态问题一并解决的机会，并且还拓展了公共空间，重新界定了河流的文化意义。建筑师因亚吉·奥尔地（Inaki Alday）、玛格丽塔·基尔·毕博恩（Margarita Jover Bibourn）和皮拉·桑乔（Pilar Sancho）重新布置了水灾泛滥的河床，形成了节奏清晰的三级阶梯景观台地，随着水位的自然变化节奏而逐步被淹没。最上面的一级，是苏埃拉的城市中心所在地，由碎石河堤来保护。该中心新设立的公共场所是一个斗牛场，斗牛场与一系列步道和多孔材料铺设的开放广场（在洪水期能够吸收多余的水份）相联系，整个城市就仿佛和河流举行了一次婚礼（图11）。河中的岛屿，通过一座小桥与市中心连接，并成为一个生态保护区。这个低成本项目证明，哪怕最低程度的景观都市主义的介入，都可以提升公共区域的品质，并把城市生活连接到自然循环当中，同时也保护城市免受自然灾害（图12）。基础设施需求成功地同休闲和娱乐融为一体。

农业和弱城市化

在景观都市主义的论述中，除了对基础设施和生态的显著偏好也展现出将农业作为比喻性和真实性的参考。农村地区的发展一般既不存在美观意义也没有象征性的目的，而是要注重实效，考虑其生产力。但人对农村景观的塑造力尤为明显，在空中就可以看到密集耕种土地形成的巨大拼图。林地的清理，沼泽地的抽排，荒地的开垦和农业的养护，创造了以耕作为主的农业地区，这部分地代表了改造自然的意义。开荒、修筑梯田、作物轮作和灌溉，都是全世界农民日常生活中的一部分。不过，对当今世界的需求而言，农业用地正在经历一个贬值的过

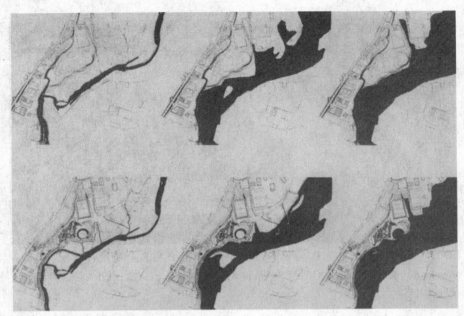

图12　加莱戈河（River Gallego）；水的规则

程，这是因为要鼓励有竞争力的出口外向型农业（关贸总协定导致的全球激烈竞争加剧了这一过程）、规模经济和农业生物技术。农业生物技术在完善传统的选择和育种技术并提高效率和生产力方面很有潜力。在全球范围内，随着农业的进一步机械化，社会发展已不再与景观的生产力直接挂钩，大量的农业土地在悄无声息地转变和消失。同时，离心式增长的城市无情地继续消耗着农业区域。尽管如此，农业仍然在贸易谈判乃至在全球化的空间关系和文化认同中起着支配性作用。农业的情况可以与活跃于理论层面的景观都市主义相类比。

理查德·普朗兹（Richard Plunz）和因亚吉·埃切维里亚（Inaki Echeverria）写了一本《园丁的逻辑》（gardener's logic）。这本书从现实存在出发，把城市作为处于不断变迁中的实体来处理当前城市和地区的复杂性问题。传统总体规划框架下的大尺度政策的强行实施，在设计、政策和规划的实现过程中被放弃，最终的形态被交由投机决定。从城市到果园及农业的类推，涉及其基础结构、标准和基础设施等，其产量都有一定的周期，并与需求的变化有关。[21]

意大利建筑师和学者，安德里亚·布兰兹（Andrea Branzi），自《永不停歇的城市》（*No - Stop City*）（1969～1972年）一书和早期的"建筑伸缩"（Archizoom）项目以来，就一直在谋求一种"持久的先锋派做法"（permanent avantgarde）。他把当代农业的进程称为"弱城市化"（weak urbanization）。他所提倡的方法，是

图 13　安德里亚·布兰兹（Andrea Branzi），与意大利多莫斯设计学院（Domus Academy）合作设计的农构都市（Agronica），埃因霍温，荷兰，1994 年；半都市化农业园区

一种相关联的建筑和城市进程，像农业一样，能够迅速适应不断变化的需求和季节更替。布兰兹在 2003 年鹿特丹的贝拉罕建筑研究所（Berlage Institute）的一次演讲中指出：

> 工业化的农业文明创造出了水平向的景观，没有教堂式的视觉中心，它是可跨越的，也是可逆的：依据一种时间的逻辑关系，农作物的产量如今操纵着农业景观，随着季节和市场的波动，来适应全球的生产平衡。由于所有这些原因，当代建筑学应开始着眼于把现代农业看做是既成事实，与之建立新的战略关系。一种完全更新了其参照系的建筑学，必须面对一种弱化而扩散的现代性的挑战。因此，应和文化建立新的关系，这种文化在传统意义上是非建设性的，但在地域体系方面却是多产的，它遵循了生物相容逻辑并利用了非常先进的技术支持。[22]

农构都市（Agronica），由布兰兹于 1994 年与多莫斯设计学院（Domus Academy）合作为飞利浦电器公司设计。这是一次对基于免费提供的移动式组件的建筑设计理念的试验，奠定了一个半都市化的农业园区（图 13）。5 年后制定的埃因霍温飞利浦园区总体规划进一步发展了农构都市的思想。飞利浦工业区的典型的不连续肌理被废弃并得以重组，用来服务于后工业经济的新企业（欧洲的硅谷），并重新被构想为一种"农业公园"，这是一个实验性的领域。承载这些内容的"容器"，并没有固定于土地，它是可变化的。其位置、数量和内容，将随

图14～图16 弗朗索瓦·格雷瑟（Francois Grether）和米歇尔·德维涅（Michel Desv-igne），汇合的索恩河和罗纳河（Saone and Rhone rivers），里昂，法国，2001年重新规划设计（上图）的公园体系（右图）中的"双速景观"（下图）

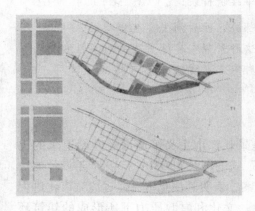

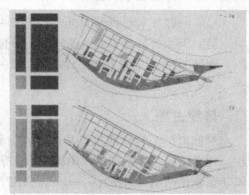

着需求和机会进行转化。基础设施，也以同样的方式进行设计，允许最多的空间配置的可能性，"一种巨大、宏伟的缝织物，但具有微弱和交叉的渗透力，引导了公园开放空间的布局。"布朗兹认为，"这同时也构成了疏松分布的均质网络，并再一次使该地区具有整体的可穿越性。"[23]布兰兹的"弱城市化"认为农业作为一个高度发展的工业化体系，能够适应随时间变化和以可逆方式组织的生产

周期。

　　农业隐喻也是决定性的，这在由法国建筑师、规划师弗朗索瓦·格雷瑟（Francois Grether）和景观设计师米歇尔·德维涅（Michel Desvigne）为里昂河流交汇项目（Lyon Confluence）所策划的"渗透战略"得到体现。这一位于索恩河和罗纳河（Saone and Rhone rivers）之间处于废弃过程中的 500 公顷工业用地项目，是由"分散和可移动"的公园体系构建起来的。该体系允许局部地块土地被灵活使用，以接纳新的功能内容（图 14）。在所设想的 30 年转型过程中，所有外部的土地将经过公园化的过程，无论这一过程是暂时的或较长期的，如德维涅所描述的：

> 　　我们并非在幻想一种假想的确定状况，而是对应到不同蜕变阶段的一连串状况。外部区域将会产生、消失、转移，根据建筑物的演化和土地开发的节奏，形成一张仿佛植物轮作般的变化着的地图。[24]

　　由于被不同的工业部门支配，使得项目的分期计划在不同时期都有新的的发展的可能，由此产生了"双速景观"（two-speed landscape）的演化（图 16）。临时性的特点，立即提高了场地的公众观感——花卉草甸（种植在场地的端点处）、树木苗圃（在半岛的中心）和长 2.5 公里的花园（预示着沿索恩河的公园系统中轴线）（图 17）。持久性的要素，如行列式和群植的树木、基础设施和建筑物，逐步界定出了项目的空间布局。德维涅解释说：

> 　　一部分取得成功，继而取代下一部分，然后消失，使自己融入一个独一无二的原始形式的肌理中；仿佛这种景观在建造过程的真实性和易读性当中，发现了自身的品质，即一种农业景观的图像。[25]

景观占据

　　对城市扩张的标准化进程的反抗，是景观都市主义策略已经开始追求的也在。现今雷姆·库哈斯的"中国象形文字"式的图解和 OMA 于 1987 年设计的法国新镇默伦塞纳（Melun-Sénart）入围方案，表明其注意力已经远离城市化进程中的建筑（图 18）。在缺乏稳定性的政治、文化和财政压力下所形成的建筑环境，根据库哈斯的理论，必须要采用一种中空的弹性结构来规避：

> 　　"在某个时刻，当每个三维工程的复杂性都是内在的，"空"（the void）的保存就相对容易。在一个为扭转防御态势而采取的故意放弃的战术动机中，我们的项目方案就把这种政治策略的转变扩展至都市主义的范畴：把都市主义的弱点作为前提条件……。尽管一个城市一般通

图 17　弗朗索瓦·格雷瑟和米歇尔·德维涅，德索恩运河（Canale de Saone）；园丁的逻辑

过其建筑形式来组织，但默伦塞纳特镇则是非形式化的，由这个空虚的系统来定义，它确保了城市的美丽、宁静、易达，而忽略了其可识别性和未来的建筑形式。"[26]

该项目颠倒了图与底、建筑与开放空间的形式上的和结构性的角色。相反，注意力被导向中介空间——用以组织城镇的不同性质和功能的空地。这个关于"空"的框架来自于对现有条件、生境、历史片段、现有基础设施走廊和新的功能定位的认真清点（图 19）。这些空地将被保护起来，免于"城市的污染"，而剩余的"群岛"的未来发展，即哪些残留下来的隔离的孤岛，将"向混乱无序投降"。[27]该设计为未来的城市提供了不可思议的灵活性，同时群岛模式（archipelago model）确保了各岛的自治，最终加强了整体的连贯性。

建筑师和城市规划师保拉·维加诺（Paola Viganò）和伯纳多·萨奇尼（Bernardo Secchi），过去几年里一直致力于在意大利莱切省的赛兰地区（Salento）发展景观都市主义。该区域有 1800 平方公里，其中 865 平方公里布满橄榄树和葡萄园，共有人口 80 万人，每年有 220 万游客前来参观。在许多方面，这一区域代表着城市的扩散（città diffusa）（图 20），但同时，它也与之有所不同，原因在于其现代化过程已与传统的西部大开发大相径庭。作为意大利较为贫穷的南部地区，赛兰区域的领土已被广泛地视为边缘地带。维加诺为该地区未来的发展设想了一系列前景，包括替代能源和环境政策、沿海地区的重新定位，扩大生产性景观，增加基础设施，未来城市化的紧凑化，以及集合服务等（图 21）。同时，维加诺把这种分散的景观作为一个发展契机，将整个区域构想为一个大型的当代公园：

此处所说的"公园"从当代意义来讲,不仅指一个休闲娱乐场所,而在更广泛的意义上理解为一系列的环境状况,其关键性的组合将倾向于鼓励发展一些或全部重要社会活动作为事件……与目前的主流观点相反,分散城市的多孔特性提供了一个良好的机会,为生物多样性和自然的扩张的合理发展铺平了道路,从而构建一种能诠释当代社会价值的景观和环境。[28]

对维加诺而言,面积更大的现有景观基础设施为后来的城市化奠定了基础。这一策略尤其与生产性景观广泛存在的背景密切相关,这些生产性景观导致了分散的基础设施系统,即使这些系统目前还不发达。

超越阻力

在北美和欧洲,景观——无论在其物质实体还是修辞方面——都已被排在前列,作为建筑、城市设计和规划各专业的拯救者。景观,作为城市化研究及城市规划设计中的一种实用工具,占据着大西洋两岸学者的头脑。然而,仅在欧洲,景观都市主义言论的适时性,使之恰好因为专业的原因与政治的根本性转型产生着切实的契合。

在整个西欧,"绿色"环境议程已经成为主流,民意和政治意愿都支持一系列强有力的基础设施项目和环境政策。[29]因而,之前一直受到抵触的景观都市主义实践及项目,近期已从诸多投资中受益,如公共运输系统(特别是高速列车网和公路系统)、众多委托的公共领域设计和建造任务(体现在大量设计合宜的开放空间和公共设施的增加),以及对自然环境的明智管理等方面。许多曾经处于边缘、甚至激进的活动家,已变为"常任的"从事最高级政治生活的人士。[30]

在北美背景下,最全面的景观都市主义理论已经开创并持续推进,除非在此背景下的政治和公众事务方针政策有明显的变化,否则北美景观都市主义者将毫无疑问地渴望获得与西欧一样的机会。景观都市主义不仅可以通过新的行之有效的策略来重振该专业在建成环境中的地位,更重要的是,在项目日益全球化,地区均质化的背景下,能够恢复项目的一种批判性的、具有反抗性的能力。弗兰姆普顿重新致力于景观研究的思路是一个开放的邀请,用于深入调查地域中富于变化的社会性和文化性结构的形成,以及用创新的方法从战略上重现现实。

图 18，图 19
雷姆·库哈斯 OMA，默伦－塞纳尔
（Melun－sénart），法国，1987 年景
观空白（左图）之间的空间（上图）

图 20，图 21　保拉·维加诺（Paola Viganò），赛兰地区，莱切省，意大利：城市
蔓延（左图）；地区公园（中图和右图）

注释

1. 本文是在作者的博士论文《雄辩巧辩与现实：解读景观都市主义，越南的三座城市》（Rhetorics & Realities，Addressing Landscape Urbanism，Three Cities in Vietnam）（2004 年 5 月，比利时天主教鲁文大学 Katholieke University Leuven Belgium）基础上完成的。作者非常感谢对本文的润色做出贡献的安德鲁·洛克斯（André Loeckx），他的建设性意见对本文是至关重要的，同时也吸收到文中。

2. A number of recent essays, journals and books could be cited here. Those that have significantly informed the development of this essay include Stan Allen, "Mat-Urbanism: The Thick 2D," in Hashim Sarkis, ed., *CASE: Le Corbusier's Venice Hospital* (Munich: Prestel/Harvard Design School, 2002), 118–26; Henri Bava, "Landscape as a Foundation," *Topos* 40 (2002): 70–77; James Corner, ed., *Recovering Landscape: Essays in Contemporary Landscape Architecture* (New York: Princeton Architectural Press, 1999); Julia Czerniak, ed., *CASE: Downsview Park Toronto* (Munich: Prestel/Harvard Design School: 2001); Mohsen Mostafavi and Ciro Najle, eds., *Landscape Urbanism: A Manual for the Machinic Landscape* (London: AA Publications, 2003); Linda Pollak, "Sublime Matters: Fresh Kills," *Praxis Journal* no. 4 (2002): 40–47; and Charles Waldheim, "Landscape Urbanism: A Genealogy," *Praxis Journal* no. 4 (2002): 10–17.

3. 除了日益增长的理论成果与建成作品，景观都市主义也正在进入成为欧洲教育机构中。伦敦建筑联盟（Architectural Association）授予景观都市主义的研究生学位，凡尔赛的法国国立高等建筑学校（école National Supérieure du Versailles）和日内瓦大学的建筑学院（Institute of Architecture at the University of Geneva）都已经建立了针对景观与都市主义研究的新方法的实验室。

4. Alexander Tzonis and Liane Lefaivre, "The Grid and the Pathway," *Architecture in Greece* 5 (1981).

5. Kenneth Frampton, "Towards a Critical Regionalism: Six Points for an Architecture of Resistance," in Hal Foster, ed., *The Anti-Aesthetic: Essays on Postmodern Culture* (Seattle: Bay Press, 1983), 16–30.

6. Ibid., 26.

7. Kenneth Frampton, "Megaform as Urban Landscape," public lecture at Berlage Institute, Amsterdam, The Netherlands, 1993.

8. Kenneth Frampton, "Toward an Urban Landscape," *Columbia Documents* no. 4 (1994): 83–93. See also Peter Rowe, *Making a Middle Landscape* (Cambridge, Mass.: MIT Press, 1991).

9. 肯尼思·弗兰姆普敦（Kenneth Frampton）已经成为了景观都市主义思想的一个坚定的倡导者，如他近来对一个采访的反馈，《关于设计学的现在与未来的九个问题》（Nine Questions About the Present and Future of Design，*Harvard Design Magazine*，no. 20 Spring/Summer 2004：4 – 52）。在回答"你是怎么考虑设计教育的优点和缺点，以及如何进行改善"等问题时，弗兰姆普敦回应道，"我想强调，上面所有关于可持续性的问题，以及近来出现的更为综合的学科，都包含在了伦敦建筑联盟冠以景观都市主义的课程中。对我来说，无论是应更重视环境纲领，还是应对其课程表及设计课教学方法进行修订，似乎两方面都很有必要"。他进一步援引苏珊娜·哈干（Susannah Hagan）的话，"接受环境设计的五个理由"（Five Reasons to Adopt Environmental Design，*Harvard Design Magazine*，no. 18 Spring/Summer 2003：5 – 11）。

10. Sébastien Marot, *Sub-urbanism and the Art of Memory* (London: AA Publications, 2003).

11. Ibid., 7.

12. See Sébastien Marot, "The Reclaiming of Sites," in Corner, ed., *Recovering Landscape*, 48–49.

13. Ibid., 52.

14. Marcel Smets, "Grid, Casco, Clearing and Montage," in Robert Schafer and Claudia Moll, eds., *About Landscape: Essays on Design, Style, Time and Space* (Munich: Callwey Birkhauser, 2002), 132–33.

15. Ibid., 134.

16. Christopher Hight, "Portraying the Urban Landscape: Landscape in Architecture Criticism and Theory," in Mostafavi and Najle, eds., *Landscape Urbanism*, 9–21.

17. Christian Norberg-Schultz, *Genius Loci: Towards a Phenomenology of Architecture* (New York: Rizzoli International, 1979); Elia Zenghelis, interview by Nicholas Dodd and Nynke Joustra, *Berlage Cahier 2*, (Rotterdam: 010 Publishers, 1993).

18. 国际建筑展（IBA）是德语"*Internationale Bau – Ausstellung*"或英文"International Building Exhibition"的缩写。它并不是一个传统意义上的展览，而是（或即将成为的）建成的现实。1901 年，首个德国建筑展览在达姆施塔特（Darmstadt）召开，随后是一系列的著名的建筑展览，包括了斯图加特的 1927 年展览会和 1979 年和 1989 年的西柏林展览会。

19. Rossana Vaccarino and Torgen Johnson, "Recycling Landscape: Recycling for Change," in *Landscape Architecture: Strategies for the Construction of Landscape* vol. 3, no. 2G (1997): 138.

20. Dominique Perrault, "Park in an Old Siderurgical Plant, Caen (France)," *AV Monographs: Pragmatism and Landscape* no. 91 (2001): 76.

21. Richard Plunz and Inaki Echeverria, "Beyond the Lake: A Gardener's Logic," *Praxis* no. 2, *Mexico City* (2001): 88–91.

22. Andrea Branzi, "Weak and Spread," public lecture at Berlage Institute, Rotterdam, The Netherlands, 2003.

23. Andrea Branzi, "Unpredictable City Planning," *Lotus* 107 (2000): 115.

24. Michel Desvigne, "Infiltration Strategy," *Techniques and Architecture* 456 (2001): 49.

25. Ibid., 53.

26. Rem Koolhaas and Bruce Mau, *S, M, L, XL* (Rotterdam: 010 Publishers, 1995), 974, 981.

27. Ibid., 977.

28. Paola Viganò, *Territories of a New Modernity* (Napoli: Electa Napoli, 2001), 17, 65.

29. 自 1992 年起，"20 世纪宪章"（Agenda 21）就成为了欧洲委员会环境政策的一部分，也被认为是其可持续发展路线图中的根本内容。这部 800 页的文件，是在 1992 年里约热内卢宣言基础上形成的，被认为是"可持续发展的圣经"。

30. 一个此类领导者的非常好的例子是德国的约施卡·菲舍尔（Joschka Fishcher），他是 1968 年街头抗议活动中一位激进的活动家，也是德国最受尊敬的政治家之一，作为绿党的领导者（Green Party），曾任环境保护部部长，现任外交部部长。

基础设施景观

Landscape of Infrastructure

伊丽莎白·莫索普/Elizabeth Mossop

图 1　在斯派曼·莫索普设计事务所（Spackman and Mossop）设计的悉尼摩尔公园巴士换乘站，基础设施作为公共空间

一种针对当代都市主义与景观理论及方法之间的关系的观点正在涌现，这意味着景观设计学科的重大转变（图1）。该观点提供了一种工具，使景观设计可以重新致力于城市营造（citymaking），并且在围绕城市化、公共政策、城市开发、城市设计以及环境的可持续发展等议题的论争中发挥更大的作用。关于景观都市主义的探讨，确定了基础设施及其相关的景观在当代都市发展和公共空间营造中的重要意义。

　　景观都市主义将当代城市化发展中涌现的大量因景观而产生的不同思想集合起来。景观，这里被用作一种对当代城市环境的比喻，例如詹姆斯·科纳和斯坦·艾伦所描述的田野情景（the field scenarios）、理查德·马歇尔描述的城市景观（urbanscape），或者雷姆·库哈斯描述的景观母体（the matrix of landscape）等等，这些思想都指一种城市类型。这种类型不同于传统的中心/边缘模式，也不仅针对高密度的中心城区，而是一种更为破碎化的不连续的土地利用基质。[1]景观也被用来描述和理解动态的城市系统，并且愈加被作为城市营造的重要媒介。[2]其实，在设计学科中早已发展了不少策略，试图把生态过程纳入设计实践中，以驾驭诸如侵蚀、演替或水循环等自然现象，并在生成城市景观的过程中加以利用。人为设计的景观由此得以随岁月流转而生长，这一点在近来的纽约清泉公园（Fresh Kill）方案和多伦多当斯维尔公园（Downsview Park）项目中可以看到。[3]这些方案及其他类似项目，都强调基础设施景观已成为探索自然过程与城市之间关系的最为有效的途径，而这一关系也是一种真正的景观都市主义所要整体考虑的因素。

　　早在19世纪80年代，弗雷德里克·劳·奥姆斯特德（Frederic Law Olmsted）制定的波士顿翡翠项链方案，就将交通基础设施、防洪和排水工程与如画景观的塑造及城市规划完美地结合在一起（图2）。景观设计、城市发展战略和市政工程学科的紧密配合，使这一项目复杂而系统，从而将关于自然、基础设施，以及健康、休闲和风景的目标有机整合起来。尽管奥姆斯特德及小奥姆斯特德为一些城市制定的雄心勃勃的项目仅仅停留在纸面上，如洛杉矶，但奥姆斯特德的曼哈顿中央公园和布鲁克林希望公园等大型城市公园项目，以及小奥姆斯特德的城市公园网络的项目，都对那个时代的都市主义产生了巨大影响。

图2　奥姆斯特德设计的波士顿蓝宝石项链，将基础设施、市政工程、公众健康、休闲以及风景等完美结合起来

　　瓦尔特·伯莱·格里芬（Walter Burley Griffin）在 1911 年为澳大利亚首都堪培拉制定的城市设计方案中，自然环境特征成为确定城市主要轴线和空间结构的关键要素。这是另外一种在城市形态和自然景观结构之间形成强烈关系的实例（图3）。他设计的堪培拉居住区方案深受奥姆斯特德作品的影响，也鲜明地体现了通过保护和强化自然景观来建立城市结构的方法，这在他为悉尼卡斯尔克拉格（Castlecrag）所作的设计中也可以看到。[4]

　　20 世纪的前半叶，生态学和规划第一次明确的结合在一起。尤其在帕特里克·盖迪斯（Patrick Geddes）的工作中，在本顿·麦克凯（Benton Mackay）在人类生态学中所奠定的区域规划基石中，在阿尔多·利奥波德（Aldo Leopold）的土地伦理思想中，以及在刘易斯·芒福德（Lewis Mumford）关于城市是人类过程与自然过程复杂交织的产物的描述中。[5] 这些工作引发了区域环境规划的大发展，尤其是伊恩·麦克哈格在宾夕法尼亚大学的工作卓有成效。麦克哈格于 1954 年受邀赴宾夕法尼亚大学创建景观和区域规划课程。他独特的课程体系深刻地影响了整个景观学科，并且也已彻底地被景观学的学科文化所吸收。尽管在当时还很难去恰当地评价这一重要性。但他在人居环境规划中全面运用生态过程和自然系统知识方面的巨大学科创举，可谓意义非凡。他还是一个伟大的普及者和极富

图3 格里芬的堪培拉城市设计获奖方案，展示了与景观系统的紧密结合

辩论才能的演讲者。他的《设计结合自然》一书，保留着他在改变我们关于人类居住环境的思考方面的最突出的贡献。

在20世纪60年代，当哈佛大学开始建立城市设计职业教育之时，当时就任景观学系主任的佐佐木英夫（Hideo Sasaki），就建议将其纳入景观学教育计划。尽管这一建议并未普及推广，但却体现了佐佐木在景观设计方面的宽广眼界，也表明了他认为景观学势必会在塑造城市的工作中发挥巨大作用的观点。[6] 但这一挑战并没有在后来得到进一步发扬，与建筑学相比，景观学科在与城市化发展有关的领域中总是居于从属地位。从那个时代起，景观设计师大体上也都接受了这种现实，无论是在实践上，还是在学术上。这导致的结果就是，景观学在关于城市化的争论中逐步退至更为边缘或外围的角色。该学科的主流更为关注单个场地尺度的设计、保护规划和视觉方面的问题，以及清除发展带来的种种不良影响等等。尽管关于整合生态学和设计学的各种呼吁层出不穷，但对真正需要这种融合的城市问题却几乎没有任何具有说服力的解决方案。

导致这种状况的原因是多方面的。其中之一，就是从20世纪60年代到80年代的20多年间，景观学科才逐步羽翼丰满，学科体系逐步发展齐全。它不仅在多个尺度上得到发展，在空间范围上也得到极大拓展。许多居于领导地位的实践者专心致力于理论结构的构建，以支持学科和职业的扩展，并且逐步健全组织

机构，发展各类设计方法，并且在复杂程度越来越大、尺度越来越综合的各类项目中探索实施途径。然而更重要的是，两个相互关联却也强大有力的范例却在不断影响和改变着景观学的知识轨迹。其一，就是一种将人类活动与自然界截然分开的观点，其二，就是环境与设计在景观学科内部的分裂。

认为世界是"人与自然的对立"的观点，深受美国先验论者（American transcendentalist）思想的影响，这导致了一种认为自然本质上就是好的，而城市与发展本质上就是坏的的看法。这些看法在 19世纪具有举足轻重的意义，也使得人工景观对 20 世纪的景观设计产生了巨大影响。而这种思考在第二次世界大战之后对现代主义的环境主义批判中还进一步走到台前。其根源是雷切尔·卡森（Rachel Carson）的《寂静的春天》和麦克哈格的

图 4　俄勒冈州波特兰的伊拉·凯勒水景广场（Halprin's Ira Keller Fountain）

《设计结合自然》等著作的推动，从而使一些生态学和科学的术语第一次得到重视。

尤其是麦克哈格的景观学教学和实践，极大地影响了该学科的发展。他的福音主义（evangelical）的风格，反映了一种对世界及景观学专业的激进看法。他坚持将可持续的、令人精神再生的乡村与丑恶、肮脏、粗鲁的工业化城市划清界限。在《设计结合自然》一书中，麦克哈格描述了正在蔓延的郊区、失控的高速公路和车流、污染、丑陋的商业环境、缺乏灵魂的办公楼以及工业化农业的梦魇等等。他的方法被认为具有一种"绝对可靠性"，由此可以产生一个目标和多种答案，并且他还坚称这种方法是规划和发展的唯一道德途径，由此使景观学专业被分裂。但麦克哈格的方法论未能解释设计在规划过程中的意义，并且他对科学的歌颂贬低了艺术和文化表达的价值。追随麦克哈格的大多数工作都有强烈的反城市和反设计倾向。最严重的情况，这一倾向的潜台词是，如果过程是正确的，那么设计的结果也必然是正确的。隐含在这种看法中的是对设计、对规划和设计的关系，以及对设计过程的复杂性的深深误解。

与上述观点不同，在景观学科内仍有不少对景观设计艺术的执著探索。这一

图 5 哈格里夫斯事务所设计的澳大利亚悉尼奥林匹克公园的北部水体景观

阵线的工作坚持从愉悦人的感受，满足人的活动等出发，关注空间的创造，并且注重创新性的设计过程、形式化方案的内涵、实施的技术与职业问题等的新发展和新技术。在劳伦斯·哈普林（Lawrence Halprin）、丹·克雷（Dan Kiley），和近期的劳瑞·欧林（Laurie Olin）和彼德·沃克（Peter Walker）等人的作品中，都可以看到上述考虑。后现代主义的影响，使得对社会和文化问题的考虑更加深入人心，并且历史的重要性被重新提起。19世纪80和90年代，已经十分重视对环境和土地艺术的探索。由此，自然现象和过程在设计中日益受到关注，如哈格里夫斯事务所（Hargreaves Associate）或迈克尔·范·瓦肯伯格事务所（Michael Van Valkenburgh Associates）事务所的一系列工作。而在过去，这种偏向于设计和艺术的工作，对生态可持续性的考虑是微乎其微的。

这两派思想试图以尺度来划分自己的领地：生态和环境规划主要针对区域尺度，侧重设计的项目主要针对单独场地的尺度。这样的后果，使得规划、生态学、可持续发展、科学和保护成为一派，而艺术、设计和开发成为另一派。这种学科分裂状况，以及其所导致的学术阵营的形成，直接导致了景观学在城市化研究以及结合生态学和设计上的无能为力。

然而，仍然有一些重要的工作力图把生态系统方法与城市化发展相结合。1984年出版了两本著作，在这方面作出了贡献：迈克尔·霍夫（Michael Hough）的《城市形态与自然过程》，与安妮·斯波（Anne Spirn）的《花岗岩花园》

（Granite Garden）。这两本书都努力将生态学和自然过程的知识应用于更为复杂的城市过程和城市感知领域，并由此发展建立了相应的理论和方法。如霍夫就生态学理念在城市设计的应用方面提出了一些策略。[7] 这种与城市问题的密切联系，尽管是受到了环境纲领的推动，但也极大地促进了将人文和自然过程联系在一起的系统思考。

模糊学科界限，创造多样性景观

一些理念的转变其实标志了景观都市主义的形成与发展。尽管认识到这一点具有重要意义，但还需要从霍夫和斯波等生态规划师以及肯尼思·弗兰姆普敦、彼德·罗和雷姆·库哈斯等建筑理论家的作品中汲取养料和获得支持。学科的分裂使我们难以认识到当前城市化发展格局的复杂性，因此学术割据的状况对于如何处理当前城市发展的窘境只能是功利主义的。相比较而言，景观都市主义思想更为吸引人的一点是它实际上横跨了多个学科的边界。

学术边界的问题，实际上也和人与自然分离的问题相关。在探讨城市景观时，常会因将景观（landscape）等同于自然（nature or naturalness）而导致概念混淆——这种混淆，是因为忽视了城市景观就是我们所栖居的、也是由我们所建造的环境这一现实。但景观学专业常常接受这种"自然式景观"（nature - landscape），并认为其总是好的、美的。这种未加思考的盲目认同，常常脱离了对解决方案更具针对性的探索，而倾向于设计人工景观，因此使得景观学专业饱受诟病。譬如在每一个城市或郊区，我们随处可见千篇一律的、平庸的自然牧场式（naturalistic pastoral landscape）景观设计。然而，自从 19 世纪 80 年代起，一种对非自然式景观（unnaturalness）的关注和研究开始兴起。这主要受到了荷兰设计师和评论家的作品及观点影响，他们带有很强的人工建造景观的传统。[8] 当前，关于自然景观和人工景观的差异的讨论，就少得多了。

与此同时，城市生态学研究以及对城市景观中的动植物群落特征的调查都取得了长足发展。这些尽管归于自然学科研究领域，但其对象却深受人类和城市发展的影响。由此，也推动了一些新的设计原则的产生。这些原则的出发点就是认识到了城市景观受干扰和多样化的特性，以及景观设计可以在与自然过程的合作和创造新的多样性生态系统中更加有用。很明显，这不再是建造一种原始自然环境的模仿品，而是在城市环境中创造一种基于生态功能的系统，不仅能够容纳人类活动，同时也可以顺应自然过程。上述因素集合在一起则十分复杂，需要对社会、政治、经济因素以及城市生物多样性和水资源管理等问题进行整合考虑。

如果想进一步使上述思想获得更为主流的认可，就必须形成一种可以成功运行的范式。建筑评论家巴特·鲁茨玛（Bart Lootsma）曾指出，"仅仅停留在设计过程还不够：还需要为项目的实施以及解决那些不尽人意和不可持续的开发结果的不足而付出努力。"[9] 景观都市主义思想对于项目实施方面的抵触，其出发点是拒绝简单的沟通。项目的动态性和系统性特征，与传统城市景观设计的单一目标或条理清晰的形态策略相比，更难掌控。而上述系统随时间而成长变化的特征，使其能够与自然过程合作，其项目形态方面的结果因为也取决于过程，所以很难预测。因此，这种方式往往难于被公共部门及其他客户所接受。

重新发现基础设施景观

景观都市主义探索的内容之一，就是把基础设施作为最重要的公共景观来看待。我们注意到，在 20 世纪，为了实现更高的技术效率，基础设施越来越标准化。但这些无处不在的城市环境元素仅是从技术标准出发来考虑和评估的，不知何故，其在社会、美学和生态方面的功能被抛弃了。正如景观设计师凯西·普尔（Kathy Poole）论及公共基础设施时所指出的："经历了大约 150 年的工业化发展，我们已经相信，效率作为一项政治原则，已经超越了解决问题本身的需要，并且标准化也已成为了民主化的最终表达"。[10]

这种对基础设施空间（infrastructural spaces）的再认识，实际上承认了并非仅仅特权空间（privileged spaces）（如更具传统意义的公园和广场）是有价值的，各类空间其实都是宝贵的，因为它们是在以一种富有特定意义的方式来满足人类的居住。这就需要对基础设施的单一功能性进行反思。实际上，基础设施使城市从灾害或毁坏的打击中得以恢复，本身就是对其作为人居城市的重要支撑结构这一作用的认可。因此，设计师需要熟悉并重视基础设施景观：如日常的停车设施、高架路下的消极空间、复杂的交通转换枢纽以及废弃景观等。对此，景观都市主义建议通过将生态过程、基础设施的运行以及社区的社会文化需求相结合，从而实现上述目标。这种与生态过程在功能上的结合，是与纯粹的自然现象和过程不同的。后者曾在 20 世纪 90 年代对当时的景观设计产生过巨大影响。而前一种策略其实是试图将不可回避的人类影响作为城市景观营造和生成的必要组成部分。

自然系统与城市公共基础设施之间的此种关系能给我们以启发——通过建立与生态系统相联系的景观基础设施网络（network of landscape infrastructure），可以寻找到一条新的开发城市的途径。其出发点是认为城市中最持久的元素常常与一些根本性的景观结构有关——如地质地形、河流及港口以及气候等等。这并不

图6 悉尼的维多利亚公园，步道和公园是水资源管理系统的一部分

是对全球化的现实或技术主义发展的影响的抵制，而是充分认识到场所的重要性，以及场所与自然系统的联系。

上述途径表明，应在地形和水文环境的潜在结构与城市形态结构要素之间建立起一种关系。例如利用集水区（catchments）作为物质空间规划及制定管制政策的基础。所以，我们可以发现，在为满足社会需要而建立开放空间网络的需求，以及为城市水资源管理而建立的新的开放系统规划方法之间，存在着明显的匹配关系。

在城市尺度上，我们还可以看到一些此类情况的历史实例。极端的地形状况会控制城市的发展形态，例如里约热内卢或悉尼，在其濒临港口和海滨的区域，陡坡往往成为阻止城市开发和植被保护的天然屏障。而在巴西库里蒂巴市（Curritiba），20世纪90年代制定的一些新规划项目对城市开放空间系统进行了重构，使之形成一个公园网络，能够控制洪水，收集并处理城市径流。在邻里和场地尺度，我们也开始意识到应用这种设计策略的必要性：可以利用公共空间和交通设施构成的网络来发挥排水系统及水处理设施的作用。在悉尼的维多利亚公园（Victoria Park），道路系统的设计与生态湿地相结合，生态湿地一方面发挥了雨水收集的作用，对暴雨径流进行处理，同时也成为道路的绿化种植景观。同时，邻里公园也可以发挥雨水收集、含蓄的作用，并且在雨水被一系列具有雕塑风格的水景系统循环再利用之前，流经大片的湿地区域而得到处理（图6）。将公共空间与水管理系统相结合的类似的方法，也可以在德国戴水道事务所（Atelier Dreiseitl）设计的柏林波茨坦广场项目，或者奥斯汀格设计的司考恩豪斯公园（Scharnhauser Park）中看到。[11]

还有更多的传统开放空间网络，可以为渠化的城市河流"回归自然"（re-naturalizing）或"重见天日"（day-lighting），以及改造为多功能的系统提供机遇。在这一改造过程中，自然河流的生态过程得到了尊重和利用，如洪泛管理、暴雨径流处理、提供游憩机会、提高生物多样性等等。由司考弗·巴斯理（Schaffer Barnsley）提出的悉尼西部的牧场溪流（Clear Paddock Creek）水景恢复

图7　司麦茨和索拉－莫拉雷斯设计的比利时鲁汶火车站

设计方案，就属此列。而哈格里夫斯事务所为加利福尼亚州圣何塞设计的瓜德鲁佩河公园（Guadalupe River Park），通过城市洪泛管理形成了一种风格独特的河流廊道和游憩景观。[12]

运动的景观

目前我们所面临的最大挑战之一就是如何来设计那些最平凡和最世俗的景观，而它们常常是一些交通设施——如停车场、道路和高速公路。汽车的重要性必须被慎重待之，而不是满怀对前汽车时代的城市生活状态的一种怀旧式渴望，却忽略了汽车存在的必然性，或者盲目地以一种浪漫主义联想来对汽车时代顶礼膜拜。现在是应该对这些在以往的设计界备受冷落的景观大加关注的时候了。它们曾经作为城市中疏于管理的一类阴暗面出现。在人们为解决小汽车、公共交通以及人之间的冲突而提出的对策中，都包含有将机动交通逐出地面，赶入地下的方式，人们只能对地下的昏暗光线以及有毒空气无可奈何。在城市密度最高的区域，这种设施与交通分离也许是唯一解决途径，其任务是重新定义此类空间的性质，一如马塞尔·司麦茨和曼纽尔·德·索拉（Marcel Smets and Manuel de Sola－Morale）设计的比利时鲁汶车站项目（Leuven Station）（图7），或者贝尔·布兰卡特（Béal et Blanckaert）设计的法国北部省鲁贝市汽车停车场（Roubaix Nord）。[13]然而，在其他的一些情况下，要在实现私人交通的便利性与我们期望居住的理想场所之间取得一种调和，这已经不难实现了。

道路因其与周边环境关系的差异，过去已被区分为多种类型。这是由其专门化程度决定的。专门化程度最高的高速公路几乎与其环境没有任何关系，仅仅作为汽车通行的通道。它们是被密封起来的交通运输机器，其位置和形式完全是由工程技术要求决定的，因此断面几乎没有任何变化。较老的形式，如林荫道和街道，都允许多容量的交通方式并行，但同时也与周边的城市肌理有紧密的联系，因此可以发挥更为多样化的城市功能。

对城市道路设计的调查，需要了解其在不同尺度上的运行方式。道路的平面和纵剖面与驾驶员及其在道路上的驾驶经验有关，而道路的横剖面则与道路所处的周边景观有关。由此，我们可以研究在穿越道路空间时视觉和肌肉运动知觉的关系，并且探索如何将这些结论运用于道路设计当中。因此，设计师不能仅从驾驶员的角度来看道路，还应从道路所经过的景观的角度来看待道路，这在近年来已日益得到重视，同时也反映了道路作为城市肌理的组成要素以及作为城市整体的一部分的意义。

基础设施为我们的城市创造着越来越多的公共空间，而交通基础设施在这个快速发展的社会中尤其重要。无论是小轿车、自行车，还是人，正是道路这一关键要素将其联系起来，同时也构成了城市和郊区生活的基础。就像其他基础设施一样，道路也必须发挥多种功能：必须履行作为公共空间的职能，必须与其他城市公共交通系统、步行系统、水资源管理、经济开发、公共服务设施以及生态系统等相联系。这些需求会推动新的设计策略的提出。

作为最专门化的道路系统，高速公路却正被设计得能够发挥更为复杂的功能，从而有可能融入他途经的城市景观。在澳大利亚墨本的丹顿·考克·马歇尔门户区（Denton Corker Marshall's Gateway）项目中，就强化了驾驶员进入城市的感受，从而改善了高速公路与城市的关系，使之成为城市肌理中的一个功能组成部分。同样在墨尔本，由澳大利亚大地规划设计事务所和伍德·玛什（Tract Consultants and Wood Marsh）完成的东高速路延伸段的设计（the extension part of the Eastern Freeway），就与开放空间的营造、城市防洪管理以及自然保护等策略一同考虑。路边景观的设计通过精心选用隔墙和种植材料，也与这里的地方性取得呼应。连接悉尼西部蓝山国家公园（Blue Mountains）的雷拉镇（Leura）和卡通巴（Katoomba）的西部大通道（Great Western Highway）的新设计，是由斯派曼·莫索普设计事务所（Spackman and Mossop）完成的。该设计通过采用地道以及高架车道，对交通进行垂直分层，使其对崎岖不平的独特地形的影响减至最小，从而很好地呼应了地段特性。该设计还保留了高速路与途经城镇之间的历史格局的关系。法国南特尔（Nanterre）的 A14 号高架桥是由戴克和考奈特（Deqc and Cornet）设计的，其方案利用高架桥下的空间，增建了高速路运营中心（Motorway Operations Center），展示了一种更直截了当的使空间功能多样化的建筑学解决途径。[14]

特别值得关注的是，巴塞罗那市已制定了相关战略，以使城市高速公路更趋于人性化。就此已完成了多个工程项目来具体实施这些战略，其核心意图是处理好主干道和周边城市环境之间的各种关系：从曼纽尔·德索拉—莫拉雷斯（Manuel de Sola-Morales）设计的为1990年奥运会再开发项目配套建设的福斯塔广场（Moll de la Fusta），到立交公园（Parc Trinitat）试图用高速公路匝道环路间的空地作游憩场所之用（Batlley Roig，1990~1993年），再到由约第·海因里克和奥尔加·塔拉索（Jordi Heinrich and Olga Tarrasó，1995~2003年）为伦布朗大街项目（Rambla de la Ronda del Mig）制定的分层多功能开发策略。

在交通密度较低的情况下，道路作为人车共享的空间的目标是可以实现的。在荷兰，居住区街道就被设计为公共空间，不仅满足各种各样的交通，还用于游戏、社交和绿化。这种方式，随着被称之为"慢行社区"（wonerfs）的许多住区在全国的建成，已经越来越多地出现在20世纪的荷兰城市开发中。跨过大西洋，在瓦尔特·胡德（Walter Hood）于20世纪90年代末期为佐治亚州梅肯市设计的白杨大街（Poplar Street，Macon，Georgia）项目中，公共空间被重新从交通空间中寻回，从而创造出一种大方、优雅的城市中心休闲漫游区，大量的新功能在这里复兴，街道恢复了生机和活力。交通空间的非比寻常，就在于它的机动灵活，以及可以通过设计来同时满足驾驶者和步行者的需要。就此目标而言，在设计停车场时，可以将之看作面向中央庭院区域开放的阴影区，既供人停留，也供车停泊。因此，停车场的设计，既应从城市宜人性的角度出发，也应充分认识到它们是城市体验中的重要角色。[15]

也许，最具挑战性也最容易被忽略的城市景观类型就是停车场了。在市中心，我们可以看到许多为容纳更多小汽车而设计的独具匠心的多层构筑物，[16]但在郊区，地面停车却是普遍存在的，只有个别案例体现出非标准的可能性。景观设计师彼德·沃克（Peter Walker）探索在道路和停车场等基础设施的设计中，形成一种无缝连接的人工景观的延伸带。他采用非标准化的铺装和建筑化的种植来塑造类似花房的空间，在其中人和车的需求得以平衡。在位于得克萨斯州索拉纳（Solana）的美国国际商用机器公司总部（IBM），建筑式的广泛种植十分受青睐，技艺高超的园林规划以及精心的材质使用，使得道路和停车场完全融入了周围景观之中，并成为引人入胜的精彩部分。停泊的小汽车掩映在树冠下，使这里就像一个绿色的大厅，交通和停车空间都成为了生机勃勃的公共空间。布洛·凯菲尔（Büro Keifer）设计的柏林弗莱明大街（Flámingstrasse）住宅项目，也采用了非标准的铺装材料来改变停车空间的使用功能和感受。其中，地表图案设计得十分醒目，以引导汽车的有序进出和停泊，同时也是为了在无车时吸引球类游戏和孩童的嬉戏。[17]而一种更为大胆的途径是，停车场被处理成果园或森林。如米歇尔·德维涅（Michel Desvigne）和克里斯廷·道尔诺基（Christine Dalnoky）为巴黎郊外的汤普森工厂所作的设计。在这个分期实施的项目里，生态沼泽（swales）被用来收集雨水，为周边的植被带提供灌溉之用，并且创造出一种绿树满园的空间印象。随着时间流逝，周边的矮小植被带逐渐长成了参天大树，整个停车场也变得郁郁葱葱了。[18]

上述项目，展现了一种自伊恩·麦克哈格时代以来将生态学和设计之间的裂缝弥合、并建立起持久稳固的联系的潜力。我们可以看到，在人类设计的景观中，一种新的混合系统正在形成，一方面利用自然过程，另一方面强化该系统的可持续性，而不需要虚假的画意景观（picturesque landscape）的遮掩。我们甚至还可以重新审视最具挑战意义的基础设施景观的可能性。由此，一种对待基础设施的新态度已远远超越了技术层面的考虑，将生态环境的可持续性、与场所和环境的联系以及文化关联等等问题都纳入进来。

如果我们把景观作为一种基础设施，它为其他城市系统提供了衬底，而非把景观等同于自然或生态环境，那么我们就可以有更具可操作性的概念框架来设计城市系统。该框架十分灵活，城市系统在其中不再以一种核心／边缘模式来发挥作用，而是以一种基质的模式出现。这种景观基础设施框架，应该作为最持久的城市发展支撑体系，保护自然系统和区域文化的活力。

注释

1. See James Corner's essay, "Terra Fluxus" in this collection; Corner, ed., *Recovering Landscape: Essays in Contemporary Landscape Architecture* (New York: Princeton Architectural Press, 1999); Stan Allen, "Infrastructural Urbanism" and "Field Conditions," *Points and Lines: Diagrams and Projects for the City* (New York: Princeton Architectural Press, 1999); Richard Marshall, "Size Matters," in Rodolphe El-Khoury and Edward Robbins, eds., *Shaping the City: Studies in Urban Design, History and Theory* (London: Routledge, 2003); and Rem Koolhaas, "Urban Operations," *D: Columbia Documents of Architecture and Theory* vol. 3 (1993): 25–57.

2. See Peter G. Rowe, *Making a Middle Landscape* (Cambridge, Mass.: MIT Press, 1991); and Charles Waldheim, "Landscape Urbanism: A Genealogy," *Praxis* no. 4 (2002): 10–17.

3. Competition entries for Downsview Park are described and analyzed in Julia Czerniak, ed., *CASE: Downsview Park Toronto* (Munich: Prestel and Harvard Design School, 2001); and the Fresh Kills competition is available at http://www.nyc.gov/html/dcp/html/fkl/ada/competition/2_3.html.

4. See Peter Harrison, *Walter Burley Griffin, Landscape Architect*, ed. Robert Freestone (Canberra: National Library of Australia, 1995); Richard Clough, "Landscape of Canberra: A Review," *Landscape Australia* 4, no. 3 (1982): 196–201; Malcolm Latham, "The City in the Park," *Landscape Australia* 4, no. 3 (1982): 243–45; and Jeff Turnbull and Peter Y. Navaretti, eds., *The Complete Works and Projects of Walter Burley Griffin and Marion Mahony Griffin* (Melbourne: Melbourne University Press, 1998).

5. See Patrick Geddes, *Cities in Evolution* (London: Williams & Norgate, 1949); Aldo Leopold, *A Sand County Almanac: and Sketches Here and There*, illus. Charles W. Schwartz (New York: Oxford University Press, 1949); Lewis Mumford, *City Development: Studies in Disintegration and Renewal* (New York: Harcourt, Brace and Company, 1945); and Mumford, "The City, Design for Living," in *Wisdom* 1, no. 11 (Nov. 1956): 14–22.

6. Richard Marshall, speaking at the Symposium "Josep Luis Sert: The Architect of Urban Design," Harvard Design School, Cambridge, Mass., October 25, 2003.

7. Anne Spirn, *The Granite Garden* (New York: Basic Books, 1984); and Michael Hough, *City Form and Natural Process* (London: Routledge, 1984), and *Cities and Natural Process* (New York and London: Routledge, 1995).

8. This idea is discussed in Andreu Arriola, et al., *Modern Park Design: Recent Trends* (Amsterdam: Thoth, 1993), and also by a number of Dutch theorists and practitioners such as Adriaan Geuze of West 8, Hans Ibelings, and Bart Lootsma. See Ibelings, *The Artificial Landscape: Contemporary Architecture, Urbanism, and Landscape Architecture in the Netherlands* (Rotterdam: NAi Publishers, 2000), and Lootsma, *SuperDutch: New Architecture in the Netherlands* (New York: Princeton Architectural Press, 2000).

9. Bart Lootsma, "Biomorphic Intelligence and Landscape Urbanism," *Topos* 39 (Munich, June 2002): 11.

10. Kathy Poole, "Civitas Oecologie: Civic Infrastructure in the Ecological City," in Theresa Genovese, Linda Eastley, and Deanna Snyder, eds., *Harvard Architecture Review* (New York: Princeton Architectural Press, 1998): 131.

11. Victoria Park can been seen at http://www.Hassell.com.au, and the Atelier Dreiseitl projects at http://www.dreiseitl.de, and in Herbert Dreiseitl, Dieter Grau, and Karl H. C Ludwig, *Waterscapes; Planning Building and Designing with Water*, (Berlin: Birkhäuser, 2001).

12. Restoring the Waters is discussed in Landscape Australia, "Australian Institute of Landscape Architects National Awards 1998," *Landscape Australia* 21, no. 1 (1999): supp. folio between 66, 67. Guadalupe River Park is discussed in Jane Gillette, "A River Runs Through It" *Landscape Architecture Magazine* 88, no. 4 (April 1998): 74–81, 92–93, 95–99. See also Julia Czerniak, "Looking Back at Landscape Urbanism: Speculations on Site," in this collection.

13. See Marcel Smets, *Melding Town and Track: The Railway Area Project at Leuven* (Ghent: Ludion Press, 2002); and Francis Rambert, *Architecture on the Move, Cities and Mobility* (Barcelona: Actar, 2003): 133–34.

14. Rambert, *Architecture on the Move*, 57–60.

15. See Raymond W. Gastil and Zoe Ryan, *Open: New Designs for Public Space* (New York: Chronicle Books, 2004).

16. 大量的汽车公园的项目，展示了创新性的设计方法，其特点在展览 "运动中的建筑学，城市与机动性" （*Architecture on the Move*，*Cities and Mobilities*） 中得到清晰的展示。参见弗朗西斯·兰伯特 （Francis Rambert） （Barcelona：Actar，2003）。

17. Thies Schroder, *Changes in Scenery: Contemporary Landscape Architecture in Europe* (Basel: Birkhauser, 2001).

18. See Michel Desvigne and Christine Dalnoky, *The Return of the Landscape: Desvigne & Dalnoky* (New York: Whitney Library of Design, 1997).

城市公路：棘手的公共领域

Urban Highways and the Reluctant Public Realm

杰奎琳·塔坦/Jacqueline Tatom

图 1　塞巴斯托普林荫道（Sébastopol）的鸟瞰，处于圣丹尼斯大街（Rue St. Denis）和圣马丁大街（Rue St. Martin）之间，巴黎，1971 年

景观都市主义的目标是整合景观设计、市政工程和建筑学等学科的知识来设计城市公共空间，因此城市公路便自然进入其视野范围。在 20 世纪下半叶，限制出入的分车道城市公路的实现，指向了景观都市主义在这一领域的雄心。显然，景观都市主义致力于将城市景观放在整个都市区域的尺度以及当下的政治、经济约束中来考虑，并且把环境和基础设施系统当作首要的规范秩序要素来对待。城市公路就是一类显而易见的公共空间，在大都市范围内以其交织成网的形态和庞大的规模四处伸展。它们既是工程结构要素，也是大地艺术作品，在建筑与景观之间占据着显著的位置。它们往往被看做抽象的工程技术产品，但也必须适应当地的地形、水文环境条件——这还没包括对其实现至关重要的地方政治环境。最终，它们还作为人类文化的成果，在广义的公共产品概念基础上，通过将公共资源集中起来，使其作为公共空间创造者的地位名正言顺。

今天，以混凝土和沥青铺就的城市公路设计体现了一种令人不悦的状态。这部分是由于城市公路设计单单交由国家相关部门和市政工程师来负责所致，而这与作为公共空间的广场与街道的设计广受欢迎的局面大相径庭，后者往往也是规划师和设计师所喜悦的领域。而除了从实用主义角度出发，前者在公众关于什么是"优美"城市的话题中几乎不会出现。当公众和媒体都在为乡村或荒野公路的浪漫主义风格赞赏不已的时候，城市公路却遭到了苛刻的对待。因为尺度的巨大和美感的单一，它们往往使沿途社区的空间和社会肌理趋于瓦解。因此，以公众和设计专业人士的眼光来看城市公路的复兴问题，以及这一问题在景观都市主义关注的话题中的地位，都需要设计师和工程师改变其设计的参照系，从工程性走向宜人性，从基础设施走向城市生活。建造城市公路以提供有效的交通出行，也许可以认为是一个城市设计的机遇，而非只是一种规划的义务。由此而言，城市公路的设计需要进行理论总结，并且还要置于设计专业实践的历史脉络中进行研究。

对正统的城市道路系统设计的历史予以回顾，是反思那些习见思路的第一步。城市交通运输系统并非总受到错误的压力及设计思想的影响，也并不总是以功利主义为出发点。实际上，有效的货运和客运交通系统是现代生活与现代城市的核心功能。在近两百年的城市规划理论中，交通运输系统已经奠定了其核心地位。林荫大道、公园道及公路系统已经成为了城市肌理中最清晰的结构要素。对现代城市的建设和改造而言，它们已经成为众多规划中不可或缺的部分。早在19世纪中叶，奥斯曼男爵（Baron Haussman）首次对整个巴黎大都市尺度的交通运输功能进行了梳理，并且充分肯定了交通运输系统为现代化巴黎的形成所提供的机遇。[1] 林荫大道系统就是城市更新中的核心要素，其他还包括供水系统、污水处理系统、公园和住宅以及文化和管理服务设施。弗雷德里克·劳·奥姆斯特德（Frederick Law Olmsted）为波士顿规划的蓝宝石项链，以及他在沼泽小径（Fenway）和牙买加小径（Jamaicaway）的实践，都成为与奥斯曼的巴黎改造具有异曲同工效果的美国实例。对奥姆斯特德而言，19世纪城市的"循环和呼吸系统"（circulation and respiration），就是靠公园、公园道、住宅以及游憩地来实现的。这些都是与大规模的基础设施工程协同发生作用的，譬如垃圾处理和暴雨管理以及自然生态系统的维护和管理等等。这些项目非常不平凡，因为它们体现了一种现代化的城市规划思想，其中高效的交通运输系统不再是城市中的独立系统，而是对整个城市进行梳理和界定的手段，由此提供了每日生活所必需的居住、公共空间以及现代卫生系统。[2]

20世纪早期，汽车开始大行其道，这刺激了许多迫切需求高速运输系统的城市大力推动此类项目的实现。对此，勒·柯布西埃设计的光明城市（Ville Radieuse）和盖迪斯（Norman Bel Geddes）构想的魔力高速公路（Magic Motorways），以及弗兰克·劳埃德·赖特提出的广亩城市（Broadacre City）和路德维希·希尔伯塞姆（Ludwig Hilberseimer）设计的新区域模式（New Regional Pattern），都开始进行思考。[3] 然而，这些构想都需要一片空白区域或一个绿色基底来施展。相较而言，这一时期纽约市建立的限定出入的公园道系统，包括罗伯特·摩西（Robert Moses）的作品，都是非常卓越的，因为它们都是在现有城市的基础上实施的。例如亨利·哈得孙公园道（Henry Hudson Parkway）就充分利用了场地上的特殊条件，将居住开发、游憩设施、公园以及纪念物等等整合在一起，并且也容纳了高速运输、地方交通及公共运输系统。

20世纪下半叶，克里斯托弗·图纳德（Christopher Tunnard）于1963年出版了著作《人造美国：混乱还是有序？》（Man – made America：Chaos or Control？），书中深入地讨论了现代公路设计在技术、形象以及空间方面面临的挑战。而道路设计在推动现状城市的持续城市化发展方面的潜力，也因该书的理论研究而得以印证。另外，劳伦斯·哈普林（Lawrence Halprin）1966年完成的《高速公路》（Freeway）是为联邦高速公路局编写的。然而本书确是唯一一本认为城市公路设计与城市规划设计是两回事的著作。哈普林用图纸表现了美国城市中形式多样的高速公路断面，并进而回溯了道路的历史发展进程。这实际是一次对城市道路在形式和功能上的历史演变的理论总结，从林荫道到公园道，再到限制出入的公路（limited access highway），再到段式限制出入的分车道公路（limited access divided highway）。他梳理了这一连续的历史过程，印证了有效的交通运输系统在现代社会中的重要性，并且满怀热情地强调道路系统应发挥其作为当地城市公共空间的作用。[4]

然而，在上两部著作出版之后，工程和设计领域对道路规划的热情开始降温了。第二次世界大战之后，城市公路建设工程往往都规模宏大，这使得设计关注的问题开始从城市生活向交通管理转变。[5]在大部分北美地区，交通部（Department of Transportation，DOTs）或与之配套的机构都已经形成了专业化的强权和自治职能（hegemony and autonomy），而这很大程度上是借助通过立法途径建立起的联邦公路基金来实现的。无论在联邦还是在州的层面，各个项目都是在政治和经济雄心的驱动下展开的，很少会应地方规划或市民的需求而提出。基于安全和高效原则而制定的法规，开始演变成为僵化的官僚管理体制，这进一步使承担公路设计职责的工程师们与规划师、设计师及公众缺乏交流并变得疏远。作为结果，今天公路系统的功能，是在交通规划师和设计师、规划师之间，以及交通管理部门和公众之间的一种尴尬、冷淡关系的产物。政治家们则根据竞选时间表在上述各方之间摇摆不定。而今天公路系统的形态，则是一种愈加普遍但内涵却愈发狭隘的城市公路网络理念的结果。它们将邻里社区劈开，使之沦为社会边缘地带，并且公路系统自身的空间体量仍在膨胀，来满足日益增加的汽车交通需求。更有甚者，它们制造了一种越来越令人沮丧的感受，侵扰着我们每天的生活。[6]

来自设计领域及媒体的批评者，都将小汽车以及公路系统妖魔化了，将之视为制造了城市梦魇和生态灾难的首要凶手。反对蔓延式发展，呼吁明智的增长（smart growth），倡导公交导向的开发模式（transit-oriented development，TOD），以及设计步行友好的公共空间，都使我们的注意力从设计公路本身移开了，取而代之的是诸如街道网格以及林荫道等传统城市形态塑造手法。阿兰·雅各布斯（Allan Jacobs）在其著作《伟大的街道》（*Great Street*）一书中，点燃了对丧失了的城市文化（urbanity）的热情。当下对城市文化的探讨已深入人心，传统的城市形态被认为是解决当前城市对交通和公共空间的需求的范式。在雅各布斯的新近著作《林荫大道手册》（*The Boulevard Book*）中，多幅林荫道设计的照片被作为代替当前城市道路系统的方案。该书以其全面的回顾及论述，系统地反击了市政工程师和高速公路设计师们反对林荫道的观点。[7]该书并非在展示一种怀旧式的倾向，而是开始恢复由哈普林建立起来的交通系统设计的理论框架。书中指出林荫道和公园道并非是一种供复制的模式，而是战后限制出入分车道公路的先驱。对于哈普林而言，对这些新的公路系统的设计，与创造一种具有活力的城市当代文化是密不可分的，并且作为先驱，它们为我们提供了难得的设计革新的范例。

巴塞罗那环路系统（Cinturón，Barcelona）是一项新近的城市公路建设典范。该项目展示了重拾从哈普林那里遗失的历史语汇的可能性，以及恢复将城市道路系统作为公共空间这一概念理论的脉络。该项目是一个环路系统规划，围绕着瑟达（Cerda）的 19 世纪形成的城区进行布局。该项目由 20 世纪 80 年代弗朗西斯克·弗朗哥（Francisco Franco）去世之后选举上台的社会党管理当局提出。该项目通过分流穿越中心城市的车流，意在消除对小汽车交通的崇拜。从项目开始阶段，市政管理部门就建立了强有力的城市项目管理办公室（Office of Urban Project，IMPUSA），来执行巴塞罗那的现代化计划。政治家、规划师和设计师都视该项目为完善城市的一个机遇。[8] 它被作为一项整体战略规划的一部分，其他还包括公园、文化设施和住宅，以及为 1992 年奥运会兴建的游憩和运动设施。该项目对城市文化的关注，使之不同于今天的大多数公路建设项目，其设计为如何利用城市公路来强化城市体验提供了优秀的借鉴。

对于巴黎林荫大道、波士顿公园道、纽约亨利哈得孙公园道以及巴塞罗那环路等项目的批判性反思，能够为城市公路设计提供一系列可能性，并且充分证实了这一话题的热度，也以自身为例说明了这一主题与近来的景观都市主义研究之间的关联性。当然，前两个项目都不是当代意义上的公路，因为它们并不具备有限的出入口，并且只是部分地划分了车道。但仍然对本文的探讨十分重要，因为它们代表着早期试图通过专门化的设计来对高速度穿越城市的交通予以引导和控制的努力。

这四个案例的共同特征是，它们都被置于复杂的城市更新计划中。此类计划往往以效率和性能的现代标准为基础，具有明显的公众委托性质，致力于补救恶化的卫生条件，改善城市居民的生活质量。上述案例是从整个都市尺度考虑的，并得到了其他都市改良计划的支持，如发展有效的公共和私人交通，提升其他关键性公共设施；建设用于休闲、游憩和娱乐的公共空间和文化设施；最后还包括居住和商业功能的升级和扩大。虽然这些功能要素在几乎所有城市总体规划中已经司空见惯，但这些案例中的独特之处在于他们都是以道路工程项目为支撑的，都受到了道路红线的约束和控制。它们从程序上和形态上都构成了一种完全的都市主义理念，形成了新的多样化景观，包含着自然的和人造的系统。而且，这种理念并非遵从预定的形态对称法则（尽管其自身也是系统化实现的），取而代之的是，它来自于因地制宜的设计，无论是顺从还是改造，都是以现有的地形和土地利用条件以及房地产价值为依据的。

巴黎的林荫大道

在《巴黎散步道》（*Les Promenades de Paris*）（1867～1873 年）一书中，阿尔多·阿尔贝汉德（Aldo Alphand）记录了他担任奥斯曼的景观设计师的全部作品。在他绘制的城市总平面图中，把位于佛米尔墙（Barrières des Fermiers Generaux）、布劳涅森林（Bois de Boulogne）① 及文生尼绿地（Bois de Vincennes）郊外的社区也纳入进来。9 显然，奥斯曼的眼光早已跳出了 19 世纪中期的城市边界，从而吹响了向一个新的大都市发展的号角。此外，阿尔贝汉德还规划了新的林荫道、公园、广场和纪念性建筑组成的网络，使之就像是被刻入了城市的物质实体形象之中。林荫道的概念在这里得到了强化，如同一个自发生长的综合系统，同时也深深嵌入了城市的肌理。从战略性角度考虑，新改造不但利用了原有的纪念物和公共服务建筑、还充分考虑了地形条件以及房地产开发机遇。奥斯曼还保留了传统的经济中心，例如邻里的街道市场。这项规划展示了丰富的主题，而这是建立在对城市现状的精心研究基础上的。

这种丰富性还从林荫道的剖面图上得到体现，它不仅包括了剖面的形态，还对绿化种植、街道设施、建筑边缘以及地下市政设施等进行了描述，而这些都是同时兴建的。林荫道作为公共空间是从三维角度被感知的，既面向行人，也面向交通工具和其他实用功能，既为休闲功能服务，也为商业功能服务。排列在林荫道两旁的公寓建筑，以及为之添彩的各种纪念物，都被作为整个交通系统的一部分来考虑。其建筑风格是从对整个系统及其城市文化的体验出发来设计的，因而能够很好地嵌入历史城市的肌理当中；它们创造了形态上的一致性，从而使旧的和新的城市发展以及旧的和新的社会习俗和谐共存。例如塞巴斯托普林荫道（Sébastopol）从一片历史街区穿过，连接了新的火车东站（Gare de l'Est）和城市心脏地带，它很自然地接纳了为新生资产阶级建造的新住宅公寓街区以及为之配套的公寓商业设施。然而，圣丹尼斯大街（Rue St. Denis）和圣马丁大街（Rue St. Martin）的两侧却被完整得保存下来，包括市场、各色小店和居住单元，都已经在这两条街上排列达数百年（图 1）。

---

① 译者注：布劳涅森林绿地（Bois de Boulogne），巴黎西部的公园。位于塞纳河畔讷伊和布洛涅－比扬古之间。面积846公顷。18世纪起向公众开放。1852年划归巴黎市。内有人工湖和瀑布等。国际著名游览地。它与城东的班斯诺森林在位置分布上基本对称，如同巴黎的两片肺叶，净化着巴黎的空气。布洛涅森林相当于整个巴黎城区面积的十二分之一。早年属于皇家林苑，是国王的狩猎场。拿破仑三世的时候，在建筑师让·查尔斯·阿方的规划下，这里按照国王所喜欢的伦敦公园的风格建起了林荫道和人工湖。后来又逐步增设了动物园、游乐场、赛马场、足球场等娱乐设施。这个环境优美宜人的地方一直是巴黎人休闲健身的场所。1961年12月，由《费加罗报》发起的"费加罗越野赛"迄今已经在布洛涅森林开展了40年多年。40年来，参赛人数累计达120万，是世界上规模最大的群众性越野障碍赛。

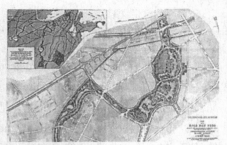

图2 想象中的圣丹尼斯大街（Rue St. Denis）、塞巴斯托普林荫道（Sébastopol）和圣马丁大街（Rue St. Martin）的剖面

图3 波士顿后海湾（Back Bay）的沼泽径（Fenway），波士顿公园部分，奥姆斯特德，1887

因此，应将林荫道业已形成的连续肌理及其丰富多样的主题保存下来，从而为形成一种流畅而多样化的城市体验提供可能。无家可归的流浪者（*flaneur*）浪荡街头，女店员们（*Vendeuse*）享受着午餐和片刻的休息，中产阶级女士们（*bourgeoise*）则驻足各色商店——这一切，使新社会风尚与传统习俗之间形成了自然而流畅的衔接，就如同从19世纪一直到前工业化时代的巴黎。而这也仍然是今日的范例，因为不同的形态得以持续支撑着不同的功能和习俗。因此，新城市形态的主题会是宽幅度的，这既体现在平面中也体现在剖面中，它们都为城市体验的社会幅度提供了支撑（图2）。[10]

波士顿的蓝宝石项链

弗兰克·劳·奥姆斯特德及其合作者查尔斯·艾略特（Charles Eliot）所规划的蓝宝石项链，也受到按计划建设城市基础设施的思想的影响，因而根源与结果也是实用主义的。"蓝宝石项链"上的第一颗"宝石"，沼泽径（Fenway），就是为管理从波士顿后海湾（Back Bay）的查尔斯河（Charles River）倒灌向穆迪河（Muddy Rivers）的潮汐并消除由此而产生的洪峰及下水道溢流而兴建的。这种从地形和水文方面实施的重新改造，使得原本垃圾满地的沼泽变成了公园和公园道，并同时满足了交通和游憩的需要。与巴黎的情况类似，通过对城市和自然要素之间的各种关系进行有机地处理，使城市系统保持空间上的内聚性（spatial cohesiveness），这既是深思熟虑的结果，也具有机会主义的色彩。蓝宝石项链的空间格局，是由场地条件决定的——包括河流和其他类型的保留地的布局，都因为属于公共所有而得到有效控制——而非按照古典主义和现代主义城市常见的理性对称方式来布局。

从规划的视角来看，蓝宝石项链既是城市中的独立因素，也是区域公园、公

图4 沿着沼泽径的鸭群，2004年

园道和保护地整体系统的一部分（图3）。就像巴黎的林荫道系统，从尺度上既对当地也对整个大都市产生影响，在功能上也同时具备独特性和综合性的特点。沼泽小径和牙买加径形成了新的城市建设前沿，它们为沿线房地产增值贡献不菲，尤其刺激了沿植有巨大乔木的林荫大道的公寓住宅和文化设施的兴建。道路的多条车道，最初是为了分隔马车和骑马者，只能视土地的可用条件而确定其宽窄，由此也决定了花园及公园中的蓄水池塘的形态。从社区花园到公共花园，再到休闲地和运动场，这些自然景观特点各异。因此，剖面图最能表达其多样而丰富的变化。而不同的用途都被妥善安排在这一人工景观中，地形抬升或下沉，使其或高于或低于地平面，或在中间或在两侧（图4）。[11]

其结果就形成了新的公益物品类型，它不仅提供了必需的基础设施，也创造了公共空间。通勤者或者城市居民都经过公园道去上班，有些人坐在公园长椅上沉思，还有些人与家人或同事在公园里玩垒球甚或迷失在举行赛会的会场人群中——所有人都在蓝宝石项链之中各得其所，各享其乐。尽管奥姆斯特德的"田园式"自然美学（bucolic nature aesthetic）与林荫道的经典形式不同，但其共同点在于，它们都是经过人工高度整修过的城市景观，其中自然和基础设施得到了和谐共融，使场所真正成为为人服务的场所。

纽约的哈得孙公园道

在区域规划协会（Regional Plan Association）于1938年为纽约及其周边区域制定的公园系统总体规划中，亨利·哈得孙公园道看起来只是由公园道、公园、林荫道以及城市道路所组成的巨大网络中的一小段。它之所以在纽约的大都市发展中被载入史册，是因为它将景观、基础设施和城市化过程紧密结合在一起。就像在巴黎和波士顿，大都市被作为一个完整的系统而定形，但其实仍保留着一种非正式的树状网络形式（a dendridic network），而这来自于对自然特征、地形以及对未开发或常处于边缘地带的土地的巧妙利用和开发。[12]

图5　亨利·哈得孙公园道的鸟瞰，北自 79 号大街，南抵乔治·华盛顿大桥以及滨河公园（Riverside Park），纽约，1953 年

　　纽约的公园道标志着道路设计开始从多车道、多用途的全开放式，向限制出入口和分隔车道的交通专用道演变。罗伯特·摩西于 1937 年完成了亨利哈得孙公园道之后，大多数公园道已经从以休闲为目的转变为以通勤为主要功能。然而，最初的威切斯特公园道（Westchester parkways）的多目标规划却是从提高通行能力，净化溪流，满足文化娱乐游憩需求，并刺激住宅开发等目标出发的。这一规划持续影响着摩西任内的一些早期规划。[13]

　　大都市的多样性在亨利·哈得孙公园道中得到了充分再现；它吸收了奥姆斯特德在滨河大道（Riverside Drive）早期规划中的思想，即创造一种由独立住宅与公寓住宅组成的居住界面，并形成包括格兰特公墓（Grant's Tomb）和回廊修道院（Cloisters）等纪念性建筑在内的公园，这些景观要素从森林密布的斜坡上高高地显露出来（图5）。摩西将公园进一步拓展，把铁路包括进来并改造为通勤交通，并且重新设计了滨水空间，以纳入一条限制出入口的分车道公路，从而将曼哈顿同北部郊区及一个公共码头联系起来。在从峭壁延伸至水滨的

图 6　沿着亨利·哈得孙公园道的散步道，纽约，1930 年代

一张剖面图上，我们可以看到变化显著的地形，使公园道、铁路、游憩区、文化设施、游戏场以及住宅之间形成了丰富的关系。小径和天桥组成的上上下下的步行系统，提高了游憩区的可达性，也同时提供了通向神话般的哈得孙河的通道以及视廊。[14]

　　驾驶者、步行者、通勤者以及社区居民，每天都会受到这一壮观景象的暗示（intimation），从而建立起作为城市居者的认同感。对宁静和速度的体验在这一景观中的并置，产生了一种无论令驾车者还是散步者都十分愉悦的情绪，这也就是城市生活的吸引力之一，一种令人心动的当代涌流（rush）（图 6）。这种体验已经在一些文献和电影中得到了认可并被赋予了诗意，也在万车奔流的景象中（umpteen car chase scene）变得通俗化（vulgarized）。而公路体验对街道生活的替代也显露无疑，但当把它放在更大的城市文化议题中考虑时，它也可以作为对广泛的城市体验的一种补充。[15]

巴塞罗那环路

　　巴塞罗那城市项目管理办公室所制定的规划（IMPUSA's plan），展示了 20 世纪 80 至 90 年代在这座欧洲最拥挤的城市中为改善生活品质而进行的努力。他们的城市规划（*Plan d'Urbanismo*）完成了相应的战略经济规划，制定了推动这座

图7 巴塞罗那环路鸟瞰，展示了下沉的道路，扩大了的转弯圆盘，以及分层式立体交叉口

城市在全球经济大潮中充当弄潮儿的政策。环路（Cinturón）是一项综合的大都市发展提案中的一部分，目的是改善公共和私人交通，以提供迫切急需的公共游憩设施。这项规划包括建设具有亲切感的邻里公园和广场，对全市主要的道路及大型公园进行重新设计，并且建设新的地铁线和城市环线。该规划还包括游憩、居住、文化和运动设施，其中许多是为1992年奥林匹克运动会兴建的。[16]

环路项目不仅完成了内城一些路网的翻修，还完善了全城的公园和广场系统。对处于边缘地带的场地来讲，这是是一次难得的发展机遇。因为沿着滨水区及提比达多山和蒙特惠克山（Tibildado and Montjuic Hills）的地形条件十分复杂，因此这些场地仍保持着未开发状态。就像巴黎的阿尔贝汉德规划（Alphand' plan）一样，公园的空间、交通系统以及城市项目都被作为具有自主性的系统，它们无论从空间角度还是文化角度，都成为了这座古城的城市肌理的一部分。

与早期一些大都市项目一样，环路在其红线之内也规划了丰富多样的功能。从多个角度来讲，这类似一种传统的多幅林荫道模式，但在自身体系内实现了多层叠加。中央的四条快车道采取下沉式，而进出车道（contre – allées 或 access road）则位于地上，使车辆以较慢的速度进入和离开，从而使道路一侧的居住和商业建筑能保持一个安全、可靠的沿街面。远离公路的遗留土地（leftover land）则被细划为更小的地块，以安排新的住宅或公共设施，从而创造了一个密集厚实的城市边界，与奥斯曼式的公寓建筑十分相像。某些位置的进出道路被悬挑于下沉部分之上，从而使道路的宽度变小，进一步降低了噪声，也促进了通风。道路的剖面十分复杂，步行天桥被设计成散步道，平台被设计成小广场和游戏场所，标志牌和灯具的设计则与连续的道路曲线保持一致。交叉口的转弯半径设计得相当宽大，形成了足够大的中央空间，放置诸如联运车站（intermodal station）、停车场、小公园以及游憩设施等功能（图7）。

项目对材质也格外重视，以使环路呈现出截然不同的形态特征。中间车道下沉，两侧种植棕榈，清晰地显示出分隔带的位置，同时降低了迎面而来的车辆的眩光。这突显了速度的影响力，并着重强调了连续的公路行驶所造成的电

图8　福斯塔广场（Moll de la Fusta）的鸟瞰

影放映般的效果（cinematographic quality）。当人们身处地面道路上时，只能看到棕榈树的顶端，这不由得增加了一丝滑稽感：对地面上的行人和驾驶员而言，这表明在地面以下还存在着一条大马路。因此，设计师认识到了可以在多个速度中体验城市：不论对于正急匆匆上班的驾车者，还是对于一个悠然自得的散步者。

　　在环路沿线，通过将交叉口按比例扩大并进行精心的设计，可以容纳公园和游憩活动，还选择一些位置设立广场和公共设施，并巧妙利用坡度变化和水平位移，可以在步行者和驾车者之间创造一些新颖的关系，从而为日复一日的平凡生活营造出一份独特的体验。福斯塔广场（Moll de la Fusta）位于一条城市道路和滨水区之间，通过对复杂剖面的精心设计，鲜明地展现了广场的多样性（图8，图9）。地方人流、公共交通、步行道以及高速路等通过综合剖面设计被有机地组织在一起。剖面将传统林荫道、位于停车场上的散步平台、采取不同铺装的下

图 9　福斯塔广场（Moll de la Fusta）的夜景，展示了地形与道路的剖面上的联系

沉快速车道以及滨水散步道等结合起来。就像在环形公路的其他地方，司机在这里决不会丧失其在城市中的场所感，他们仍然会与天空、四季保持亲密的接触，与此同时还会体验到在城市中高速驾车所带来的刺激，当然有时也会体会到交通堵塞的沮丧。路两旁的行人往来穿梭，或与朋友一起，或与亲人相伴，共同享用着这里所提供的休闲设施和轻松环境。还有的人独自在小桥上徜徉，不时向下观瞧，似乎被棕榈树下的车流吸引住了。[17]

　　上面四个案例表明，通过调动公共和私人资源、政治意愿、管理机构以及现代化的专业眼光，可以殊途同归地实现科学、高效的卫生和交通设施，并建立起城市的认同感，同时为创造和展示新的公共空间提供机遇。上述案例也表明，在历史城市中引入新的道路形式，可以构建一种全面的城市理念，从而更加充分地表现城市的日常生活。这种城市理念根本性地改变着城市，并且为之赋予了一种形态和体验上的新的认同感。然而，新的形态和新的生活方式只是附加物，还不能取代现有的形态和习俗，只是扩大了城市居民所能获得的体验的广度。因此，上述项目展现出的丰富主题和都市雄心，确保了人们的需求得到满足，无论是独处的人，还是在茫茫人海中迷失方向的人，各种体验都成为可能，这与现代生活中的个人身份定位的多重表达是相称的。通过精心的剖面设计，可以在道路红线内融入多样化的内容，以保证行人和驾车者得到公平的考虑，同时最大限度地利用公共资源。另外，它还重新建立了一种城市肌理在形态上的连续性，当这种连续性面临粗暴的建设破坏时，也能够迅速修复社会和空间上的伤痕。

这些杰出的案例都是在精心维护的高密度历史城市中实施的。尽管如此，他们与当代城市边缘低密度的、更为分散的开发方式有着某种程度的关联。后者以 20 世纪的美国城市为代表，其中传统的城市仪俗并未建立起来。上述项目为当代的城市公路规划设计（也许还包括今天的郊区蔓延）提出了一系列假定。这些假定并未形成原则或指导方针，却为转变城市道路设计的参照系奠定了基础，从功能到城市生活，从义务到机遇。

这里对上述实施项目的讨论只是为了提醒这种都市主义模式正在以一种巨大的规模改变着地球。为城市生活而兴建的一些新工程项目，通过对城市地形和形态的根本改变而得以实现。从官僚政治（bureaucratic）和专家政治（technocratic）的角度，将公共和私人资源进行有效的整合与动员，对于保持这种景观营建的持续性，以及从城市发展前景的整体性出发保持强大的创造力都是必要的。而，只有创造性的品格，才能够为这项工作建立起理论前提，同时也奠定其实施的基础。如巴黎、波士顿、纽约和巴塞罗那一样的情景无论是否可以被复制，以及这种品质的城市公路能否在缺乏上述背景的美国政治经济条件下实现，我们仍可以看到这些理想的存在。显然，对于这样一种人们干预城市发展活动的理论化过程，以及所形成的理论传播过程，都是达成围绕此议题的一种文化共识的关键步骤。即城市道路，的确应该作为城市公共空间来设计。

注释

1. David P. Jordan, *Transforming Paris: The Life and Labors of Baron Haussmann* (New York, The Free Press, 1995).
2. Bruce Kelly, Gail Travis Guillet, et al., *Art of the Olmsted Landscape* (New York: New York City Landmarks Preservation Commission and The Arts Publisher, Inc., 1981); and Albert Fein, ed., *Landscape into Cityscape: Frederick Law Olmsted's Plans for a Greater New York City* (New York: Van Nostrand Reinhold, 1967).
3. See Le Corbusier, *The City of Tomorrow and its Planning* (New York, Dover Publications, 1987); Norman Bel Geddes, *Magic Motorways* (New York, Random House, 1940); Frank Lloyd Wright, *The Living City: When Democracy Builds* (New York: New American Library,

1958); and Ludwig Hilberseimer, *The New City: Principles of Planning* (Chicago: Paul Theobald, 1944).

4. Christopher Tunnard and Boris Pushkarev, *Man-made America: Chaos or Control? An Inquiry into Selected Problems of Design in the Urbanized Landscape* (New Haven and London: Yale University Press, 1963); Lawrence Halprin, *Freeways* (New York: Reinhold Publishing Corporation, 1966); Urban Advisors to the Federal Highway Administration, *The Freeway in the City: Principles of Planning and Design* (Washington, D.C., U.S. Government Printing Office, 1968).

5. 对于商业带，从艺术或建筑领域出发的理论空洞将难以被所谓的"波普艺术"（pop）或后现代主义的复原所弥补，例如罗伯特·文丘里（Robert Venturi）和丹尼斯·司各特·布朗（Denise Scott Brown）的《向拉斯维加斯学习》（Learning from Las Vegas）（Cambridge, Mass.：MIT Press, 1977），该书指出了商业带发展的不同尺度和更加强化的特点。近来的一些批判作品，也表现出了对于公路作为公共空间的兴趣的恢复。

6. See Lewis, *Divided Highways*; and U.S. Department of Transportation and Federal Highway Administration, *America's Highways 1776–1976: A History of The Federal-Aid Program* (Washington, D.C.: Department of Transportation, 1977).

7. Allan B. Jacobs, *Great Streets* (Cambridge, Mass.: The MIT Press, 1995); Allan B. Jacobs, Elizabeth Macdonald, et al., *The Boulevard Book: History, Evolution, Design of Multiway Boulevards* (Cambridge, Mass.: MIT Press, 2002).

8. 阿尔方斯·索德维拉（Alfons Soldevilla），负责环线沿线的标志、步行桥及其他一些公共空间项目的建筑师，作者访谈于 2000 年 11 月 30 日。

9. Adolphe Alphand, *Les Promenades de Paris* (Paris: Rothschild, 1867–73; reprinted New York: Princeton Architectural Press, 1984).

10. For further discussion of the Paris boulevards, see Françoise Choay, *The Modern City: Planning in the 19th Century* (New York, George Braziller, 1969); Jean Des Cars, and Pierre Pinon, *Paris-Haussmann: Le Paris d'Haussmann* (Paris, Picard Editeur, 1991); Jean Dethier, and Alain Guiheux, eds., *La ville: Art et architecture en Europe 1870–1993, Ouvrage publié à l'occasion de l'exposition présentée du 10 fevrier au 9 mai 1994 dans la grande galerie du Centre George Pompidou* (Paris: Centre Georges Pompidou, 1994); and Howard Saalman, *Haussmann: Paris Transformed* (New York: Georges Braziller, 1971).

11. For further discussion of the Emerald Necklace, see Walter L. Creese, *The Crowning of the American Landscape: Eight Great Spaces and Their Buildings* (Princeton, N.J.: Princeton University Press, 1985); Kelly, Guillet, et al., *Art of the Olmsted Landscape*; S. B. Sutton, *Civilizing American Cities: A Selection of Frederick Law Olmsted's Writings on City Landscapes* (Cambridge, Mass.: MIT Press, 1971); and Christian Zapatka, *The American Landscape* (New York: Princeton Architectural Press, 1995).

12. The Henry Hudson Parkway Authority, *Opening of the Henry Hudson Parkway* (New York: The Henry Hudson Parkway Authority, 1936); U.S. Department of Transportation and Federal Highway Administration, *America's Highways 1776–1976*.

13. Han Meyer, *City and Port: Urban Planning as a Cultural Venture in London, Barcelona, New York, and Rotterdam, Changing Relations between Public Urban Space and Large-scale*

Infrastructure (Utrecht: International Books, 1999); John Nolen, and Henry V. Hubbard, *Parkways and Land Values* (Cambridge, Mass.: Harvard University Press, 1937); Rowe, *Making a Middle Landscape.*

14. Christian Zapatka, "The American Parkways: Origins and Evolution of the Park-road," *Lotus* 56 (1987): 97–128; Zapatka, *The American Landscape.*

15. Jean Baudrillard, *Amériques* (Paris, Editions Grasset et Fasquelle, 1986); Robert Caro, *The Power Broker: Robert Moses and the Fall of New York* (New York: Knopf, 1974); Meyer, City and Port; and Zapatka, *The American Landscape.*

16. See Peter Rowe, Henry N. Cobb, et al., *Prince of Wales Prize in Urban Design: The Urban Public Spaces of Barcelona 1981–1987* (Cambridge, Mass.: Harvard University Graduate School of Design, 1991). Mona Serageldin, *Strategic Planning and the Barcelona Example: International Training Program* (Cambridge, Mass.: Harvard University Graduate School of Design, 1995).

17. Guy Henry, Barcelona: *Dix années d'urbanisme, la Renaissance d'une ville.* (Paris: Editions du Moniteur, 1992); Rowe, Cobb, et al., *Prince of Wales Prize in Urban Design; Meyer, City and Port.*

废弃景观
Drosscape

艾伦·伯格／Alan Berger

图 1　位于丰塔纳（Fontana）的加利福尼亚州赛车场（前钢厂旧址），西距洛杉矶贝纳迪恩县（Bernadion）约 45 英里

逆工业化进程中的美国

2005 年，美国城市已鉴别出的废弃和受污染的场地约达 6000000 多处。[1] 这种"废弃景观"（waste landscape）是如何形成的？该如何处置它们？它们将来会怎样影响城市地区？显然，这是一些仍存争议且难以回答的问题。并且，由此衍生出了 20 世纪晚期争议最大的一些研究课题。[2] 对于这些问题，本文绝对无法回答，但可以做、或努力要做的是在景观和城市化的关系背景之下来探讨逆工业化（deindustrialization）的主题，而不是孤立地来看逆工业化本身。实际上，当美国逆工业化进程近年来日益加快的同时，美国也更趋于城市化。其速度可谓前所未有（相较于现代主义历史时期的任何阶段）。那么，在美国城市中，城市化和逆工业化，以及"废弃景观"的产生之间，究竟有着何种联系？最重要的是，谁最应承担处理如此大量的废弃地的责任呢？

如果在城市环境设计中紧紧抓住这些问题，就会呈现一种极富吸引力的挑战性。学术领域的景观设计师常驻足于传统的景观学领域——场地工程技术、构造细节、基于项目的工作室式的设计教育等等，反而常常对城市化问题漠不关心。但在这些内容之外，或隐藏在其背后的是如此巨大的现实，我们几乎难以仰观其全——就是我所指的废弃景观（或无用的景观，我称之为 drossscape 或常见的 waste landscape）。[3] 它们在城市地区无可回避，但却常常不在我们所看重的各方面因素之中（在设计师的项目中，常常会照本宣科般地把这些因素装进去）。由此，废弃景观的适应性再利用，将是设计学科在 21 世纪面临的根本性挑战（图 1）。[4] 本文将记录这种状况，并且认为，未来，那些同时熟稔景观与城市化的人士，将是处理和再利用这些场地最佳人选。

废弃景观

废弃景观的出现有两个源头：首先来自于迅速的水平向城市扩张过程（即城市蔓延）；其次来自于某些经济和生产部门终结后遗留下来的土地及其废弃物。从中心内城的产业衰退，到四处蔓延的城市周边地区，再到城乡之间的过渡景观带，城市本身就清晰地展现了工业化进程在制造废弃物方面的天然本质。设计师

图2　得克萨斯州沃斯市中心区

常把复杂的工业化进程理解为简单的黑白图底关系（black－and－white picture）。由此，一个常用语，后工业（post－industrial），常在景观设计师、建筑师和规划师中间使用，以描述从受污染的工业景观到旧工厂的建筑物等一系列事物，这在一些正在衰落的城市地区很常见。但是，与其说后工业这个概念的出现解决了问题，不如说它提出了更多的问题。因为它只是勉强把景观作为特定过程的副产品而孤立地、客观地看待，并没有把它放在给定的场地中来（这些场地往往有许多残留污染物）。这种观点视场地本质上为静止的，是基于其过去的状态来定义现在的场地，并没有把场地作为正在进行中的工业化过程的一部分来看待，而这种工业化过程恰是构成城市的重要部分，例如处于城市外围地区的制造业集群（manufacturing agglomerations）。如果设计师在讨论此类场地时能跳出"后工业"这一概念及其价值评价体系，我认为，对于理解这些场地的潜力将极有帮助。

　　废弃景观是在旧城区（如城市中心区）的逆工业化进程以及新城区（如城市周边地区）的快速城市化进程中产生的。这两方面进程都因上世纪交通成本（包括货运和客运交通）的急剧下降而得以大规模推进。[5]这是一种有机生长的现象，并不会因学术分野和人为界限而将环境同建筑、规划及设计问题分开，也不

图 3　沿凤凰城南山公园排布的住宅，亚利桑那州凤凰城昌德尔

会将城市同郊区问题，以及将对社区的怀旧式理解同现实的人、场所和社会结构组织系统分开。我认为，在垂直向发展的城市中心的周边往往以水平向来发展，而其无论是经过规划的，还是未经规划的，本质上并无所谓优劣，它们都是工业化发展的自然结果，因此需要注入新的概念和精心的考虑。并且，在一些问题得到有效说明和解决之前，必须尽可能多地了解这种现象（图 2，图 3）。

废弃物是自然产生的

　　设计界开始使用"废物"（dross）一词，源于 20 年前关于城市景观的一篇十分有趣的宣言——《刺激物和渣滓》（Stim & Dross）。这是莱斯大学建筑学院院长拉斯·勒鲁普（Lars Lerup, School of Architecture, Rice University）写的一篇短文。[6] 他看到了被当时的设计界所忽略的一种具有巨大潜力的要素：中介表面（in - between surface），即被居于支配地位的城市经济驱动力（包括了土地投资、开发实践、政策和法规或规划）所遗忘的部分。勒鲁普以得克萨斯州的休斯敦市为例，将从城市延展出去的巨大城市化表面称为"多孔平面"（holey plane），其中的"孔洞"就是那些当时未被利用的区域：

> 这种"多孔平面"，看起来不似是人造的城市，更像是野地（wilderness）。其中零星点缀着些树，间或被道路打断。这是被一种奇特的感受所笼罩的表面：是经济向自然不断斗争的产物。在这个平面上，无论是树木，还是机器，都是以这一斗争的遗留物（或者遗迹）的面目出现的。[7]

勒鲁普并未做出判断。看得出来，他已从对蔓延的是是非非的争论中抽身出来，试图了解推动这种水平向城市化形成的背后力量。

勒鲁普的"多孔平面"，对于理解景观和城市化之间的关系十分有帮助。这种观点重新将城市理解为一种活的、巨大的、动态的系统，或是一种系统化的生产性及消费性景观具有的生态表皮（ecological envelop）。[8] 影片《失衡生活》（Koyaanisqatsi）和《天地玄黄》（Baraka）① 从空中记录了城市和大规模人居建设的影像，并利用延时拍摄等方式，揭示了它们某些类似于有机体的显著特征。[9] 城市发展很大程度上是一个自然演进的过程，但其难以被感知的复杂性，往往会被那些可以有意识控制和规划的方面所掩盖。

城市的自然进程，与活的有机体的特性并无二致。一般而言，有机体的硬质部分，从陆地脊椎动物和海洋无脊椎动物的骨骼和外壳，到由细胞组成的铁及其他元素和化合物，都产生自废物的排放和管理。例如钙是骨骼这一人体的生命基础结构所必需的元素之一，就是由细胞在饱水环境下机械规律地挤出形成的。这个例子并非简单的类推，而是一种可以经过科学论证的异体同形现象，它表现了废物是如何成为景观结构和功能中的一分子。为城市的增长提供能源和材料的经济活动，如制造业和建筑业，尽管不完全等同于上述演进过程，但也十分相像。就像有机体一样，它们生长得越快，就会制造越多（越有潜在危险）的废物。这是一种被忽视、甚至被贬低的自然过程，但却从未停止。正如诺贝尔·劳瑞特（Nobel Laureate Ilya Prigogine）指出的，"目前正出现对现实的一种中性描述（intermediate description），它存在于对真相（pure chance）的两种大相径庭的景象描述之间，一种是确定性的（deterministic），另一种是任意性的（arbitrary）"。[10] 这些概念揭示了复杂系统是如何以不可预知的方式来运行的，因此用于分析城市化进程中的景观问题十分合适。城市并非静止的物体，而是由连续的能量流动和不断的物质转化构成的活跃舞台，其中景观和建筑物及其他硬质实体要素

---

① 译者注：第一部电影的导演是弗朗西斯·福特·科波拉（Francis Ford Coppola）。后一部电影的导演和摄像都是朗费·力加（Ron Fricke）。

图 4　普莱诺得克萨斯州

都不是永恒的结构体，而是在不断变化。城市化了的景观和生物有机体一样，也是一个开放的系统，其中那些有计划的复杂特性，总是会使无计划的、随意排放的废弃物遵循热力学的某些定律。那些期望城市无论在内部还是外部，在增长还是维护过程中都不会产生废物的想法（譬如从摇篮到摇篮，cradle－to－cradle），就如同希望动物被关在牢笼中、与世隔绝后也能茁壮成长般幼稚。而设计师所面临的挑战，并不是实现一种"零废物"（drossless）的城市化路程，而是需要把无法回避的废物在更为灵活的美学和设计策略中整体考虑进来。

　　当代的工业生产模式，受经济和消费的影响与推动，对城市化和废弃景观的形成负有直接责任——这实际包括废物（如市政固体废物、废水、金属废料等）、废弃场地（如废弃的或被污染的场地），或者浪费的场地（如过大的停车场或重复建设的大型零售建筑）。对于"城市蔓延"一词，以及对城市蔓延的反对或支持的各种声音，都忽视了在现实条件下如何看待废物这一问题，也就是说，如果没有废物，就没有增长。因此，"废弃景观"是城市健康增长的标志（图4）。

传统的绿地景观系统也是新的废弃物

一旦考虑到"废物"，就不可能把城市从其社会－经济环境中抽离出来。水平向的城市化发展与经济活动以及同时发生的工业化进程是紧密关联的——这也就是哈佛大学经济学家约瑟夫·熊彼特（Joseph Schumpeter）在 1942 年称之为"创造性破坏的过程"（the process of creative destruction）。[11]熊彼特相信，企业家们的种种创新活动就是从这一过程中开始的，但这也使得旧的存货、技术、设备和工匠技能都变得过时。熊彼特研究了资本主义是如何创造和摧毁现有的工业化结构的。[12]而勒鲁普的"刺激物和渣滓"一说，则是创造性破坏的同源表达。两个概念都认可消耗/废物循环的整体性，并且也都认同应将废物放在城市整体环境中、作为其社会－经济过程的结果进行有机的考虑。

对于大多数 18 世纪晚期和 19 世纪的人来说，美国城市景观的规划与形成，展示了一种与工业化导致的结果相反的景象，即景观设计和城市规划职业的发展受到了反工业化运动的滋养。埃比尼泽·霍华德的田园城市、弗兰克·劳埃德·赖特的广亩城市、勒·柯布西耶的光辉城市，以及城市美化运动（City Beautiful）等思想的提出，都是基于以景观来缓解因工业化而造成的城市拥挤和污染等问题这一前提。紧随其后的结果就是城市中废弃景观的数量猛增。城市居民不断地远离市中心。因为使用者越来越少，内城那些本用来缓解各类问题的景观系统（respite landscape）却面临着更为严重的衰退和亏本。而当城市中心区还充当着工业发展中枢的时候，这些旧城中的景观系统曾经兴盛一时，但如今它们却陷入了发展的停滞期。2004 年，有 30 个州冻结或者削减了在公园和游憩地等方面的财政预算。而现在，数以百计的州立公园关闭了，或者仅开放数小时，提供的少量服务和仅留的必要的维修养护等也只是为了维持财政平衡。[13]加利福尼亚州公园和游憩部（Department of Parks and Recreational, California）是全美最大的此类部门，管理着 274 个公园。2003 年，该部提高了门票价格，以弥补高达 3500 万美元的财政缺口。粗略算来，实际上还需要 6 亿美元来支持大量因经费不足而推迟实施的管护项目。[14]美国国家公园管理局（The National Park Service）也面临着人员短缺和经费削减的困境（金额达到数十亿美元），因此也一直在寻求来自私人领域的援助以维持公园的养护。[15]

污染和投资

逆工业化有多方面的含义，通常情况下是指制造业就业岗位的减少。若与城市化联系起来看，它则揭示了工业发展改变城市景观的方式。[16]而更广义的理解则

图5 得克萨斯州达拉斯的三一河流廊道（Trinity River Corridor）。这一区域的分期开发投入了超过十亿美元

图6 佐治亚州的福尔顿/代卡尔布（Dekalb）县。"佐治亚400号公路"是一条商业通道，沿途多是郊区的商务办公建筑、轻工业以及制造业建筑等。远处背景是亚特兰大中心区

图 7　全球联合运输公司三号终点站，伊利诺伊州罗谢尔，向西距芝加哥约 80 英里

来源于资本主义发展的历史以及投资和撤资的演变模式。[17]美国当前的制造业和绝大多数发达国家一样，正在逐步分散化（decentralized）。相对以往，现在核心地区雇佣更少的人但制造更多的产品。富尔顿县（Fulton County）是位于佐治亚州亚特兰大市中心的一个县，在 1977～2001 年间经历了超过 26% 的制造业下滑。而周边的县（距亚特兰大中心区大约 70 英里远），则取得了超过 300% 的制造业增长（图 6）。[18]乐观地讲，这可以看做是随着逆工业化的扩散，工业从中心城市向外围区域的重新布点，而美国城市可用于其他用途的开放空间和建筑物的总量是净增长的。[19]但制造业和生产领域的改变，新的通讯模式以及交通成本的下降，都导致了工业生产向边远地区、甚至向海外世界分散化和区位重构的趋势。一旦工业企业在外围区域重新铺开，就会在城市中遗留下大量废弃景观（图 7）。

实际上还有其他类型的废弃景观，例如从前与工业用途相关的其他类型。1988～1995 年间，联邦政府在全国范围内关闭了 97 个大型军事基地。大多数都曾经或仍然有某方面的土壤、水或结构性的污染问题，需要进行修复。截至 1998 年，美国国防部已经完成了 35 个军事基地的财产和物资的拆迁及运输；到 1999 年，27 个此类用地已经得到了后续的新开发。[20]雷纳公司（Lennar）是美国第三

图8　埃尔托洛海军陆战队航空基地，加利福尼亚州厄文市

大住宅建筑商。该公司在加利福尼亚州厄文市（Irvine，California）的土地拍卖中，以6亿5千万美元的价格从国防部手中获取了前埃尔托洛海军陆战队航空基地（El Toro Marine Corps Air Station）的开发权。雷纳公司所提出的再开发计划包括了在桔县（Orange County）心脏地带开发3400栋新住宅，而这成为了美国当前最炙手可热的房地产项目之一（图8）。埃尔托洛海军陆战队航空基地也将成为由雷纳公司在加利福尼亚州开发的五个前军事基地中最大的一个。美国国防部正在对大约5700个军事设施进行持续评估，以在未来可能将其废弃或者关闭。在2005年5月，新的一轮关闭军事基地的行动开始了，而在此前已经确认这些基地中的大多数都含有某种污染物。它们将通过私人部门的再开发转向多种民用用途，当然这需要花费大量的时间和资金（图9）。[21]

自20世纪90年代起，棕地（Brownfields）就已经备受联邦政府的关注。2003年，有超过7300万美元的基金被投入到37个州，用于推动受污染景观的再开发。[22]大多数都是过去的城市工业生产用地。而美国国家棕地协会（National Brownfield Association）的一位前主任曾指出，开发商现在舍干净用地而求污染土地，关键在于他们能够从被污染的用地上获得比未受污染的土地更高的回报率。[23]

图 9　拉文纳兵工厂的军火库，波多戈县。位于拉文纳和俄亥俄州的沃伦市之间。该兵工厂为第二次世界大战、韩战和越战制造和储备大炮及炮弹。该场地于 1992 年停止使用

图 10　前美国钢铁厂旧址，伊利诺伊州芝加哥南部

而新的联邦棕地开发补助使这成为可能。例如，通过税收可以获得更多的资金，转而可以再投入到棕地再开发中，用于诸如基础设施改善等方面。[24]近来的一个实例是位于亚特兰大中心城区的一个 138 英亩（1200 平方英尺）的混合用途开发项目，它坐落于过去的亚特兰大钢铁厂的原址上。一位开发商在 1999 年花费了 7600 万美元买到了这块土地。随后又在清理方面投入了 2500 万美元的资金。即便如此，该块土地的改良成本仍仅为每英亩 73 万 2 千美元。而附近的另一块未受污染的土地，是亚特兰大交响乐团的新址，在 6.36 英亩的土地上花费了 2200 万 3 千美元的资金，平均每英亩成本达到 350 万美元。[25]芝加哥的城市领导人目前正雄心勃勃地推动一项全美最大的棕地再开发项目，将把沿着密歇根湖湖岸的 573 英亩的旧钢铁厂用地，出售给一个开发商团队，总金额达到 8500 万美元（图 10）。[26]该地块曾在超过一个世纪的时间里为建造军舰和摩天大楼输送钢铁。今天，它将为数万居民提供一个混合用途的邻里社区。[27]家得宝（Home Depot）是一个主营家居建材的连锁商业企业，也在积极寻求利用棕地开发商业设施。其场地开发策略，一般包括了采挖有毒土壤并且移置到巨大的停车场等其他地方。建筑物基础则在干净的、或根据法律要求将区域污染清除或移除后的地方开工建设。这一方式显然是很有益处的，因此该公司可以积累大量资金，用于购买土地。

令人惊讶的是，污染和废弃的土地也可以带来良好的生态效益。生态学家经常可以在被污染的土地上发现比其周边的本地景观更为多样的生态环境。[28]因为它们受到了污染，并且处于工业环境下而具有多方面的安全监测指标，所以棕地可以作为一个用于研究城市生态学、同时检验修复技术的切实可行的平台。这些场地都具备进行新的景观设计的潜力，而在再开发的同时必需清理有毒物质，值得一提的是可以将修复作为最终设计过程以及形态塑造的一部分。[29]

废弃景观的定义

面对数量如此庞大的城市废弃物以及废弃景观，规划和设计无法解决与之相关的所有问题。当四大设计学科（"big four" design disciplines）——景观设计、城市设计、规划和建筑学，面对市场为导向的、无所束缚的开发力量而显得无效时，众多悲观的论调和冷嘲热讽的声音就甚嚣尘上。近年来出现的景观都市主义思想，也许是对景观、规划和建筑设计界这种受挫局面的一种能动反应。[30]人们对于城市化中的种种可能性以及动态多变的经济发展要么支持要么反对，这种明显两极分化的夸张论点，使得传统的城市总体规划方法在面对未来城市时显得缺乏理性。但倡导一种革新性的城市景观研究和实践方式，譬如景观都市主义思想，

图 11　佐治亚州亚特兰大市南部铁路的埃曼货场

是不会将目前的设计学科颠覆的。也没有必要为反思景观与城市化的关系而建立一个全新的设计学科。废弃景观问题的解决，有可能使四大设计学科搁置争议、合作共存，一方面在其知识结构之中发挥作用，同时又构建一个从根本上与之不同的行动纲领。传统意义上城市景观的价值主要是进行"场所塑造"（placemaking）或将景观直接作为场所塑造的媒介（如大众公园或广场）。但这一思想现在被弄得模糊不清了。在当代水平扩张的城市中，景观不再是被塑造的一处场所，也不再是被凝固的媒介。它是破碎化了的，是无序分散的，已经丧失了整体性、客观性以及公共意识——而成为隐姓埋名的土地（*terra incognita*）。[31]

这种情况要求景观设计师和其他城市领域的设计者，将大量的注意力从小尺度的场地设计解放出来，转向考虑如何改善区域与城市景观的种种不足。这就是景观都市主义的潜力所在。它必须制定一个具体的行动计划，一方面和四大设计学科合作，同时也要开辟新的阵地——譬如当今被忽略或有意绕过的土地，即废弃景观（图11，图12）。

废弃景观（drosscape）一词，暗含着"无用之物"或"废物"，或者在人们新的意图下需要被重新打磨和包装等意思。此外，废弃物（dross）和景观

图 12　加利福尼亚州厄文市的住宅区

（scape）两个概念各有其特性。我这里所指的 dross，实际上已经与勒鲁普首创该词时的含义相去甚远。该词暗示了它的词源，即与"废弃的"（waste）和"大量的"（vast）两个词都有渊源，而这两个词常被用来描述当代的水平向城市化的本质，并且与"空虚的"（vanity）、"无价值的"（vain）以及"空白的"（vacant）等词联系紧密。它们都通过空置的态势和形式，表明了与"废弃"之间的关联（图 13）。[32]

废弃景观的前景

　　废弃景观的产生，取决于其他类型的开发在实现自身生存过程中所遗弃的景观。从这一点来讲，废弃景观可以被描述为一种在城市表面的缝隙间所形成的残留景观（interstitial landscape remains）。设计师的工作往往是以一种自下而上的方式进行。他们在现场踏勘中通过收集相关数据，描述大范围的发展趋势及表现，从而对废弃景观进行判断。一旦废弃物被鉴别出来，设计师就会提出策略，创造性地把它们整合到设计过程中（图 14）。

　　作为经历了退化和破坏的实体，废弃景观几乎没有管护者和代言人。而其重

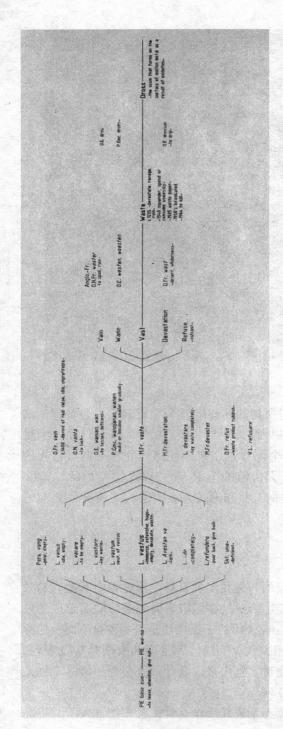

图 13　Vast、Waste 和 Dross 的语源关系。拉丁语 vastus 是 vast 和 waste 两个现代词汇的词根。而 dross 表示人为和自然过程结合所遗留下的东西。［vast：1570's, from M. Fr. vaste, from L. vastus "immense, extensive, huge," also "desolate, unoccupied, empty."］

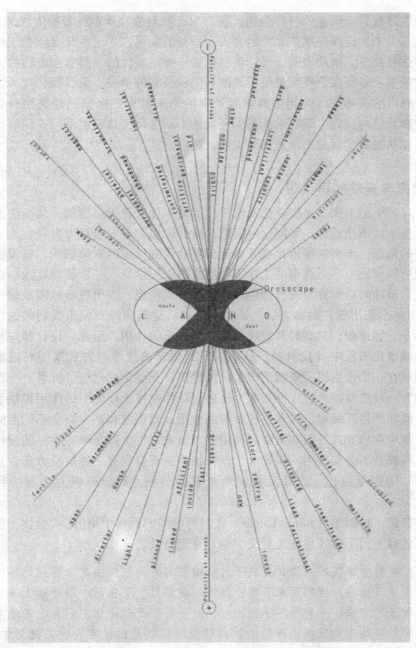

图 14　Drosscape 的图示。"Drosscape"一词由"vast"（巨大的、广阔的）、"waste"（浪费的、毁坏的）两个词组合而成。源于更广的社会价值，使"drosscape"更为宽泛地成为一种无形的实体

要性只能通过自下而上的呼吁得到重视。[33]对于任何废弃景观或者被认为毫无价值的实体，其未来会深深地依靠人的介入和意外的契机，而这些又必须基于信息的清晰传达和共享。由此表明，设计学科作为一类职业化的、具有创造性的人类努力，需要被重新审视，从而避免学科的封闭和技能的单一。设计师，作为能够引领这种呼声的战略家，应当理解废弃景观的未来具有如永恒的建筑物一般的价值。废弃景观的设计，既要求能够随环境的不断变化而具有灵活性，同时也不至于为了屈从脱离实际的未来蓝图而太漫无边际。[34]

对废弃景观的再认识

在可预见的未来，逆工业化及水平向的城市化进程仍将继续，从而使废弃景观充斥整个城市化地区。紧随这一进程，设计师也将要重新思考自身在人居环境营造中的角色。未来的城市化毫无疑问地将会受到更多因素的制约。就像逆工业化进程所展现的，分析城市的工作不可能仅由一门学科、一个领域以及一个部门来完成。设计师必须在其时代的生产模式中发现机遇，找出思考城市及城市景观（无论以何形态出现）的新方法。景观设计师、建筑师以及城市规划师通常会大大落后于上述进程，只能对其发展起些亡羊补牢的作用。因此，设计师应从逆工业化和城市化进程中寻找机遇，从而以一种更富挑战性的方式来面对城市化发展。而现在正恰逢良机。景观都市主义的提出，无疑为此创造了机遇。

作为一种战略视角，废弃景观为反思设计师在城市环境中的作用提供了一条途径。假如严格压缩对自然和其他资源的使用，政治家和开发商会不约而同地把注意力集中在填充式开发和资源再利用的开发方式上。但在单一学科的设计方法下，这些都是不会实现的，实际上，任何场地也不会只有一种解决方案。复杂而不可预知的恢复过程，以及无数前所未有的问题，都会影响上述方法和解决方案。

布鲁诺·拉图尔（Bruno Latour）在对科学界的批判中指出："很快，受科学影响下的自上而下模式将毫无意义，绝对毫无意义。"

> 对科学事实的关注，变成了对政治厉害的关注。由此，当代的科学论争就开始在所谓的百家争鸣中出现。我们习惯于在两个辩论场上采用两种表达方式：一种是科学化的……另一种则是政治化。因此，若采取一种朴素的方式来描述我们的时代特征，那就是在代言人的关键词中，上述两类表达的意义已经逐步合二为一。[35]

拉图尔富有见地的阐述，将人们从实验室中引领出来，重新认识和发现我们的城市：经济的、科学的、政治的以及投机的各个部分，共同组成了城市。这种对城市的新认识，就是在废弃景观的启发下的观念重组。同样的，这种新认识也将为拉图尔的"百家争鸣"提供一个舞台。

　　设计界对废弃景观这种成熟而自觉的关注，就是对废弃物充斥的自然环境的真切反应。物质在环境中的连续循环过程会产生废物。而对生长最旺盛的有机体和最繁荣的人类文明来说，废物的产生也是一件影响深远的大事。因此，废物会如影随形般的与增长一同存在。负责任的设计会拓展自己的领域，而废弃物就成为其拓展边界的标记。能源的消耗会迅速增长。在人口和文明达到暂时的极限规模之后，更需要能源来重新激发和组织趋于停滞的中间地带。这就像一名艺术家在给一件未来的出色艺术品的毛坯润色。人类非凡的发展已经不可避免地把数量巨大的废弃物摆在我们的面前。废弃景观作为人类发展及城市化的伴生物，已经不能仅看为一种问题，它既证实了往昔的辉煌，也为今天的持续发展提出了挑战。研究城市化是如何优雅地与废弃物共存，并且如何消解它们，从而发挥效率、美感和功能性，都是景观都市主义所研究的核心问题——也就是，在现实的城市环境中，人们应几乎不必去强调今天发现废弃景观的那些位置了，它们已经融入城市之中。

注释

1. 2005 年 5 月 10 日，宣布了"7670 万美元的棕地基金"。此前，美国环境保护局曾于 2003 年 6 月 20 日宣布了在 37 个州及 7 个部落社区设立"7310 万美元的国家棕地基金"。参见环保局网站，http：// www. epa. gov/brownfields/archive/pilot_ arch. htm；尼尔·科克伍德（Niall Kirkwood），"为什么住宅开发不愿使用棕地：界定讨论的议题"（Why is There So Little Residential Redevelopment on Brownfield? Framing Issues For Discussion），paper W01 - 3，住宅研究联合中心（Joint Center for Housing Studies），Cambridge，Mass：Harvard University，2001 年 1 月，3 - 4。

2. Daniel Bell, *The Coming of Post-Industrial Society* (New York: Basic Books, 1999); Barry Bluestone and Bennett Harrison, *The Deindustrialization of America* (New York: Basic Books, 1982); Stephen Cohen and John Zysman, *Manufacturing Matters: The Myth of the Post-Industrial Economy* (New York: Basic Books, 1987); Michael J. Piore and Charles F. Sabel, *The Second Industrial Divide* (New York: Basic Books, 1984).

3. See Alan Berger, *Drosscape: Wasting Land in Urban America*, (New York: Princeton Architectural Press, 2006).

4. 本文的更多灵感源于我的哈佛设计学院的学生。因为在景观学领域内缺乏关于都市主义和城市化的批判性论述，他们在连年的学习中表达了沮丧和困惑。纵观全世界，景观学的各大教育基地均缺乏对城市化根本性的深度关注。作为对此问题的反馈，我在哈佛大学设计学院开设了一门课程，面向景观学系的学生，现在被命名为"城市化景观"（Landscapes of Urbanization），这允许学生从景观设计师的视角去研究区域和地方的城市土地问题。

5. Edward L. Glaeser and Janet E. Kohlhase, "Cities, Regions and the Decline of Transport Costs," Harvard Institute of Economic Research, discussion paper 2014, (Cambridge,

Mass.: Harvard University, July 2003), http://post.economics.harvard.edu/hier/2003papers/2003list.html.

6. Lars Lerup, "Stim & Dross: Rethinking the Metropolis," *Assemblage* 25 (Cambridge, Mass.: MIT Press, 1995), 83–100.

7. Ibid., 88.

8. Lars Lerup, *After the City* (Cambridge, Mass.: MIT Press, 2000), 59. See also Lerup, "Stim & Dross," 83–100.

9. 《失衡生活》（Koyaanisqatsi：Life Out of Balance），是弗朗西斯·福特·科波拉（Francis Ford Coppola）、戈弗雷·瑞吉欧（Godfrey Reggio）联合导演、区域教育研究所（Institute for Regional Education）支持拍摄的一部独立制作电影。该片拍摄于 1975 年与 1982 年之间，描绘了城市生活及自然环境技术的冲突，是一部启示录式的影片。《天地玄黄》（Baraka）（1992）则由朗·费利加（Ron Fricke）执导，影片采用了令人毛骨悚然的镜头，展现了当今世界的美景以及自然和人类面临毁灭的一面。

10. Ilya Prigogine, *The End of Certainty* (New York: The Free Press, 1996), 189.

11. Joseph A. Schumpeter, *Capitalism, Socialism and Democracy*, 3rd ed. (New York: Harper & Row, 1950), 81–110. See also Sharon Zukin, *Landscapes of Power* (Berkeley: University of California Press, 1991), 41. Zukin describes Schumpeter's "creative destruction" as a "liminal" landscape.

12. Schumpeter, *Capitalism, Socialism and Democracy*, 84.

13. Valerie Alvord, "State Parks Squeezed, Shut by Budget Woes," *USA Today*, July 24, 2002; Kristen Mack, "Police, Fire Departments New Budget's Bid Winners," *Houston Chronicle*, May 21, 2004; Ralph Ranalli, "Funding Urged to Preserve Ecology," *Boston Globe*, March 31, 2005. Also see "2004 Chicago Park District budget crisis, park advocates requests" at Chicago's Hyde Park-Kenwood Community Conference Parks Committee (HPKCC) web site, http://www.hydepark.org/parks/04budcrisisreqs.htm (accessed June 14, 2005); Mike Tobin and Angela Townsend, "Budget Assumes Flat Economy," in *The Plain Dealer*, January 28, 2004, http://www.cleveland.com/budgetcrisis/index.ssf?/budgetcrisis/more/1075285840190290.html (accessed June 14, 2005).

14. Ibid. See also Joy Lanzendorfer, "Parks and Wreck," *North Bay Bohemian*, July 3–9, 2003. Project for Public Spaces is an organization that campaigns against landscape budget at http://www.pps.org. A much different picture of open space funding is depicted by The Trust for Public Land. See their LandVote Database at http://www.tpl.org/tier2_kad.cfm?content_item_id=0&folder_id=2607 (accessed June 14, 2005, which reveals that the majority of ballot measures for "conservation" of open space have passed over the last decade.

15. Geoffrey Cantrell, "Critics Fear Park Service Headed Down Wrong Path," *Boston Globe*, March 10, 2005). For national parks, see Stephan Lovgren, "U.S. National Parks Told to Quietly Cut Services," *National Geographic News*, March 19, 2004, http://news.national-geographic.com/news/2004/03/0319_040319_parks.html (accessed May 10, 2005).

16. Jefferson Cowie and Jospeh Heathcott, eds. B*eyond the Ruins: The Meanings of Deindustrialization* (Ithaca: Cornell University Press, 2003), 14.

17. Ibid., 15.

18. U.S. Census Bureau State and County Quickfacts, 1998; Georgia Business QuickLinks, http://quickfacts.census.gov/qfd/states/13000lk.html, and Georgia County Business Patterns Economic Profile, 1997, and 2001, http://www.census.gov/epcd/cbp/map/01data/13/999.txt (both accessed July 22, 2004).

19. City of Philadelphia, capital program office, project # 07-01-4371-99, request for proposal for program management services for demolition and encapsulation of vacant and deteriorating buildings, accessed from Philadelphia Neighborhood Transformation Initiative (NTI), http://www.phila.gov/mayor/jfs/mayorsnti/pdfs/NTI_RFP.pdf, March 14, 2001.

20. U.S. Department of Defense official web site, http://www.defenselink.mil/brac (accessed July 14, 2005).

21. Dean E. Murphy, "More Closings Ahead, Old Bases Wait for Hopes to Be Filled," *The New York Times*, May 15, 2005. Sec. 1, p. 1; CNN, "EPA: Closed military bases on list of worst toxic sites," http://www.cnn.com/2005/TECH/science/05/12/base.closings.environm.ap/index.html, May 13, 2005.

22. See note 1 "EPA Announces $73.1 Million in National Brownfields Grants in 37 States and Seven Tribal Communities."

23. Leon Hortense, "Squeezing Green Out of Brownfield Development," *National Real Estate Investor* (June 1, 2003).

24. See Brownfields Tax Incentive Fact Sheet, EPA Document Number: EPA 500-F-01-339, http://www.epa.gov/brownfields/bftaxinc.htm.

25. Ibid.

26. Southeast Chicago Development Commission official website, http://www.southeastchicago.org/html/enviro.html (accessed June 18, 2005).

27. Lori Rotenberk, "Chicago Aims to Transform Site of Former Steel Mill," *The Boston Globe*, May 21, 2004.

28. Mike Davis, *Dead Cities*, (New York: The New Press, 2002), 385–86.

29. 这里有一个很有意思的案例，伯克利坑（Berkeley Pit）是一个铜矿坑，位于蒙大拿州比尤特（Butte, Montana）。在矿坑的水中发现生存着一些极端微生物（extremophiles），它们具有适应端酸性条件的能力（pH 值大约从 2.5 到 3.0）。既然这些有机物在这样一种极端环境下都能生存，科学家们思考这是否能够提供一条线索，可以帮助我们医治最困难的疾病和环境灾害。参见美国环境保护局，国家风险管理项目，伯克利坑矿业废物技术报告（United States Environmental Protection Agency，National Risk Management Program，Mine Waste Technology Report on the Berkeley Pit in Butte，Montana，Activity IV，project 10：pit lake system – Biological Survey of Berkeley Pit Water, http：//www. epa. gov/docs/ORD/NRM-RL/std/mtb/annual99g. htm）。

30. Graham Shane, "The Emergence of Landscape Urbanism," in this collection.

31. Ann O'M. Bowman, and Michael A. Pagano, *Terra Incognita: Vacant Land and Urban Strategies* (Washington, D.C.: Georgetown University Press, 2004).

32. *The American Heritage Dictionary of the English Language*, Fourth Edition, (New York: Houghton Mifflin Company, 2000).

33. See Jared Diamond, *Collapse*, (New York: Viking Press, 2005), 277–88. Diamond suggests that different societies of the world use a bottom-up approach to deal with environmental problem-solving. His contention is that the most successful bottom-up approaches tend to be in small societies with small amounts of land (such as local neighborhoods) because more people can see the benefit of working together in managing the environment.

34. See James Corner, "Not Unlike Life Itself: Landscape Strategy Now," *Harvard Design Magazine* 21 (Fall 2003/Winter 2004): 32–34. See also Ralph D. Stacy, *Complex Responsive Processes in Organizations* (London: Routledge, 2001).

35. Bruno Latour, "The World Wide Lab," *Wired* vol. 11, no. 6 (June 2003): 147.

交换的景观：对场地的再解读

Landscape of Exchange: Re – articulating Site

克莱尔·利斯特/Clare Lyster

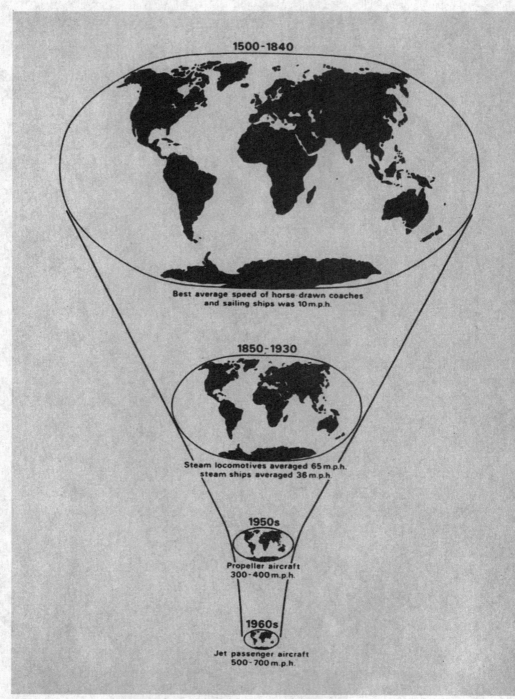

图 1　交通的变革使世界变小

交换行为（the act of exchange）——从古代欧亚之间的贸易之路，到互联网上信息的快速扩散——已经成为西方自古以来对公共领域最好的解读。交换行为自身的优化总是直接受到承载该行为的外部力量的影响——如马匹、铁路和互联网等——由此也在流动性、交换和对领域的清晰解读之间建立起了长期关系。这种关系从古罗马帝国时期一直延续至今。罗马的道路图向我们展示了其帝国领土内由贸易所形成的高密度基础设施，这是一张交换的网络，主要源于其掌控如此广大、连续的土地的权力。在中世纪，重要的贸易商道都将绘图知识与领土控制（殖民）思想相结合，极大地提升了交换行为的效率，标志着有组织的商业网络的开端，而这是通过强化信息和地理两方面的知识技能，靠有效促进先前分散区域间的贸易联系来实现的。[1]

在 19 世纪的城市中，由于劳动力的流动、铁路交通开发技术的运用，交换被进一步加强，结果形成了现代工业城市的爆炸式扩张。在英国和法国的铁路标准化之前，生产和消费依然是居于主导的地方性活动——货物被生产出来并在当地进行交换。历史学家沃尔夫冈·施菲尔布赫（Wolfgang Schivelbusch）写道，"只有当现代交通使得货物的生产地和消费地产生绝对的空间距离的时候，货物才会变成商品。"[2] 铁路因此成为决定时间、空间运输和交换价值之间关系的重要因素。20 世纪，通过区划法令的实施，以及将制造业和生产设施向城市外围迁移以与不断扩张的州际高速公路系统相衔接，交换行为也加快了对城市中心的侵蚀。

这些交易网络（罗马时期、中世纪、工业时代及现代的）和与其相对应的驱动力（权力、地理信息、科技和大生产），决定着不同地域的物质空间及操作管理的特性，进而决定了现在城市和远郊景观的形态。在过去的 25 年间，过程、比率和交换的基础都已发生了巨大变化，同时相应的引发了对地域和场地解读方法的变化。

适时反应战略

2003 年 6 月 21 日中午 12：01 分，历史上最大的单日电子商务分销活动开始。这包括大约 20000 个联邦快递承包商与快递员，130 个排定的联邦快递航班，

图 2　参与分销《哈利波特与凤凰令》的亚马逊网站 Amazon. com 和联邦快递中心的分布，2003 年 6 月

数以千计的联邦快递地面货车。所有这些精心策划就是为了一个目的，将哈利波特系列的第三集——《哈利波特与凤凰令》（*Harry Potter and the Order of the Phoenix*）一书在发行后的第一时间内送达在亚马逊网站上（Amazon. com）预定此书的客户手中。这带给物流的一个问题是，这本书只能在周六上午 8 点钟离线销售正式开始以后才能开始发货。通过 24 小时不间断的运作，联邦快递和亚马逊锁定上午 12：01 的最后期限，赶在书迷在当地书店排队之前留出了 8 个小时的运送时间。为了做好这次派送，联邦快递公司将订单从亚马逊的五个区域分拨中心之间不停运送——包括特拉华州的纽卡斯尔、肯塔基州的康伯斯威尔和列克星敦、堪萨斯州的科菲维和内华达州的菲恩莱，以及位于内瓦克、芝加哥、印第安纳波利斯、沃斯堡、洛杉矶、奥克兰和安克雷奇的联邦快递分拨中心（图2），并且随后由飞机和汽车运送到全国各地的终端服务点。联邦快递公司的人员还在分拨中心和各个分派点对哈利波特这批货物进行特殊排序，以确保它们在上午8：00能够从当地的总站开始分发。

在过去的 2000 多年里，一个城市的公共空间的组成总体来说包含商业管理、生产后勤和贸易交换等活动，它们都形成了识别性很强且具有固有形式的公共空间：如罗马广场、中世纪广场、19 世纪的街道等。即便是早期现代城市中的大众公园也是商业所引发的空间类型，即使还有些似是而非，但总体上它们的产生是为了抵消工业化对城市景观的影响，以及探索城市的商业潜能。大众公园本希望作为缓和商业活动的空间而存在，但反而成为了促进商业价值提升的结果（图3）。那些商业操作（直接和个人化的实物交换，包括货物、金钱等）与其相应的空间形态之间的关系，成为了一种后勤保障机制，后者既是前者交换行为本身发生的最佳容器，也清楚地解读了其所处的宏观景观环境。因此，这些为人熟知的空间类型不仅满足了商业活动的功能，而且也显著地从政治上象征性地影响了它们赖以生存的环境：城市。这些商业活动在时间上的长期性和固定性及其在类型上的可识别性，使得贸易、公共空间和不同层级的城市景观集合之间产生了不可分割的联系。以 19 世纪 60 年代的都市主义新形式试验为例，从建筑学和规划的视角来看，贸易和城市公共空间设计的相互联系集中在如何使某种商业类型在某个特殊地点获得最佳的使用形式和美学价值，即将公共空间诠释为一种固定的、具有地理功能的艺术品。

当代商业交换的行为过程已不再像过去那样容易界定和表述了。传统的对"商业活动"的定义，即一种固定的、互利的物资交换——特定时间和特定地点以物易物的活动，已经不再适用。然而交换的单一准则——利益，依然被看做一桩商业交易的最终成果，无论虚拟还是真实。交换行为或过程，是由涉及多个知识领域的一系列不可分割的因素所控制和决定的，并体现在交换活动的规模的增加和扩大上。新的过程要求交换的操作在不同地点、不同知识之间进行，那么城市化、景观、基础设施、经济和信息等因素对于公共领域的影响也变得日益紧密。它们不能仅从对传统设计的接受或反对来进行定义，但在将上述各方面操作整合到对公共空间的新的解读时，困难也随即出现。[3] 当代交换行为的可塑性特征，使得公共空间和商业过程之间的关系从地点/物体的关系变成了一种更加组织化的、发生在多个占据空间之间的"跨界"行为。在对这种从"单一"到"跨界"的转变的认可中，我们对新的交换过程表述的不确定性和领域的不可界定性逐渐减少。在这样的难题面前，建筑师缺乏对当代多变的生态流交换的解码、表述和综合能力，

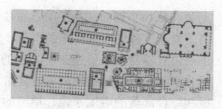

图3　罗马广场平面（上）；中世纪德国伦内普（Lennep）小镇平面（中）；弗雷德里克·劳·奥姆斯特德设计的华盛顿公园，芝加哥，1890 年（下）

因而缺乏对于"跨界"的设计要求的应对之策。本文试图辨析这些新的交换过程，解开其操作策略背后的逻辑，并且期望能从这些操作策略中总结出景观在物质性或表述性的作用。[4]

哈利波特销售分拨活动的成功与否，从经验上可以按每一位从亚马逊网上预定这本书的顾客在上午 8 点钟开始发售以后多久得到这本书来进行计算，这也就是"产品交付前置期"（delivery window）的概念。效率最大化和即时交易需要将产品交付前置期尽可能地缩短，以至于零，这在商业景观的理想空间和时间维度上可以精确到十亿分之一秒。决定整个网络运作的是信息系统的效能，这使联邦快递（组织空间）与分拨（送货时间）之间具有指数关系。事实上，分拨速度的提高（出货与时间的关系），既与所采取的形式无关，也和自身的运行速度

无关（如一个联邦快递的货运飞机只能以有限的速度飞行），而是由信息控制网络的复杂度和同步性决定的（图1）。所以，"即时反映"方式中的效率最大化并不是由其本身物流传递速度决定的，而是取决于掌控它的信息系统的反应速度。相对于哈利波特分拨所需的整体策划以及通过专业软件进行的资料整理、条件分析和综合部署的难度来说，单纯的货物运送的难度几乎可以忽略不计。各调度步骤的累积产生了高度复杂的景观，包括联合运输的规模和复杂程度。显然公共广场是无法有效应对的。资源的调度保证了同时间、多地点的交换活动得以大致同步进行，同时表明商业交换的规模与"场所"的联系产生了巨大的变化。结果是，信息的传递效率影响了交换在不同地点间的发生方式，而并非交换行为本身——如对一本书的手手交换。

虚拟示威

2003 年 2 月 26 日，加州的民主党议员戴安·费因斯坦（Dianne Feinstein）安排了 6 个小组来处理 4 万个投诉伊拉克战争期间野蛮暴行的来电、电子邮件和传真。几天以前，你也许已经收到了这次活动的电子邮件，邮件写到超过 100 万的携带标语的反战美国民众涌入众议院议员的办公室，在同一时间采取了行动。"华盛顿虚拟示威"（virtual march on Washington）是由美国最大的反战机构 Move-On. org（"倒布"网站）组织的，公司由 4 个员工组成，办公地点位于纽约西 57 号街的一间房间里。该网站在世界范围内有超过 200 多万的参与者，并且聚集了数百万美元的私人和企业捐赠。2002 年底，这家原本名不见经传的互联网组织现身媒体，发布了一系列的邮件，呼吁公众参与到高层次的全球和平示威活动和烛光守夜之中。此外，该网站还制作了一系列广告用于支持联合国在伊拉克的武器调查活动（图4）。该网站的"闪光战役"活动（flash campaigns）以一种自发性的方式，通过简短通告来组织，并发给事件的组织者或者捐助者。这些电子邮件的截止日期看似无法实现，然而该网站从来没有错过一个预期的公开目标。2003 年 3 月 9 日，纽约时代杂志的乔治·派克（George Packer）撰写了一篇名为"巧妙颠覆战争"的文章，将 MoveOn 称做"美国历史上成长最快的反抗组织"。[5]

针对特殊的政治事件，MoveOn 在最短的时间内就吸引了众多的关注，它不仅能够"在最佳时机聚集能量"，[6] 并且能最大化地利用其有限的资源用于财务和后勤等诸多方面。在保持整个网络灵活度的同时，战略性地安排高度专门化的交换来应对适当的时机（比如华盛顿和平示威、烛光守夜和 2003 年超级足球杯赛上空的飞机条幅）是他们的主要策略。作为一种非常经济的模式，他们达到了流线型效率的最高程度，以最小的代价获得了最大的效果。在这点上他们与联邦快

图4 "倒布"网站（MoveOn. org）倡导的"不战而胜"活动

递追求最小影响的操作标准正好相反。MoveOn采用实时操作：空间和时间间隔被压缩到几乎不存在，同时对突发的外部事件的巧妙应对使之不会影响到整体目标。因此，它是一个具有高度不确定性的景观——实际上，情况越不确定，它反应的效率就越高。一个两百万利益相关者组成的社团，不仅能够在短时间内资本化，并且还能很容易地在市场条件下增殖扩散，这成为一个有趣的现象。而可以自由操控的多元变化的信息系统和基础设施，使这一切变为可能。MoveOn的策略就是按兵不动，直到一个极为特别的重要时机到来，他们做到了。

人口交换

2000年6月18日，在一艘从荷兰泽布勒赫（Zeebruge）到英国南部城市多佛渡轮的一辆卡车上面，发现了57名窒息的中国偷渡者。而这名33岁的荷兰卡车司机仅是因为觉得车厢内吵闹而关闭了车厢内唯一的通气口，由此被判谋杀罪和14年的监禁。大多数的受害者都会付给"蛇头"2万美元作为偷渡费用，蛇头通过不法买卖可以敛得120万美元，而卡车司机则可以从每名偷渡者身上得到500美元的收入。北京的犯罪集团和布达佩斯的蛇头们合作，为偷渡者提供假护照和匈牙利入境签证，这些偷渡者在事前需缴纳9000美元的偷渡费用，然后搭乘俄罗斯航空公司的飞机抵达布达佩斯。到达以后，他们会被装上卡车拉到匈牙利边境，还要翻山越岭到达另一个地点，再被装上另一辆卡车运送到北海附近的一个港口（图5）。当这些偷渡者到达英格兰时，他们在中国的家庭将余款付给当地的人贩，同时人贩会把这笔钱分派给整个国际犯罪网络。与毒品贩卖仅由少数几个人控制整个交易过程方式不同，人口贩卖这类非法交易需要经过不同阶段的转移，以及多个地方组织的参与，就如同一种跨国企业的运作结构。这个犯罪网络所具有的弹性和灵活性使他们很难被发现，同时也使其成为发展最快的犯罪活动类型。犯罪网络具有专门化和独立化的特点，这也是应对警察侦破和海关检查时演化出的生存之道。

图 5 对装载有非法移民的货仓进行 X 光检查

人口贩卖是一种具有高度弹性的网络，但这种弹性区别于 MoveOn. org（"倒布"网站）所具备的弹性。MoveOn 的弹性是少数可以在短时期内形成高效决策的人集中控制的结果。相反，人口贩卖的行为因为其在大尺度运作上的独立和分散控制，使得控制的关键环节在交换的过程中产生，这样就可以及时调整，以确保安全检查和边防控制等危害交换过程的事件不会真正威胁到整个行动。正是这种无层级和跨地区的控制方法使其灵活多变并具有很强的适应性。由于在过程中会不断地产生对外界变化的反应，交易的完成经常受制于地点等因素。这种控制方法能够适应改变并不断调整，并非因为对环境的模糊化处理及其中立地位，而是因为其本身具有许多可供选择的次组织机构或次级段落，从而使其对外在环境具有多种反馈方式。它以地理环境作为资本，尽管 MoveOn 和联邦快递否认这一点。最后，这一方法也证实了地方交换过程的积累如何产生全球化影响，因为系统中的后续交换只有基于前期交换的成功才可能发生，当小尺度的小型事件在更大操作范围内繁殖时，也就具备了全球的重要性。

网络和领域的四种表达

1. "冲突"的场所和"搭载"行为

那种依靠在宽泛的运作领域进行即时性大规模部署的交换网络，最大限度地促进了流通，也扩大了与其他网络的交换，例如促进了交互活动或者带来冲突的

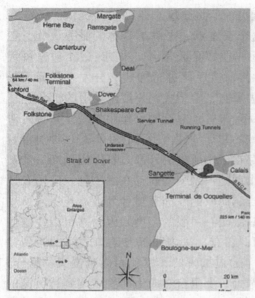

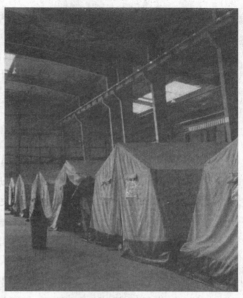

图 6　英吉利海峡的地图显示桑加特（Sangatte）和福克斯通（Folkstone）的位置及他们之间的地下隧道

图 7　位于桑加特的经过改造的红十字会难民营的内部

领域。高速的基础设施网络，例如配送中心、机场、铁路机车场、公路互通式立交以及一些联运设施，本质上都属于冲突性的场所。这些冲突性的领域并不倾向随机的产生，相反，它随时间相互累积，通常与基础设施、地理特征、自然资源和项目等先前存在的条件保持一致。也就是说，它是将现有的地形重新整理和极化而形成的，并非除旧布新。由此，交换通过多重网络得以增加和聚集，这表明一个更大规模的转移或内部交换在一个特定时刻及时产生了。正是在这些大量交换活动聚集的时刻，设计的可能性随之出现，公共空间和其他景观项目的机遇也接踵而至，并且进一步占据了这些场地，产生了大量并非原来预期的活动和事件。这就是所谓的寄生景观（parasitical landscape），与现有区域既相互作用又相互利用。偶尔会产生一个奇异的、计划外的反作用景观（reactionary landscape）。

　　1999 年 9 月 24 日，法国政府与红十字会合作，在距离滨海小镇桑加特（Sangatte）1.5 英里的地方建立了一个安置点，同时，它也靠近港口小镇加来（Calais），在英法海底通道法国一侧。这个安置点用来临时安置那些聚集于此的偷渡者，这些人试图在当地人贩的帮助下通过卡车或渡轮进入英国，或者试图跳上在进入通道时减速的火车来穿越通道，再或者在火车驶过的间歇试图跑过长达25 英里的通道（图 6）。这个安置点由一个占地 25000 平方米的旧仓库改建而成，采用了预制的金属顶棚，内部放置了配套的活动帐篷（图 7），共提供了 700 个床位。由 35 人组成的管理小组管理着这个安置点，提供了基本的服务设施，包括：医疗诊所、洗衣房、淋浴和卫生间。在 200 公里外的里尔（Lille），每天 2400 份套餐在那里准备好并运送到桑加特，然后再进行加热和分发。每天下午大约 4 点左右，安置点中的许多人都会去海边，希望找到夜渡至英国的机会。

这个在桑加特的临时避难所展现了一种未曾预料到的反作用景观，一种针对极其特殊的冲突情况下产生的对一块区域的非计划性占用。它并不是一种对景观的自发组织的利用方式，而是基于对已存在于场所中的外部力量做出判断后的扩张。在桑加特的这个例子中，安置点的出现同一系列先前存在的物理、政治和地理信息的积累一致，包括：最近跨越英吉利海峡的欧洲通道计划的终止；众所周知的法国边境警察对外国人的检查睁一只眼闭一只眼的态度，因为这可以使这些人更容易地离开而不是继续滞留在法国；还有，法国北部各港口之间的激烈竞争，过多的检查手续将会降低船只和火车通过加来的速度，因而减慢交易操作；由于加来的地理位置处在英吉利海峡最窄处，那里自然成为那些试图到达英国的偷渡者的聚集地；最后，多种低成本的交通系统（铁路、公路和海运）为过境者提供了多种选择，如果一种无效的话，可以立刻采取另外一种。综上所述，无怪乎桑加特被称做"英国等候室"。

从规划的角度来看，问题就变成，在意料外的或反作用占用突然出现之前，是否存在一种方法，能对已存在于场地上的冲突进行预测和安排。由此，如上文所描述的那种缺乏针对性的、通常也是最引起争论的空间使用方式，能否以某种方式得到合适的安排。对于预先存在于场地中并不断累加的交换活动来讲，机会主义的发展策略（Opportunisitc development strategy）对其优化和预备以及与设计、景观和经济等的合作提供了潜在的机遇。例如，联合陆地口岸（Alliance Land Port），是得克萨斯州一个融工业、物流、交通系统于一身的综合开发地区，目前又开始进军房地产业和商业领域，这充分证明了它作为一个独立的城市景观单元，已从之前西南大型物流集散中心的初始定位进一步升级了（图 8）。[7] 阿姆斯特丹的史基浦机场（Schiphol）也是一个绝佳范例，它表明经过精心策划的多元发展项目，可以同时兼顾当地居民和旅客的需求，这不仅激发了其作为全球交通枢纽的活力，也适于其他形式的地方商业和文化交换，由此重新定位也重新解读了对公共空间的使用（图 9）。由交换所产生的冲突性领域，不仅改变了关注公共资产的传统设计方法，同时也成为了一种解读当地和国家景观的新型工具；并肢解了传统空间组织类型，形成新的经济、社会和文化磁石。加州的硅谷、新泽西的伊丽莎白港、荷兰的兰斯塔德、德国的鲁尔区以及由比利时列日（Liege）和意大利北部的米兰组成的蓝香蕉地带（Blue

图 8　得克萨斯州联合陆地口岸（Alliance Land Port）的居住和商业开发

图 9　阿姆斯特丹史基浦（Schiphol）机场

Banana），都提供了冲突性领域在大洲和全球尺度下开始培育新的承载功能的补充实例。

2. 表面聚集

交换－调配式的网络通过增加其自身的交换资源实现了扩张。这并不包括某一个区块或特定区位的土地的直接扩张，而是它们自己在不同地域的分拨与组织的扩张。先前那些领土扩张形式更为具体明确，诸如对预先存在的空间形式的增加、填充和翻新，它们或者是由于叠加而产生——在罗马广场上演化出中世纪广场，表明这种扩张是通过垂直向的各层依次相互替代而实现的——或者是通过添加而产生——在特定地点扩大现有结构。当代的交换网络与之不同，更趋向于一种跨地域、分阶段的解读，以适应多元化的交叉（multiple intersectoins），这对其操作的成功是不可或缺的，同样它也服务于其内部的交换点以及其他相关的冲突点。这种对领域的新的解读，通常并不针对某一地点，而是包含了对借助交通基础设施完成的物质联系及通过自动传输和通讯系统实现的虚拟联系间的协调。由此，区域的发展及结构将更关注于效能及组织方式，这类似于形成一种高性能薄膜——一种复合材料，一方面作为信息的接收器、基础结构和上层结构，另一方面又不仅限于这些，而是介于传统类型划分及对空间形态的感知之间。它是一种次景观（subscape），一个能够为发生在结构内部的相互交换和占据的多种可能性提供支撑、服务和场所的领域。

因此，上层结构（superstructure）（即建筑形态）曾经作为公共景观的关键组成内容（从形式和美学上来讲），但其意义正在被蚀空。而投资及公众的注意力都转向它们的中间地域，这里说的地域并不是指外部环境或者剩余空间，而是

图 10　伍德菲尔德购物中心（Woodfield），绍姆堡（Schaumburg），伊利诺伊州

一种充满张力、高度组织化的景观。高效的地域因此可以提供交换网络所必需的后勤功能，而传统的上层保障系统不是退化成为这个系统的一个层级，就是融入整个结构之中。这些组织化的地域，如同它们试图控制的交换系统一样具有弹性，由此具有了新的价值，不仅仅在于地理环境——如区位或土地，就像以前的类型一样——也在于它们对各种变量的弹性——如基础设施、信息、环境等诸多因素。对基地的解读因此预示了一种组织化的而非美学的方法，在这里，设计的敏感性更倾向于性能和操作效率，而非传统形式构成的精彩。材料特性开始来自于超越基地的加工和处理流程，逐步取代了基地中的形式合成，这为建筑创新指明了道路，使得设计远离了纯美学的需求，转而与操作策略的逻辑及连续而暂时的空间格局相融合，从而避免了长期的波动和多方面修正带来的影响。

　　一个包含高科技园区的郊野地域是一种聚集表面的类型（an accumulated surface type），停车、路灯、绿化、游憩场地以及汇聚沥青表面积水的蓄水池组成了景观的最表面层。而其中所包含的复杂的电信系统成为内层景观，主要基于复杂精细的办公设施系统来区分。其与外部景观的接合面，本身也是一个智能的表面

图11，图12　联邦快递货物分拣和客流疏散系统，洛杉矶（上）；多站式联运设施，西塞罗（Cicero），芝加哥（下）

（an intelligence surface）。围绕在这种综合的内/外表面（indo‐exo）聚集体四周的只是一些普通的表皮，它们对整个景观的性能没有多少影响，除了作为环境遮蔽之用。位于城市边缘的大规模零售企业、具备自动化物流的生产企业，以及紧邻铁路和公路的操控设施，也是这种聚集表面空间的例子，但对于公共空间没有太多影响（图10~图12）。与复杂的城市基础设施相协调的公共空间，如地下停车场，具有复杂的照明、排水系统，在其巨大体量和多样的地面功能之下，土壤地质状况也十分不同，如芝加哥的千禧公园（Millennium Park）或巴塞罗那环路上将居住区和商业区连接起来的多样化地形和桥梁，组成了新的城市聚集表面类型（图13，图14）。

3. 弱化的地理性

在更为传统的商贸线路及交易组织中，通过捕捉交换活动发生的最佳时刻与地点：即货物的亲手交换（the handover）我们可以清晰地解读城市景观。今天对商业地域的清晰理解，则是通过对交易过程的适应或亲手交换的调配部署来实现的。如果在以前，一项商业操作中的交换时间点与地点被认为是该操作的最佳

图 13，图 14　芝加哥千禧公园修建场景（上）；跨越巴塞罗那环路的桥，由建筑师阿尔方斯·索德维拉（Alfons Soldevilla）设计，1992 年（左）

表达，那么它就是商业景观从形式上和象征性意义上的具象化，而当代商业交换生态系统（ecology of commercial exchange）对直接的交换行为本身不慎关注；其成功则由交换过程的效率和最佳方案来决定。因而，沿交换路径上的调整和改变被减至最低，所以它们被认为是网络中最弱和漏洞较多（porous）的时刻。对于一个复杂的交换系统，其操作标准应该是减少中断（stoppage）并保持交换过程的无缝实施——也就是说，最灵活的调配过程应该具有零修正（zero points of adjustment）的必要，以保持其交易轨迹的长效，或者其灵活性应使连续的流程不会被修改所影响。捕捉到这些关键时刻，也就是产生及调配交换所必需的中断、修正或内部交换的时刻，不论是一项单独的操作过程还是与其他程序的关联操作，都标示出了设计的最佳介入时机，可以产生独特的功能可能性。这些在网络轨迹中的脆弱时刻，经常具有其自身的价值，如提供了帮助辨识该系统的标志，还可以通过探索发掘出新的空间机会。例如沿着或比邻交通基础设施的项目的机遇——提供给途经者和商业卡车司机的高速公路休息处，就创造性地沿高速走廊两侧开发剩余用地（图 15，图 16）——以及对工业棕地的修复和改造，以实现公共或商业开发，或将垃圾堆填区改造成娱乐用地等。航空产业最近比较流行的做法是在功能贫乏或未充分开发的地区开发建设房地产，它们对这些交换的弱点

图15 伊利诺伊州三州（Tri–state）收费公路
（1–249公里）上的机动车辆服务广场，希斯代尔
（Hinsdale），伊利诺伊州

图16 靠近高速公路的开发商住
宅，希斯代尔（Hinsdale）（上）；
处于公路声障墙之后的学生公寓，
乌得勒支（Utrecht），荷兰（下）

进行投资开拓，是对各主要国际交通枢纽日益增长的交通和着陆费的一种经济反
应。爱尔兰航空（Ryan Air）作为欧洲最知名的提供低价航线的公司，通过在一
些之前被认为是相对次要的全国性城市降落，以提高利润和丰富航线，其欧洲航
线图就是由这些先前被忽略或不被熟知的地方组成的。现在，通往法国的门户选
择了博韦（Beauvais）而不是巴黎，一个距巴黎75英里的地方；在意大利，特雷
索（Trevisio）周边的一个小镇取代了威尼斯；在瑞典，哥德堡（Goteborg）取代
斯德哥尔摩成为低价航线的中枢。周边未被充分利用的地理区域以前只不过具有
地区或国家的认知度，而现在成为全球性的交通门户。原本具有商业和房地产开
发缺陷的地区在新形势下成为经济增长点，为新的影响区域带来经济和设计的
潜力。

4. 地域联合

以上所有的例子描述了联合与合作的重要性：或者成为一种经济联合，例如
亚马逊和联邦快递就是一种领域交叉类型的联合，包括了技术、文化、商业和分
配的相互作用；或者由于特殊的兴趣，形成通讯系统与政治之间的联合，如从全
球层面对场地的即时连接（simultaneous global articulation of site），就像在美国入
侵伊拉克时期的反战和烛光守夜活动的组织者"倒布"网站（MoveOn. org）和
其在许多城市的相关组织一样。这种短期存在的对领域的界定，依靠许多不同层
次信息之间的相互作用，并引发了对领域的其他操作性界定。在发生集体交换行
为的场地中，单独的个体聚集在一起，并在特定的公共实践中寻找自我表达，反

映了他们各自的社会、政治和文化信仰。这些场地通过增加通讯技术的精密性而得到了极大地促进。这些技术有助于公众表达和私人目的之间的联合，使之形成一种部落联盟式的景观。其他相关的影响，如在不同交换系统间的附带性质的及反作用的联合，如英吉利海峡海底通道本来是为富有的欧洲人建立的高速联系，但它同时也为去英国的偷渡者提供了一条秘密通道；或者，对借助手机短信息来传达的各种指示的反馈实践，又被称做"快闪族"（flash mobbing），导致大量的人在特定时间瞬间移动到特定地点做特定的事，从而将科技的影响与对公共空间的占用融为一体。空间地域因此变得更加灵活和机动，暂时的修正相对于特定环境可以更好地定义区域的本质。

结论

那些为人熟知的空间类型，是经历了漫长进程才演化形成的。它们是某一事件优化的结果，直到新的行为开始接管并导致其重组，才开始从原来的位置被废弃。交换过程的复杂性和强烈的流动性，导致我们对 15 年前构建起来并深信不疑的公共领域的定义产生了疑问。作为设计师，当有可能参与到新的城市景观及公共项目设计的时候，会很高兴有这样的机会能够去思考这些过程是如何不断地挑战我们的学科传统及专业反应的。景观都市主义不仅是一种融合了基础设施、商业和信息系统的对新的空间形态设计的探讨，而且也是在对公共空间重新诠释的过程中对于其社会、政治和文化影响的探索，无论其发生的地点和形式如何。

注释

1. 地理学家和社会理论家大卫·哈维（David Harvey）在其著作《后现代性的状况》（*The Condition of Postmodernity*，Cambridge，England：Blackwell Publisher Ltd.，1990）中，当探讨到金钱、时间、空间以及作为结果的社会权力的关系时，参考了中世纪商业网络的案例。在参考文献中，他对两本书格外感兴趣：《时间的革命：时钟与对现代世界的塑造》（*Revolution in Time：Clocks and the Making of the Modern World*，Cambridge，Mass.：Belknap Press，1983）和《中世纪的时间、工作与文化》（*Time, Work and Culture in the Middle Ages*，trans. Arthur Goldhammer，Chicago：University of Chicago Press，1980）。这两本书都谈到了中世纪商业贸易与空间运动的关系，以及后来商人和贸易者为运输的货物制定价格，这开始在时间、空间和金钱之间形成了一种可计量的关系。此外，勒·高夫（Le Goff）进一步参考了兰德斯（Landes）的文献，来描述地图学知识（cartographic）与军事活动对于中世纪早期贸易的成功的重要性。他写道，好的地图需用黄金来支付，因此也将时间与空间之间的可测算的关系拓展了，信息被纳入进来。

2. Wolfgang Schivelbusch, *The Railway Journey: The Industrialization of Time and Space in the 19th Century* (Berkeley: University of California Press, 1986). Schivellbusch's comments recall Karl Marx, who wrote in *Grundrisse, Foundations of the Critique of Political Economy* (London: Pelican Marx Library, (1857) 1973): "This locational movement—the bringing of the product to the market, which is a necessary condition of its circulation, except when the point of production is the market—could be more precisely regarded as the transformation of the product into a commodity."

3. See Alejandro Zaera Polo's article, "Order Out of Chaos: The Material Organization of Advanced Capitalism," in "The Periphery," ed. J. Woodroffe, D. Papa, and I. MacBurnie, special issue, *Architectural Design*, no. 108 (1994): 25–29, for his discussion on how traditional commercial models of production produced typological urban topographies that were "metric determinations," i.e., fixed and thus measurable spaces, while fluid systems, i.e., those processes that define late-capitalist production since the 1960s, produce another species of space that is not typological but instead involves the reorganization of the urban topography into unarticulated operations and events, which he terms "hybrids"—complex programmatic accumulations linked together.

4. See Keller Easterling, *Organization Space: Landscapes Highways and Houses in America* (Cambridge, Mass.: MIT Press, 1999). In her introduction, Easterling describes a methodology whereby the description of episodic events (often eccentric ones) are exploited to dispel conventional cultural myths through the use of what she terms "spin." The "spin" operates to dispel or explain these myths, yet themselves become scholarly artifacts in the discussion. My own accounts of Federal Express, MoveOn.org, and human trafficking in this essay are influenced by Easterling's method, as they attempt to reveal larger issues attendant to contemporary commercial networks and to make sense of their spatial and material consequences. See Claudia H. Deutsch "Planes, Trucks and 7.5 million Packages: Fed Ex's Big Night," *New York Times*, December 21, 2003; see also "FedEx Ready to Deliver Harry Potter Magic Directly to Thousands of Amazon.com Customers," www.fedex.com/us/mediaupdate1.html?link=4, June 20th 2003. (accessed August 2003).

5. George Packer, "Smart Mobbing the War," *New York Times Magazine*, March 9, 2003. See http://query.nytimes.com/search/restricted/article?res=F20814F734580C7A8CDDAA084 (accessed August 2003).

6. Ibid., 36.

7. On Sangatte and the Channel Tunnel, see Peter Landesman, "The Light at the End of the Chunnel," *New York Times Magazine*, April 14, 2002. See also www.societyguardian.co.uk/asylumseekers/story/o,7991,433654,00.html (accessed April 2001); www.gisti.org/doc/actions/2000/sangatte/synthese.en.html. (accessed April 2001); and www.lineone.net/telegraph/2001/02/20/news/the_38.html (accessed April 2001). Alliance is a land port strategically located on 8,300 acres of raw land outside Fort Worth, Texas. It was developed by Ross Perot, Jr. as an international transportation development based around the integration of just-in-time (JIT) manufacturing, ground transportation, and global air freight and hosts many of the countries largest corporations, such as JC Penny and Federal Express. Alliance is a highly planned coincidence and now encompasses more than sixty-five square miles of infrastructure and development.

人造表面
Synthetic Surfaces

皮埃尔·贝兰格/Pierre Belanger

图1 49 号自由贸易区，新泽西，2003 年；顶视图从左开始：纽华克自由国际机场（EWR）航站楼 A，栈桥 3；联邦快递货仓；飞机跑道 4L - 22L；飞机跑道 4R - 22L；外围沟渠；新泽西收费高速公路（Turnpike）；以及纽华克/伊丽莎白港集装箱码头，新泽西，美国，2003 年

未来的重心，必定在于彻底详尽的调查、对相互关系的深入分析以及资源的整合，而非立即的征服。对我们技术成就的调整和修正，要比沿某些特定路线的过度发展重要，同样也比另外一些过分的迟滞重要，因为它们严重缺乏不同部分之间的平衡。

——刘易斯·芒福德（Lewis Mumford）

沥青也许是北美景观中最随处可见但最易被人们忽视的材料了（图1）。[1] 它的尺寸和形式表明它不可能作为一个单独的有界系统存在，其功能需要依靠连续的横向平面。公路、车站、交叉路口、匝道、隔离带、人行道和路沿都是一些在建成环境中随处可见的元素，它们作为北美当代文化中有影响力的特征，却最容易被人们忽略。[2] 这些看起来没有太多相关联系的元素组成了一种独特的人工设计的系统，该系统支撑着众多的区域发展，并且产生了丰富的当代功能，其中许多都超出了欧洲传统影响下的城市规划和设计范畴。那么，我们应该怎样解释并清晰地表达北美都市主义的逻辑？对当代城市化的综合过程的考查，可以为这一问题及其针对当代景观实践的潜在影响提供部分答案。[3]

最近，围绕着景观都市主义的讨论在北美盛行，讨论集中在建筑师和规划师对于景观在当代城市发展中的角色和作用的分析。一些作者试图阐述北美空间结构的逻辑，并以之作为理解当代城市化的一种方法。如建筑师及理论家斯坦·艾伦将北美城市景观的演变比作"一种急剧的水平向都市化……发展为一个巨大的、垫子状的地域，上面散布的一些口袋状的聚居点被许多高速、高容量的公路连在一起"。[4] 另一名建筑师及规划师亚历克斯·沃尔（Alex Wall）将这种转变描述为"将巨大的城市表面重新塑造成一个平滑和连续的矩阵，将上面越来越多的、相互分离的环境元素有效地整合起来"。[5]

在较小的尺度上，越来越多的作者开始讨论材料技术对于塑造城市表面的影响，并将之理解为一类景观。再回到艾伦的观点，他将景观中的人造表面（synthetic surface）看做都市化的实质，这具有一定启发性。"景观中的表面的特征总是与其组成材料及表现特性有区别"，他写道，"坡度、软硬度、渗透性、深度和土壤化学性能都不同程度地影响着表面的特性。"[6] 其中，北美城市化过程中最容易被忽视、也最需要被关注的材料就是沥青。沥青这种材料的历史可以追溯到

图2　美国1号公路，1911年

古罗马，而近期涉及该材料的文化主题的例子是在2003年的"米兰设计三年展"（Milano Triennale），马尔库·扎蒂尼（Mirko Zardini）在该展览中展示了一幅叫做"沥青"的作品（Asfalto）。扎蒂尼以敏锐的观察，透过对这种灰色的、平凡的合成材料在历史、技术、文化及视觉层面的挖掘，将其塑造成为"通常令人不愉悦但却不可缺失的皮肤。"[7]

直到20世纪，这种材料对建成环境的最终影响，才在北美景观中充分体现出来。还没有其他任何一种材料能在灵活度、适应性方面能与之相提并论，它能承担不同功能，发挥多种用途，也能产生丰富的效果。对这种材料的创新，与其所支持的自发机能的结合，形成了今日北美景观最常见的类型——这种类型获得了越来越多的关注，并通过景观都市主义的不断实践折射出来。

早期状况

北美的城市化历史开始于泥浆中。[8] 在石油、蒸汽或煤出现之前，以及在飞机、火车和汽车发明之前，美洲几乎到处都是崎岖不平、令人头疼的地形，而地面上到处是坑坑洼洼，并有车辙的痕迹，这对区域的交通和联系制造了不少障碍（图2）。现代工业化很快消除了长久以来自然环境中的泥浆、尘土和黑暗的阻碍。慢慢地，19世纪这种使人苦恼的典型景观逐步被速度这种现代化的核心特征所改变。[9] 亨利·亚当斯（Henry Adams）记载了这种 19 世纪末发展停滞不前的状态。

> 美洲亟待建设，应毫不迟延，最少应建设三条大路和运河，每条都需要几百英里长，跨越山脊，穿越无人的区域，直到没有大市场存在过的地方——否则像现在这样会有政治上分裂的危险，这种联系无法保证政治联盟的安全。在波士顿和纽约之间有一条尚好的通道，轻型公共马车载着乘客和邮件，每周三次、每次三天地往来于两地。从纽约到费城的公共马车每周日发一班，接下来的两天都要消耗在路上。据 1802 年的报纸评价，保卢斯·胡克（Paulus Hook，也称宝勒斯·胡克，即现在的泽西城）与哈肯萨克市（Hackensack）之间的道路被认为与从缅因州到佐治亚州之间的任何一条道路一样糟糕。在北部诸州，每小时 4 英里的速度是来往于班戈（Bangor）和巴尔地摩之间马车的平均速度。在波拖马克河那边，道路的情况更坏。而彼得斯堡的南边，邮件甚至是直接放在马背上运送的。[10]

亚当斯所描述的道路状况表明了当时地理和城市的非常情况。美国驾驶员联盟的艾萨克·B·波特（Isaac B. Potter）在 1891 年的信中略述了经济的紧迫性：

> 美国是世界上仅有的一个寻求快速发展、但公路却十分糟糕的国家；那里的情况会让外国人感到惊讶。与德国、法国、意大利等欧洲国家一系列良好的道路状况相比，即使在美国一些很繁华的州，所谓的国道还到处是泥泞，在某些季节车轮会有一半陷入泥地。[11]

霜冻

区别于欧洲大陆，北美大陆一个最特殊的情况就是霜冻。欧洲有着温和的冬季，陆地表面不会经历一轮又一轮的冰冻和解冻，而这个过程正是对公路路面最大的破坏。在欧洲，水可以被用作黏合物和压实剂，因此使之成为修路时的积极因素。而在美洲就需要更具弹性的材料来对抗松软泥泞的路面，这些材料需要比在欧洲大陆使用的那些更抗冰冻、更为结实。轮胎之父查尔斯·古德伊尔（Charles Goodyear）早在 1844 年就发明了这种良好的路面材料——硫化橡胶（vulcanized rubber），这种产品的特点是加热不会融化，冰冻不会脆裂。但是这种材料对于洲际高速公路工程的尺度和规模来说使用成本却太高。[12] 于是沥青作为一种更平整更干燥的替代物出现了。文化历史学家杰弗里·斯克纳普（T. Jeffrey T. Schnapp）描述了沥青如何在欧洲城市中引发变革：

沥青在现代的广泛使用，将人们从工业活动所产生的有害粉尘中拯救出来。在工业化开始时期，到处都是尘烟和废气。19世纪长途大巴的革新使之成为加速运动的代表，这远早于20世纪动画和图片中代表发展速度的蒸汽机和流水线的出现。由此，废气和粉尘也就表明了驾车者与行人之间的差异，以及有选举权的公民与被剥夺了选举权的公民之间的差异。很快，全国范围的交通网络在一个单一民族国家（a nation-state）中形成。灰尘是19世纪的污染物质，而沥青是快速而有效的解药。[13]

表面经济

探寻一种不受北美气候影响的路面最初是由哥伦比亚大学教授爱德华·约瑟夫·德斯曼特（Edward Joseph De Smedt）提出的，这一思路在世界上第一次被应用于一种现代化的、工程化修建的、分层的、最大密实性的沥青铺面。1872年在新泽西州纽华克（Newark）市政大厅前面，这位比利时化学家开始在威廉大街（William Street）建造一段1400英尺长的道路，这也成为现代筑路业的开端。[14]与号称"筑路之父"的苏格兰发明家约翰·麦特考尔夫（John Metcalfe）、托马斯·特尔福特（Thomas Telford）和约翰·劳顿·麦克亚当（John Loudon McAdam）①相比，德斯曼特的方法完全不同于他的前辈，他综合了千年以来的材料发展，形成一种简单的、可复制的技术。[15]这种表面技术采用一种现场加热、半液化的沥青混合方式，能够根据想要的厚度和密度来铺设相应承载力的路面。这种技术只有在像北美新大陆这样拥有超过苏格兰百倍领土面积的大陆，以及对规模及后勤运作方面的要求超过了对材料质量和资源要求的地方才可能被设计出来。德斯曼特的技术也同时意味着道路表面可以根据交通工具的类型、交通流量的大小以及多样的地形条件等采用不同的设计。1870年在他的专利中这样描述了了这种技术方法：

> 道路表面被小心地分层铺设，我先用薄薄一层大约半英寸厚的热的细沙铺在上面，沙子上面铺设一层由热细沙和沥青预先混合而成的材料，它们进行了适度的加热，这一层大约1英寸厚。在这层之上……我用热滚压机压实，而后再铺一层半英寸厚的热细沙，上面再铺1英寸厚

---

① 译者注：托马斯·特尔福特（Thomas Telford）（1757～1834），苏格兰工程师，率先将铸铁引入拱桥，开创了拱桥材料的革命；约翰·劳顿·麦克亚当（John Loudon McAdam）（1756～1836年），苏格兰土木工程师，发明了碎石路（macadam）。

图3　横贯大陆的汽车探险护卫队，1919 年

细沙和沥青的混合物，然后再用热滚压机压实。如此反复直到所需要的厚度，道路铺设得以完成。通过这种铺设方法，我可以毫无困难地使沙子和沥青达到正确的比例，并保证整条路面的铺设质量相同。[16]

德·斯曼特的叠层覆盖技术彻底地改变了筑路业。根据完成于 1904 年的首次全面的美国道路勘测，在超过两百万英里的乡村公路上，只有少于 15.4 万英里的路面进行了铺设，并且通常使用的材料多为砂砾、石块或者其他粗制材料。而在 1916 年联邦道路法案（Federal Road Act）的标准化导则通过之后，4500 英里的路面很快用沥青进行了铺盖。由于比水泥路面具有更好的张力和同等的摩擦力，沥青路面取代了其他所有铺设方式。而广泛的地区适应性使其最终成为效率最高的方式。在 20 世纪中期，沥青已经可以从焦煤或者原油中提炼出来，并且可以加入铺设当地所能获取的石英岩或花岗岩等任何原料中，从而形成一种在北美大陆任何地方都可见的通用、防水、易于通行的表面。[17]

探险

1919 年夏天，年轻的陆军中校德怀特 D·艾森豪威尔（Dwight D. Eisenhower）加入了美军护卫队，他们的目的是找出一条供机动交通工具穿越大陆、联系美国东、西海岸的大陆通道。在 1919 年的这次大陆穿越活动中，探险队伍用了 62 天的时间横跨美洲大陆，超过刘易斯（Lewis）与克拉克（Clark）以及金（King）

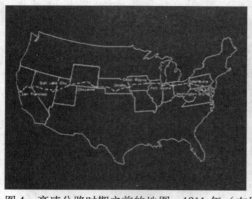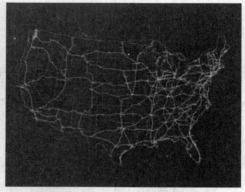

图 4　高速公路时期之前的地图，1911 年（左图）；美国洲际和国防高速公路系统，1947 年（右图）

与海登（Hayden）的探险，这次活动由 37 名军官和 258 名士兵组成，乘坐 81 辆机动车穿越了 3200 英里的道路，由华盛顿特区来到了旧金山（图 3）。[18]他们经林肯公路（Lincoln Highway）到达旧金山，经过了充满污泥、流沙等变化莫测的危险路面。只有少于 1/10 的乡村道路使用沙砾、石块或者其他粗制材料铺设了路面。[19]其余的都是泥、土和沙。队伍行进的速度平均在每小时 6 英里，在这期间艾森豪威尔见证了边疆地区道路的现状情况。"穿过了 11 个州的 350 个社区"，他写到，"大约 325 万民众见证了这次成功的探险活动。当地的宣传向全国的 3300 万民众报道了此次探险活动，同时活动也得到了更多的资助和支持"（图 4）。[20]这次穿越探险活动所经过的道路路面后来被重新铺设，作为日后纪念艾森豪威尔取得的壮举的重要标志景观。

自动化

在 19 世纪 20 年代后期，随着德·斯曼特的技术的不断发展，建造超过 4500 英里的高速公路成为可能（图 5）。机械化被广泛使用，混凝土建造设备迅速被改造以适应沥青铺设中的高温液体乳液。[21]推土机、铲土机、压路机、研磨机、磨光机、滚轧机等也因此被大量使用。从筑路业到加工业和房屋建筑业，没有什么产业可以从这种大规模生产中遗漏。《哈珀斯》杂志（Harper）报道了威廉·李维特（William Levitt）在 19 世纪 20 年代的工作，一个流水线作业过程的出色案例，为提高效率而广泛地使用机器。

　　一开始用一台挖掘机，通过搅拌运送卡车来搬运水泥，再用一个自动拖网船（automotic trowler）来平整基础底板，李维特充分利用机器带

图5　蒸汽压路机用于铺设沥青路面，1934 年

给他的一切便利。住宅区的基地变成一个巨大的装配流水线，卡车会把每个房子需要的建筑材料分别卸在宅基地前然后转去下一个房子。一些部件——如管件、楼梯、窗框和柜子等——会在位于罗斯令（Roslyn）的工厂预制，再运至基地装配。这个过程可以被称做半自动预制安装（图6）。[22]

现在，大规模生产渗透到了建造过程的每个方面，人们看到了前所未有的成本效益和速度。

机动性

热混合沥青是一系列爆炸性发明和创新的引领者。连同内燃机的出现，其他的一些创新，比如硫化橡胶、精炼石油、空气管、气压轮胎、滚球轴承、冷轧钢、压铸金属、液压传动装置和润滑剂等使得几乎所有北美景观的元素均被机动化：马拉货车变为动力货车，四轮大马车变为公共汽车，自行车变成了电动四轮车。加上加工技术的进步，汽车几乎可以超越火车的速度。于是这就要求更平整、更广阔、更系统的道路和高速公路网。沥青道路可以流水线生产，但是公路系统必须有规划。随着 1916 年联邦道路援助法案的通过，每个州都具备了承担联邦高速公路项目的能力，所以筑路公司可以把德斯曼特的方法使用于更广阔的

图6　革命性的四轮拖拉机式铲运机，1948年。第一个完整铰链式的铲土搬运机，由罗伯特·勒托那（G. Robert G. Letourneau）设计

领域中。

　　早期将土路变成沥青路面的过程十分缓慢。两次世界大战占用了大量劳动力、设备和原材料，使得筑路工程一度停止。"二战"之后不久，新泽西州州长阿尔弗雷德 E. 德雷斯库（Alfred E. Driscoll）极力宣扬发展现代高速公路系统（modern freeway）。又一次，速度成为关键。所以，一位二战准将威廉·威斯理·沃纳梅克（William Wesley Wanamaker）被委任来加快北美第一条沥青高速公路——新泽西收费高速公路（Turnpike）的建造。就像之前一样，沃纳梅克将这个巨大的工程分成了 7 个单独的合同。正如 1949 年收费高速公路地图上写的那样，一个唯一的目标："118 英里安全、舒适、不间断的道路"。

　　　　这就是收费高速公路这条"现代魔毯"在 1951 年完工后能带给车主们的好处。长远的视线距离、宽阔的行车道和路肩、适宜的弯道以及没有平交的设计保证了行车的安全和舒适。道路设计了 15 个立交，使车辆可以自由到达和离开东部海滨旅游胜地和西边的重要节点。南北向的交通也可以经济有效地运行。通过收费高速公路，交通时间可以节约大约 40%。[23]

　　原料提取和材料混合逐渐发展成在现场安装设备的一个关键的步骤：混合工场（batch plant）。采用这样的方式将所有生产必需的元素都集中于施工现场，可以有效降低运输成本和减少工期。[24]从科尼岛（Coney Island）昼夜不停挖出的 500

图7　新泽西收费高速公路上的三层立交建设：4号公路与伍德桥大道（Woodbridge Avenue）的交叉口，1950年

万立方的沙泥被铺在324英尺宽的路基之上，其中还要穿过纽华克草地（Newark Meadow）。世纪交替之际，如收费高速公路管委会发表的一篇文章所述，土地的开垦成为提高城市密度之道：

> 这些位于城市周围的沼泽地，因其对城市周边乡村社区的健康及卫生方面的影响，其排水改良引发了很大争议。它们不仅有害，而且毫无农业价值。通过排污和清洁的改造，不仅使这些草场具有美学价值，也会深深打动那些曾经看到过荷兰围海造田的人们。[25]

所谓的"联合制沙技术"（Operation Sand），是现代自航式挖泥机（modern hopper dredger）和源自欧洲具有300年历史的荒地开垦技术的结合。在收费公路的最后修筑阶段，这一技术发挥了很大作用。大片被认为"没有效益"的沼泽地及周围的养猪场被改造成今天的新泽西收费高速公路、新泽西自由国际机场和纽华克伊丽莎白港（图7）。在23个月的工期里，这一国家条件最为恶劣的沼泽地变成了世界上最先进的高速公路。这条线路穿越了全国密度最高的区域，将纽约和费城的通勤时间减少了2个小时。如德雷斯库州长宣称的那样，随着收费公路的完工，由这种交通路面所带来的时间效益是毋庸置疑的。

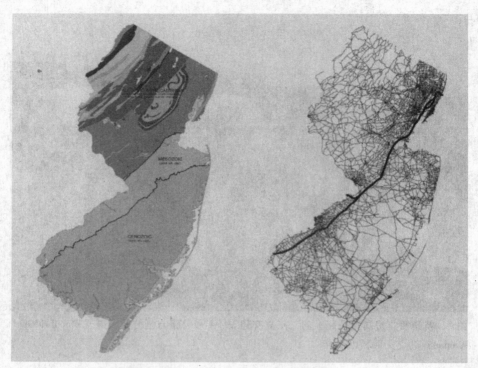

图8　州大地测量（左图）和收费高速公路与周边支路路网的关系（右图）

　　在 1949 年，我们决定为新泽西修建世界上最好的高速公路，它跨州连接哈得逊河（Hudson River）和特拉华河（Delaware River），为新泽西和周边的兄弟州的交通带来便利。这一项目被称作新泽西收费高速公路。管理局以惊人的速度完成了这个项目……收费高速公路的实施旨在加强新泽西的经济和推动国家的整体发展。它对于国防方面的意义也是显而易见的。[26]

　　拥有 13 个收费服务区，10 英尺宽的路肩和 6 条 12 英尺宽的车道，新泽西收费高速公路执行了今天《加州高速公路设计手册》（California Highway Design Manual）里的高速公路标准化尺寸。[27]作为筑路业的圣经，这一高速公路设计标准可以应用到美国、加拿大、墨西哥和世界上几乎任何一个国家的道路铺设中。当收费高速公路竣工的时候，一共铺设了超过 3 万平方公里的沥青路面，路面有一英尺厚，下面垫有两英尺的沙石。正如已经退休的收费高速公路管理局工程师布鲁斯·诺埃尔（R. Bruce Noel）说的那样，"收费高速公路拥有最出色的铺面，你几乎不需要修补或者替换，它将一直在那里。"[28]新泽西的高速公路的创新模式，如停车休息处、收费站、加油站和汽车影院等设施很快成为今天公路文化的基石，也将成为未来道路基础设施的组成部分。

系统化

然而，现代化的新泽西收费高速公路还远远谈不上完美。作为一个工程实验平台，他的 S 形走线包含"从土地测量人员的疏忽到官方大地测量基准所产生的错误定位点"。[29]1981 年获普利策奖（Pulitzer prize）的美国纽约《时代杂志》科学通讯记者约翰·威尔福德（John Wilford）在他的著作《地图制作者》（Mapmakers）中，讲到这些官方的全国土地测量成果，是几百年前由托马斯·杰斐逊（Thomas Jefferson）任命的瑞士籍工程师弗丁南德·R·哈斯勒（Ferdinand R. Hassler）所领导的国家大地测量（National Geodetic Survey）完成的。"这种曲线是收费高速公路连接众多分岔路口的唯一办法"（图 8）。[30]

1956 年的《联邦资助高速公路法案》（Federal Aid Highway Act）的出现，成为国家基础设施建设的权宜之计。在距其穿越全国的军事探险 37 年之后，艾森豪威尔总统（President Eisenhower）创造了一个里程碑式的标准——长达 43000 公里、最小 24 英尺宽、双向 4 车道的路网。这参考了 20 世纪 30 年代晚期由弗兰克林·罗斯福（Franklin D. Roosevelt）制订的详细计划，艾森豪威尔的区际高速公路将尽可能地遵循现状道路：

> 当车流量超过每天 2000 辆时，就会设置超过 2 条的车道。然而出入口必须受到控制，否则并道的车辆会干扰主要车流的自由行驶。在大城市，这些通路最好是下沉或高架起来的，而前一种方式更受欢迎。限制出入口的环线通道对希望迂回绕过城市的交通是十分必要的，同时它也与直接连接城市中心的辐射状快速路相连。围绕中心商业区的内环道路应当与城市中心辐射出的快速路相连，同时也为经过的车辆提供另外一条环路。[31]

在其探险之后的 37 年当中，艾森豪威尔吸取了在美洲大陆形成无缝连接的思路（continental seamlessness）。他在总统任期内异乎寻常地重视美国大地测量，规划公路网系统并筹集资金来付诸实施。美国的州际和国防高速公路系统（U. S. Interstate and Defense System）被部署成为一个战略组织手段。当时的副总统理查德·尼克松（Richard M. Nixon）表示，军事防御目标支持下的超级高速公路系统的实质是连接全美散布的主要城市，并且克服现状交通体系的 5 个关键问题：

每年大量的死伤事故、交通堵塞所带来的数十亿美元经济损失。美国国家法院堆积如山的高速公路相关案件、货运方式的低效、对灾害或战事的防御机能的缺失，都不亚于一场核战争。[32]

艾森豪威尔显然是见证了二战期间通畅的高速交通为德国带来的益处。战前的德国宣称其建造的高速公路不仅极大地刺激了汽车产业的发展，同时消除了失业率，这些在日后被证实有部分的夸大。[33]艾森豪威尔于1956年兴建的州际和国防高速公路国家系统，毫无疑问是美国历史上最具深远意义，同时也是最低调的公共建设项目。其总体规划最迫切改变的是地理可达性，由此，艾森豪威尔坚持认为这套系统将具有重铸美国的作用：

> 建造这些道路所用去的混凝土可以造出80个胡佛水坝或者6倍长度到达月球的人行道……推土机和挖掘机一共搬运的土方可以覆盖康涅狄格州达2英尺厚。它超越了战后政府的任何一项单独工程，以直伐路段、互通式立交、桥梁和笔直延伸的大道等改变了美国的面貌。它为制造业和建筑业提供了众多的工作岗位，为偏远的农村地区带来了发展机遇，它对美国经济的价值不可估量。[34]

艾森豪威尔的宏伟计划带来的效益是指数级上升的。超级高速公路的建造推动美国进入了50年连续的机动化发展潮流。大尺度上的顺畅交通使行车速度大为提升：在不到50年的时间里，速度的发展超过1000%，从每小时6英里增长到每小时65英里。现在，道路建造的工程技术问题得以解决，取而代之的是高速增加的交通所带来的速度管理问题。早在1954年，艾森豪威尔总统在他7月12日的宏伟规划中就描述了这种速度和流动性之间的矛盾：

> 去年，共计37500位男女和儿童死于交通事故，受伤人数高达130万人。这些数字给美国敲醒了警钟。作为一个人权国家，我们必须停止付出这样的代价。资产的损失达到惊人的数字，保险费也成为了沉重的负担……最明显的惩罚就是每年事故死亡的人数已接近战争中的死亡人数，这已难以用金钱来估量了：每年接近4万的死亡人数，以及超过130万的受伤人数。[35]

1955年，在新泽西安置了第一个混凝土道路隔离栅栏，当时只有18英寸高。作为扩展的道路边界，这种道路栅栏看起来就像是一堵两侧带有路沿的矮墙，它用来分隔两边相反方向的车流。通过对隔离栏实际使用的观察而非碰撞试验，对它的外形不断进行修改与发展，高度也从最初的18英寸增加到1959年的32英寸。从底座向上的最初2英寸是垂直向的，接下来的10英寸呈55°角，而最后部

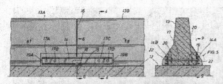

图9 新泽西收费高速公路管理局的重型车辆中央隔离栏（顶图）；迎面碰撞，1952年8月27日（底图）

分呈 84°角。[36] 随着滑动模板技术的发展，最常见的形状被称为"泽西隔离栏"，几乎在全美所有地方都可以见到（图9）。

泽西隔离栏（分隔栅栏）既预防了交通冲突，也阻止了横跨。随着 U 形掉头路口的消失，互通式立交桥（jughandle）应运而生。这一空间发明通过架起路面使车流可以相互不受影响地在有具体限定的不同方向通行。这种进行立体分层的重要工程策略，被用在任何两条道路交叉或两种交通模式重叠的地方。为了防止在坡道上发生碰撞和重大事故，这种互通式立交桥演化为一种更加标准的、垂直式的高速公路交叉口，又被称做互交式或者跨线桥。四叶苜蓿形的立体交叉是最经典的一种形式，它允许两条高容量的道路无缝连接。除非立交桥上产生拥堵，否则不会需要任何停顿。第一个这样的苜蓿叶立交桥在 1929 年的新泽西投入使用，位于现在的美国州际 1/9 和新泽西州级 35 号高速公路上。这种类型的立交演化出很多新的形式，如与新泽西收费高速公路的交叉口相连的多支交叉、三层互交和环形立交（图10）。

自由贸易区

城市发展的另一个障碍是容量的问题。到 1995 年，州际高速公路系统九成以上的部分超过了其设计寿命。该系统在设计之初只考虑满足 20 年的交通增长和 1 亿人口的使用，而在 50 年后超过 3 亿人口使用的状况下已经严重超负荷运转。为了解决交通堵塞、大运输量和设施老化等问题，政府在 20 世纪后期颁布了一系列交通运输计划，其中包括 1991 年的《联合运输效率法案》（Intermodal Surface Transportation Efficiency Act）和 1998 年的《面向 21 世纪的交通公正法案》（Transportation Equity Act for the Twenty – first Century）。通过为州和地方项目提供联邦基金，这些法案表明了交通和经济之间无法分割的联系，并力图将现状交通系统的容量最大化。这些举措涉及不同层面和多种范围：新的联合交通廊道，如由纽约－新泽西港口管理局实施的位于纽华克自由国际机场和约翰·肯尼迪国际机场之间的"空港快车"（AirTrain）项目；由北美高速公路联盟（North American's Superhighway Coalition）发起的新的高速公路贸易通道与国家走廊项目

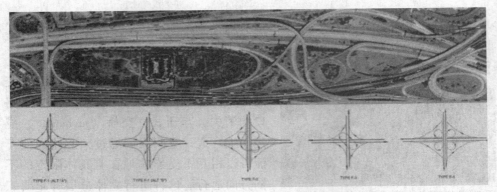

图10 典型的高速间互通式立交（底图）；形成的混合立交高速公路景观（Mixing Bowl），纽华克，新泽西（顶图）

（National Corridor Program），以及在墨西哥、美国和加拿大之间的边境基础设施协调项目（Coordinated Border Infrastructure）的实施都在稳步前进。针对日益增长的对顺畅交通的需求，这些联合路面交通项目的实施与亚历山大·韦尔（Alex Wall）提出的"将交通走廊塑造为新的交通动脉"的策略可谓不谋而合。[37]

遍及美国各地、快速发展的"自由贸易区"（foreign trade zones），是为了应对容量和联合运输的需要而兴起的合作式的发展方式。自由贸易区不属于美国海关的地界。在该区内，公司可以拥有仓库、工厂、组装和制造设备，因此可以有效地延缓、降低或是取消进口税。通过分散的布局，这些贸易区标志着一个融卡车车站、火车站、港口和机场等交通枢纽于一体、综合街道、道路、公路、铁路、隧道、水运线路和航空线路等形式的多元化综合基础设施系统的形成。

其中最著名的案例是位于纽华克的49号自由贸易区（FTZ No. 49）。它处于7条主干道的交汇处，紧邻两个世界上最大的商业机场以及西半球最大的海港，所有这些都与新泽西收费高速公路相连。49号自由贸易区每年货物吞吐量的价值超过70亿美元，拥有雇员8万人，使之成为全国最大和最繁忙的贸易区，其竞争者如位于休斯敦的84号自由贸易区（FTZ No. 84）。这一集散地拥有联邦快递和UPS等快递公司，以及豪华车制造商宝马和梅赛德斯·奔驰，因此自由贸易区的扩张显著：全美自1950年以来数目由5个增加到243个，总共处理空运、铁路、陆路和海运的货物金额超过2250亿美元。新泽西/纽约的6个自由贸易区占地超过1万英亩，几乎和曼哈顿一样大。[38]新泽西一度是美国最大的郊区，而现在则成为美国最大的仓库（图11）。

艾森豪威尔的高速公路系统的乘法效应并没有随着多元联运交通模式的产生而终结。随着20世纪80年代中期《北美自由贸易协定》（North American Free

图11 由纽华克自由国际机场、伊丽莎白水运枢纽和纽华克湾所组成的49号自由贸易区，2002年

Trade Agreement）的出台，以及90年代跨太平洋贸易的增长，给49号自由贸易区的设施容量带来了巨大压力。[39]每年有超过3百万吨的货物经由纽约/新泽西港运送到世界各地，净值达到800亿美元。被称作"亚特兰蒂斯"（Atlantica）的贸易网从纽约辐射到伊利诺伊和安大略地区，通过24小时不停歇的运送，将大西洋中部沿岸的货物运达八千万人口的内陆（图12）。

　　受潮水水位变化的影响，港口的不稳定问题早已存在。从史载300年前新阿姆斯特丹的第一次登陆以来，港口设施总要不断面对来自主要货运通道上的淤泥沉积问题（图13）。与过去相比，现代船只的吃水较深。满载的超巴拿马型（Post－Panamax）远洋货船需要深度超过15米的通道，这几乎是这个港口自然深度的两倍，加上每年200万立方米的自然泥沙沉积，使得港口管理局面临两难的处境。

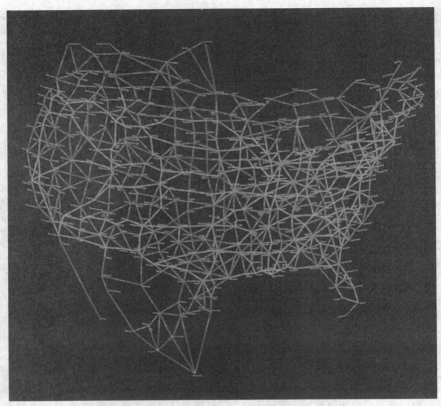

图12　美国、加拿大和墨西哥之间的陆地距离和行车时间

图13　奇尔文科水道（Kill Van Kull），纽华克湾：三维声呐影像，垂直地层分析
显示河道底部的沉积区。突起的地形表示计划被清除的河床辉绿岩出露层

为了解决这些来自水面和水下的压力，纽约/新泽西港口管理局开始了一项浩大的水道加深工程，加深的水道可以满足当今海上国际贸易所需的超级巴拿马型远洋货船的吃水深度。[40]他们将水道加深 3 倍，即从 6 米至18 米深，却给后勤造成了特殊的复杂性。[41]美国陆军工程师团纽约/新泽西港口首席环境工程师约瑟夫·希伯德（Joseph Seebode）总结了 2001 年遇到的这种复杂情况："疏浚水道造成了一项巨大的环境和工程挑战。有大量的爆破、钻探和清淤工作要做，所有的泥沙都必须妥善地处理掉。"[42]

直到 90 年代早期，疏浚只是对废料进行简单的挖掘和倾倒。美国陆军工程师团从两百年前开始一直到 90 年代早期，都在利用纽约湾附近的一处海岸地区进行废料处理。这个地方被称作 12 英里垃圾堆积场（12 Mile Dumping Ground），主要用来处理城市污水、疏浚作业产生的淤泥以及纽约地铁工程爆破产生的石屑等。所有的这些行为在 90 年代后期被勒令停止（图 14）。由"片脚类动物问题"（Amphipod issue）所引发，1997 年的《海洋垃圾处理法案》（Ocean Dumping Act）单方面禁止在公开水域倾倒含有有害物质的废物。[43]世纪之交，东海岸垃圾填埋场空间的不断缩小和垃圾处理费用的暴涨使得以往的经验都排不上用场，这也同时造成了工作场所和物质流程的重大转变。

由《水资源开发法案》（Water Resource Development）授权，"清淤废料处理项目"（Dredged Materials Management Program）正式出台。这个项目具有超常的尺度，旨在成为"适应国际货物运输要求的超级工业标准水运

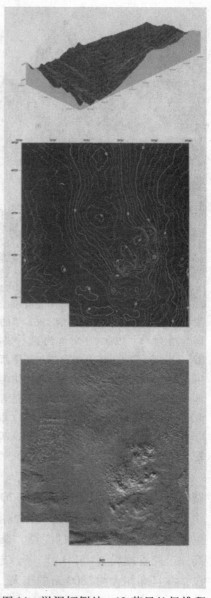

图 14　淤泥倾倒处：12 英里垃圾堆积场，现在被称为历史改造区域（HARS）。阴影浮雕海底地形图、等高线图和地形网格范例

图15 转移策略。倾卸一辆1962年的红鸟轨道列车，以加固鲨鱼河礁（Shark River Reef），2003年。至今，在新泽西使用了250辆的轨道车来形成渔港和休闲潜水区（顶图）；通过铁路运送纽华克湾所清除出的废料，途中在树皮营地（Bark Camp）废弃的煤矿进行搅拌处理，2000年（底图）

通道"。[44]这个项目被喻为水下的高速公路，它有效地促使港口活动、环境作业和城市土地使用综合化，成为一个凝聚性很强的景观操作。从数量上来看，这个项目的第一期要求挖掘、处理大约500万立方米的淤泥、盐和沉积物并分配到众多的内陆场地（图15）。

导流策略紧随疏浚项目。加上一系列废物净化的科技手段，例如土壤清洗、光稳定、水泥结合以及热分解等，由这一项目的规模经济衍生出众多的基础设施景观和几乎无穷尽的土地使用性质的转换。[45]更重要的是，七种不同物质的大地构造特征决定了它们被挖掘之后各自的再利用方式：红棕黏土用于水下凹陷封装；淤泥用于非水丘陵基地；剩余岩床（冰碛物、蛇纹岩、辉绿岩、砂岩和页岩）用于人工暗礁建造。过去高速公路建造的主要困难——泥沙，现在重换新面，成为引人注目的、可变的媒介。

综合

未来的项目是令人震惊的。在接下来的4个10年中，美国陆军工程师团将会花费超过20亿美元用于疏浚超过200个深水港，运输和处理超过每年20亿吨的货物，预计需要20亿立方米的挖掘量；这些淤泥足够把整个新泽西、纽约和宾夕法尼亚州覆盖成厚度1米的泥层。[46]陆地上也同样具有戏剧性：在2006年，美国联邦高速公路管理局（USFHA）将会花费超过1000亿美元用于高速公路基础设施的建设，并且雇佣大约2800万的工人，计划使3亿美国人每年的总行程超过1亿英里。

在一个世纪追逐不受阻碍的顺畅性的过程中，沥青不仅仅成为科技方面的解药，它更加成为一种有效的结合剂。从它灵活的表面繁衍出一种仿生系统——一种生物资源、机械资源和电子资源的综合体。仿生系统如今已经传遍整个大陆，并且穿过海洋、天空和陆地，有效地使全球商业活动、地区交通设施、区域生态系统和土地使用紧密地联系起来（图16～图18）。

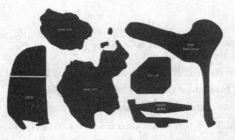

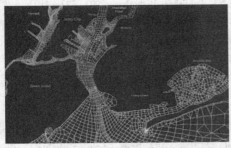

图 16～图 18
清淤废料的安置场所（顶图）；水文动态网格模型所显示的纽约港的清淤合同区域（中图）；49号自由贸易区的地形剖面图。从左开始：花园之州公园道（Garden State Parkway）；78 号州际公路；22 号国道；国道 1－9。纽华克自由国际机场；周边沟渠；新泽西收费高速公路；莱斯特大街（McLester Street）；OENJ 垃圾填埋场；泽西花园购物中心（Jersey Gardens Shopping Center）；伊丽莎白海运站；纽华克湾（底图）

从太空上看，北美的固化表面并不像被陆地所包围的大陆，而更像一个没有边界的工地。它的道路交通系统所构成的循环图就像是一张未完成的工厂蓝图，其中高速公路和水运通道的网络作为承载系统，而交通流如同表面油脂，它不断地润滑着城市功能，并且为新的材料和能源寻找新的分配通道。[47]

从州际高速公路建造过程中的泥沙挖掘和沥青铺设，到 21 世纪早期新泽西海港加深工程中的淤泥疏浚和材料管理，自发灵活的机制与遍及北美的交通路网的结合，以及它们所塑造的景观地形，证明了人工表面的潜在效能。当代关于景观都市主义的一系列讨论表明，对于表面上平凡无奇的城市表面的持续关注是一项非常关键的文化任务。

注释

Epigraph. Lewis Mumford, *Technics and Civilization* (New York: Harcourt, Brace & Company, 1934), 372.

1. 我在此十分感谢查尔斯·瓦尔德海姆对本文写作富有洞察力的建议。对于本文主题的其他背景，参见皮埃尔·贝兰格（Pierre Bélanger）和丹尼斯·拉格（Dennis Lago）的《公路表面：美国州际/国防公路系统发展简史》（Highway Surface：A Brief History of the United States Interstate & Defense Highway System），发表在弗朗辛·乌邦（Francine Houben）和路易莎·卡拉布雷斯（Luisa Calabrese）合编的《机动性：带风景的房间》（Mobility：A Room with a View, NAI Publisher：Rotterdam，2003，397–410）

2. 在作为一名作家和规划实践者的职业生涯中，凯文·林奇（Kevin Lynch）极力提倡道路交通系统及其不同组成部分的组织能力。在《场地规划》（Site Planning）（Cambridge, Mass：MIT Press, 1962）一书中，林奇用了一整章的篇幅来阐述运动系统，他写道"可达性对于任何空间单元实现其有用性（usefulness）是必不可少的前提，如果没有这种进入、离开和移动的能力，或在其中获取、传输信息或货物的能力，空间就没有任何价值，尽管其尺度巨大、资源丰富。换句话说，一座城市就是一个交流的网络，是由道路、小径、铁路、管道和通信网组成的。这一流动的系统是与地方活动或土地利用模式密切相关的。城市的经济和文化层次，大致是与其交通系统的容量有关的……"（p. 118）。近来对此话题的重新关注，应该归功于两位实践者：亚历克斯·沃尔（Alex Wall）和凯勒·伊斯特琳（Keller Easterling）。在《组织化空间：美国的景观、公路与住宅》（*Organization Space：Landscapes, Highways and Houses in America*, Cambridge, Mass：MIT Press, 1999）一书中，伊斯特琳清晰地阐述了这种潜在的承载力："这是一种普通的空间生产能力，例如，通过其自身的简单平庸，使小的调节获得极大增强的效果"（4）。

3. 本文中的 synthetic 概念有两种完全不同的理解。首先，其更为常用和更易理解的意思指，作为自然发生的事情的一种代替状态，即人为的状态。第二种含义因与 synthesis 一词的关联，其视野变得更为宽广，也更加支撑了本文的立论，即不同元素的组合与构成过程，以形成一个整体或一个由不同部分形成的复合体。"synthesis"的批判性含义，在昆虫学家爱德华·威尔逊（Edward O. Wilson）的《一致性：走向知识的联合体（*Consilience：Toward a Unity of Knowledge*，New York：Knopf, 1998）一文中得到了深度探讨。该文是基于朱利安·赫胥黎（Julian Huxley）的《演化论：现代综合方法》（*Evolution：The Modern Synthesis*, London：George Allen & Unwin, 1942）展开的。参见马西莫·纳格若蒂（Massimo Negrotti）的《走向人工化的一般理论》（*Toward a General Theory of the Artificial*）一文，他对"人造的"（synthetic）与"人工的"（artificial）、"替代的"（substitute）、"仿造的"（fake）等概念进行了全面的区分。

4. Stan Allen, "Mat Urbanism: The Thick 2-D," in Hashim Sarkis, ed., *CASE: Le Corbusier's Venice Hospital and the Mat Building Revival* (Munich: Prestel/Harvard Design School, 2001), 118–26.

5. Alex Wall, "Programming the Urban Surface" in James Corner, ed. *Recovering Landscape: Essays in Contemporary Landscape Architecture* (New York: Princeton Architectural Press, 1999), 246.

6. Allen, "Mat Urbanism," 124.

7. See Mirko Zardini ed., Triennale di Milano, *Asfalto: Il Carattere Della Città / Asphalt: The Character of the City* (Milan: Electa Editrice, 2003): jacket note.

8. See Maxwell G. Lay, *Ways of the World: A History of the World's Roads and of the Vehicles that Used Them* (New Brunswick, N.J.: Rutgers University Press, 1992), for an encyclopedic survey on how mud, dust, drainage, erosion, sediment, and transport were central to the transformation of the North American landscape up until the early twentieth century.

9. 速度与运动的加速形式对当代景观的影响，已经造就了 20 世纪后半页的两代研究者。哲学家和建筑师保罗·维希里奥（Paul Virilio）就是其中最著名的倡导者之一。他在《速度政治》（*Vitesse èt Politique/ Speed Politics*：*An Essay on Dromology*，Prais：ditions Galilée，1977）一书中，对铺衬地表的地缘政治作用的论述尤其富有见地："沥青能否成为一方领土？中产阶级的国家及其政权是否是通过硬化的街道来体现的？其潜在的力量是否就在大规模的交通与场所的扩展中得到体现？"（4）。马修·赛奥勒克博士（Dr. Matthew T. Ciolek）是另一位著名的实践者，他的研究涉及速度图形学（dromography），综合了地理学、历史学以及商贸线路的后勤保障、交通和通讯网络等等内容。参见赛奥勒克的《全球网络：一张大事年表》（Global Networking：A Timeline），1999，http：//www. ciolek. com/PAPERS/milestones. html.

10. 亨利·亚当（Henry Adams）的《托马斯·杰佛逊和詹姆斯·麦迪逊管理下的美国之历史》（*History of the United States during the Administrations of Thomas Jefferson and James Madison*，New York：Charles Scribner' Sons，1889，12 – 13）。一直到 1902 年，亚当逐步从政治中隐退，兴趣转向一辆 18 马力的梅赛德斯奔驰汽车。他在华盛顿以外地区旅行的时间越来越多；他还驾驶着他的新车考察了法国。在 18 世纪末，亨利·亚当的理想，也是对未来的一种预测："我对天堂的设想是拥有一辆出色的汽车，在平坦的道路上每小时能跑 30 英里，目的的是一座 12 世纪的大教堂。"

11. Isaac B. Potter, "The Gospel of the Good Roads: A Letter to the American Farmer from the League of American Wheelman" in *Manufacturer & Builder* 23 (New York: Western and Company, 1891), 1.

12. Charles Goodyear, "Improvement in India-Rubber Fabrics" in *United States Patent No. 3,663* (New York: June 15, 1844): 1–2.

13. Jeffrey T. Schnapp, "Three Pieces of Apshalt," in *Grey Room* 11 (2003): 7.

14. See Edward Joseph De Smedt, "The Origins of American Asphalt Pavements," in *Paving and Municipal Engineering* 5 (December 1879): 251.

15. Of all the historical pavement innovations, the most critical one involved "crowning" the surface of the road whereby creating positive drainage and ensuring dryness. See Irving Brinton Holley, "Blacktop: How Asphalt Paving Came to the Urban United States" in *Technology and Culture* 44 (2003): 703–33. John Loudon McAdam wrote extensively on his findings. An exhaustive description of his work can be found in "Remarks on the Present System of Road-Making" (Bristol: J. M. Gutch, 1816) and "A Practical Essay on the Scientific Repair and Preservation of Public Roads" (London: Board of Agriculture, and internal improvement, 1819). In contrast, Thomas Metcalfe's discoveries resulted from a special advantage that granted him greater freedom to experiment with material coarseness and densities: he was blind.

16. See Edward Joseph De Smedt, "Improvement in Laying Asphalt or Concrete Pavements or Roads," *United States Patent No. 103,581* (New York: May 31, 1870): 1.

17. See Hugh Gillespie, *A Century of Progress: The History of Hot Mix Asphalt* (Lanham, MD: National Asphalt Pavement Association, 1992).

18. Captain William C. Greaney, Expeditionary Adjutant and Statistical Officer of the Transcontinental Convoy, "Principal Facts Concerning the First Transcontinental Army Motor Transport Expedition, Washington to San Francisco, July 7 to September 6, 1919." Dwight D. Eisenhower Archives, Abilene, Kansas; http://www.Eisenhower.archives.gov/dl/1919Convoy/1919documents.html (accessed 26 June 2004).

19. See Joyce N. Ritter, *The History of Highways and Statistics*, U.S. Department of Highway Administration (1994) and United States Bureau of Public Roads, *Highway Statistics: Summary To 1955* (Washington, D.C.: U.S. Government Printing Office, 1957).

20. Dwight D. Eisenhower, *At Ease: Through Darkest America with Truck and Tank* (New York: Doubleday & Company, 1967), 166–67.

21. 尽管混凝土表面更为耐久，但它逐渐被沥青所取代。这要归因于沥青的高成本 – 效益性、均匀性以及建设速度。伴随着滑动模板铺筑技术的出现，混凝土的使用在 20 世纪 70 年代有了一个新的复兴。

22. Eric Larrabee, "The Six Thousand Houses That Levitt Built" in *Harper's* 197 (1948): 79–83.

23. Caption (back of map), *1949 New Jersey Turnpike Map*, New Jersey Turnpike Authority, Department of Public Records. New Brunswick, New Jersey.

24. Chief Engineer of the Asphalt Institute, Vaughan Marker, provides an in-depth perspective on the developments of the pavement industry over the past fifty years in Dwight Walker, "A Conversation with Vaughan Marker," *Asphalt Magazine* (Summer 2002): 20–25.

25. DPR, "Operation Sand," *The New Jersey Turnpike Authority—Press Release*, Department of Public Records (Trenton, N.J.: October 12, 1950): 1. For a broader explanation of the 300-year-old unbroken trend of the perception of marshlands as wastelands—a perception that is widely reversed today, see William Cronon, "Modes of Prophecy and Production: Placing Nature in History. *Journal of American History* 76, 1121–31.

26. Paul J. C. Friedlander, "High Road from the Hudson to the Delaware," *The New York Times* (25 November 1951).

27. 州际公路的几何特征本质上是根据理论设计速度标准来定的，这通过 3 个显著的特征来体现：夸张的平曲线、更长的纵曲线，以及更大的视觉距离。

28. DPR, "Construction Progress Updates," *The New Jersey Turnpike Authority—Press Release*, Department of Public Records (Trenton, N.J.: November 12, 1956): 1.

29 John Noble Wilford, *The Mapmakers* (New York: Vintage Books, 1981), 356.

30. Ibid. In 1969, a similar circumstance ensued in Pennsylvania, "when the state highway department, used its own reference points on each side of a river, instead of the Geodetic Survey's; construction of a bridge started from each shore, and in midstream the two sections were four metres apart."

31. Dwight D. Eisenhower, "Message to the Congress re Highways", (Abilene, Kansas: Dwight D. Eisenhower National Presidential Library Archives, February 22, 1955), 1. and Joyce N. Ritter, *America's Highways 1776–1976*, (Washington, D.C.: Federal Highway Administration, 1976).

32. Richard M. Nixon, citing Eisenhower, in Dwight D. Eisenhower, "Telegram To Richard Milhous Nixon, 12 July 1954," The Papers of Dwight David Eisenhower, Doc. 976, World Wide Web Facsimile, *The Dwight D. Eisenhower Memorial Commission* (Baltimore, MD: The Johns Hopkins University Press, 1996), http://www.eisenhowermemorial.org/presidential-papers/first-term/documents/976.cfm (accessed July 1, 2004).

33. There are diverging accounts of the geographic and the economic benefits of the German highway system during the middle of the twentieth century. See Eckhard Gruber and Erhard Schütz, *Mythos Reichsautobahn, Bau und Inszenierung der "Straße des Führers 1933–1941* (Berlin: Ch. Links Verlag, 1996) for a compelling interpretation of German military highway infrastructure as tactical propaganda.

34. Dwight D. Eisenhower, *Mandate for Change 1953–1956* (New York: Doubleday, 1963), 548–49.

35. Dwight D. Eisenhower, July 12, 1954, Speech, delivered by Vice President Richard M. Nixon to the Nation's Governors. This speech was given only three months after his famous Domino Theory Speech on April 7, 1954 which discussed the effects of atomic energy research and the arms race. See Richard F. Weingroff, *President Dwight D. Eisenhower and the Federal Role in Highway Safety*, (Washington, D.C.: Federal Highway Administration, 2003).

36. 新泽西确定这种路障外形的目的在于减少车辆行驶中对轮胎和车身的损害。参见查尔斯·麦克德维特（Charles F. McDevitt）的《混凝土障碍物的基本要素》（*Basics of Concrete Barriers：Concrete Barrier Appear to be simple，but in Reality*，They are Sophisticated Safety Devices, in *Public Roads Magazine* 5，March/April 2000）。另外一个在道路路面的格局方面的革新是去掉了"自杀车道"（suicide lane）。20 世纪 20 和 30 年代，道路建有 3 条车道：向两个方向各有 1 条车道，中间为 1 条共享车道，供两个方

向车道超车用。这就造成了很大的迎面碰撞的可能性。这条车道背后的理念类似两车道公路上的虚黄线，即允许超车。而这条车道被贯之为"自杀车道"的恶名，并最终在 20 世纪 60 年代被叫开。但与此同时也开始加宽车道，公路被拓展为 4 车道或更宽。

37. Alex Wall, "Programming the Urban Surface," 246.

38. "Foreign Trade Zone No. 49 Fact Sheet," The Port Authority of New York/New Jersey (2004): 1–2.

39. See Eric Lipton, "New York Port Hums Again With Asian Trade," *The New York Times* (November 22, 2004).

40. The beam length of Post-Panamax and Super-Post-Panamax ships exceeds the maximum allowable width of 32.3 meters of the Panama Canal. These ships navigate the Suez Canal for transoceanic shipping. In the Port of New York and New Jersey, deep-draft ships currently operate at 75% of their capacity due to the shallowness of the waters, resulting in significant losses for both the sea liners and the ports. See Drewry Shipping Consultants, *Post-Panamax Containerships—The Next Generation* (London: Drewry, 2001).

41. See Andrew C. Revkin, "Shallow Waters: A Special Report—Curbs On Silt Disposal Threaten Port Of New York As Ships Grow Larger," *The New York Times* (March 18, 1996): A1.

42. Joseph Seebode, in Gayle Ehrenman, "Digging Deeper in New York," *Mechanical Engineering* (November 2003); http://www.memagazine.org/backissues/nov03/features/deeperny/deeperny.html (accessed 8 November 2004).

43. Amphipods are crustaceans used as bio-indicators for heavy metals in marine environments. See Miller Associates, "Dredging—The Invisible Crisis," *CQD Journal for the Maritime Environment Industry* 1 (January 1996) http://www.cqdjournal.com/html/env__2_1.htm (accessed March 11, 2005).

44. United States Army Corps of Engineers, "Channel & Berth Deepening Fact Sheet," The Port Authority of New York and New Jersey (March 2005): 1.

45. Ibid., and United States Army Corps of Engineers, "Beneficial Uses of Dredged Material," http://www.nan.usace.army.mil/business/prjlinks/dmmp/benefic/habitat.htm (accessed 17 September 2004).

46. Based on facts and figures from the following sources: Committee on Contaminated Marine Sediments, Marine Board, Commission on Engineering and Technical Systems, National Research Council, "Contaminated Sediments In Ports And Waterways—Cleanup Strategies And Technologies" (Washington, D.C.: National Academy Press, 1997): 20; and American Association of Port Authorities and Maritime Administration, "The North American Port Container Traffic—2003 Port Industry Statistics" and "United States Port Development Expenditure Report," (U.S. Department Of Transportation, May 2004).

47. Clare Lyster investigates this process in greater depth in her essay "Landscapes of Exchange," in this collection. In "Programming the Urban Surface" (238), Alex Wall is again instructive: "The importance of mobility and access in the contemporary metropolis brings to infrastructure the character of collective space. Transportation infrastructure is less a self-sufficient service element than an extremely visible and effective instrument in creating new networks and relationships." The project of post-industrial remediation is divided into two main practices. On the one hand, there are practitioners of site-level remediation that rely on measures of inward looking strategies of spatial beautification or surface concealment, employing renderings and property plans aimed solely at visualizing the immediate or short term benefits of design. The other, perhaps more informative practice, lies with regional-scale materials management strategies resulting from logistical, environmental, social and financial complexities. Usually associated with a distribution of sites, in varying sizes and conditions, with a higher magnitude of complexity, these sites often

involve the synthesis of regional transportation infrastructures and ecosystems where strategies must rely on incremental transformation, broader physical impacts and long term effects. See Niall Kirkwood, *Manufactured Sites: Rethinking the Post-Industrial Landscape* (London: Spon Press, 1991). The case of the Dredged Consolidated Materials Management Program at the scale of the mid-Atlantic Region points toward the potential effectiveness of this broader strategy, which simultaneously relies on a more extensive time-scale. Initiated by the U.S. Army Corps of Engineers and the Port of New York and New Jersey as several other environmental agencies with multidisciplinary experts, the overall financial savings balanced by net ecological and social gains, suggests an intelligent strategy for large, complex and open-ended projects. Recently, James Corner has referred to this strategy as "design intelligence" which offers the potential to unlock and seize "opportunism and risk-taking" in contemporary landscape practice. See James Corner, "Not Unlike Life Itself: Landscape Strategy Now" in *Harvard Design Magazine* 21 (Fall/Winter 2004): 32–34, and James Corner, "Terra Fluxus" in this collection.

公共工程项目实践
Public Works Practice

克里斯·里德/Chris Reed

图1　水文基础设施（Hydrologic Infrastructure），塔博峰水库（Mt. Tabor），波特兰，俄勒冈州

当代景观实践见证了社会、文化和生态等方面的一系列复兴。[1]景观不再是纯粹的艺术和园艺作品，也不再是对已有项目进行简单的赋形，而是对于场地和生态过程的重新思考，对项目的定位起着重要作用。景观学科的扩展，正在推动着一场对其自身定位及其对建筑、城市设计和规划等相关学科的影响的重新思考，特别是在北美大陆这样拥有西部的巨大地理尺度，以及四处蔓延的高速公路景观和郊区开发的地方。这种演变的轨迹体现在一系列的研究活动中，包括伊恩·麦克哈格的区域规划研究；哈格里夫斯设计事务所在美国和德维涅（Devisgne）与道尔诺基（Dalnoky）在欧洲的早期成果；20世纪90年代先后由宾夕法尼亚大学景观学系的詹姆斯·科纳和阿诺瓦德·马瑟（Aneradha Mathur）所领导的研究；欧洲进行的一些革新性的景观建设项目，包括巴塞罗那为1992年奥运会进行的城市更新改造和荷兰在围海造田方面的设计实践；美国建筑师斯坦·艾伦及伦敦建筑联盟（Architectural Association）的莫斯塔法维（Mohsen Mostafavi）的工程实践和相关著作。

这些涉及功能和基础设施方面的研究工作非常值得关注，它们为思考专业景观实践和景观都市主义研究中出现的新模式提供了一些出发点。特别是自从19世纪晚期公共工程项目在美国产生以来，演化成了更加全面、更为复杂、更灵活也更主动的现代实践模式，更好地适应了分散布局、权力下放、放松管制、私有化、机动性和灵活的当代文化背景。

公共工程历史学家斯坦利·舒尔茨（Stanley K. Schultz）和伊恩·麦柯肖恩（Clay McShane），针对美国公共工程项目的操作和管理提出了一些很有见地的新颖观点和看法："20世纪的经济和政治管理强调几方面的特征，包括一个由经验丰富的专家组成的稳定的中央集权行政机构，以及对长远的、综合性的规划的一项承诺。"[2]对此我们也许可以认为，由这样的机构所支持的项目通常都是技术先进的、专业化的、经济驱使的和可独立限定的。然而这样的描述并不全面。实际上，19和20世纪美国公共工程项目经历了更加多元化的发展过程。公共工程项目最初作为公众发起的社会改良，后来演化为多维度的大型项目，最后形成分散、网络化的战略计划，面临着新的技术和组织困难，例如研究和发展、资金的筹措和危机的缓解等。当代公共工程项目的实施，是在一个由社会、后勤保障、经济和环境等各方面力量编织成的网络中通过本地及全球化的投入来实现的。

景观实践则沿着一条不同的轨迹前进。最初，景观设计师在由最早的城市给排水系统所引发的社会改良运动中涉入颇深，但随后逐渐失去了其对社会的影响力，相反，科学家和工程师却登上了综合基础设施实施部门的领导地位。这样，这部分新出炉的技术专家官员被赋予了空前的社会地位，也具有无可争辩的合法合理性，而景观设计师却被无情的边缘化了。尽管公共工程项目在管理结构、工作范畴和生产投入方面产生了巨大的变化，景观实践却最终演化成为两种模式：一是作为装饰艺术，用来装扮某处场地和掩饰某种问题；或者作为基于科学的规划方法，以实现纯经济发展的目的。换句话说，景观是面对上述舒尔茨和麦柯肖恩所总结的情况，只能屈服了，但它却未能与经济、政治和商业营销等因素很好的结合，而这些因素在20世纪极大地改变了其他公共专业实践的背景。

面对新的情况需要新的实践方法（图1）。公共工程所诞生的土壤已经变成布局分散、权力下放、减少国家干预、私有化、强调机动性和灵活性的环境。项目网络是动态的；基础设施框架是适应性的；管理结构是快速、灵活、反应迅速的。扩张和分散化的决策过程与实体，对资源的竞争、多维的项目类型（如棕地恢复）和多元资助模式的涌现，都超越了现状学科分野及其隔绝状态下的发展能力。自上而下或者自下而上的规划过程之间的对立被打破，基础设施和生态学的作用被重视和加强。这些改变促成了一种复杂、多层次的景观与城市规划行动纲领，它包含环境、城市、社会、文化、生态、技术、功能和逻辑等方面的框架与机制。它们需要一种面向灵活、可适应的和网络化的公共工程项目的模型，而这一模型是在相互交织的社会政治、经济、生态、全球趋势等因素中建立起来的。下面提供的4个案例，追溯了两个世纪以来公共工程项目和实践的发展轨迹，见证其从私营项目和团体行为到具有诸多创新及革命性项目管理结构与实践的多维度、多学科复杂系统的过程。

19世纪市民的自发改良和社团企业主的努力

早期的公共工程项目并没有采用由地方和联邦政府实行的集中管理、自上而下的方式；相反，它们是由市民发起的改良运动或对政府施加压力的结果，甚至是在为公众提供一种新的公共服务的过程中所产生的私营企业行为。1976年，一家私营的管道公司看到一个市场盈利机会——从牙买加湖到波士顿调取并提供饮用水，由此向马萨诸塞州高等法院申请并获批准。3年之后，一份来自公民个人的关于清理街道和地沟的垃圾来阻止疾病蔓延的申请也移交到同一法院。[3] 在同时代的纽约，由医生、律师、商人和其他改革者组成了市民协会（Citizen's Association），进行了一项深入涉及城市各个方面的调查，从街道铺装、屠宰场到妓院和"毒巢"（fever nest，即市中心一些缺乏卫生条件而容易产生疾病的区域），以便促进由政府资助的卫生环境改善活动的启动。[4] 在费城，政治和商业领袖在市民和私营出版机构的推动下，组建了一个委员会专门负责美国第一座市政水厂的建设，以防止疫病流行。[5] 在芝加哥，丹尼尔·伯纳姆（Daniel Burnham）旨在重塑城市物质基础设施的宏伟规划蓝图（如其标志性的林荫大道），是由商业俱乐部委任的，这个俱乐部是由一些商界领袖组成的联盟，他们关心从更好的交通条件中获取经济利益，也希望提高城市的形象以便在区域和世界上取得有力的竞争地位。[6] 舒尔茨和麦柯肖恩在描述这个时代受市民和社团驱使下的广泛改革时说道："公共卫生学家、景观设计师和工程师形成的三驾马车，将市民和官员一起从政府不作为的泥潭中解救出来，朝向一种更高层级的市政规划和管理领域迈进"。[7] 社会改革家、健康工作者、商界领袖、景观设计师、工程师和市民团体一道创造了公共工程项目。

大都市区域管理委员会

大都市区域管理委员会（MDC）成立于1919年。与此同时，成立于1893年的美国第一个区域公园管理区——波士顿大都市区公园管理委员会，合并了早于其4年成立的城市污水管理委员会。[8] 大都市区域管理委员会由多个具有司法权的职权部门组成，是一个经立法授权的新型的、集中化的政府职权机构，负责处理日益增长的城市供水、排水、开放空间、交通系统等问题（它们往往独立存在）。委员会的目标和范围从一开始就涉及多个方面：起初侧重于开放空间的规划和管理，开放空间系统的布局一般沿着区域水资源——例如水库被用于城市供水，河流则提供交通功能（图2）。由景观设计师查尔斯·艾略特（Charles Eliot）设计的开放空间系统旨在提供一个物质空间框架，以引导城市的公共和私人开发；在这点上，艾略特和他的搭档弗雷德里克·劳·奥姆斯特德可谓英雄所见略同，后者致力于将公园道构建为具有多层次、多功能的景观基础设施和城市物质空间框架，发挥交通、游憩、环境修复（如作为河流缓冲区）和城市文化建设等多方面作用。[9] 在20世纪的大部分时间内，大都市区域管理委员会不可思议地提供了广泛多样的服务系统，包括提供安全的饮用水，处理污水，保护和维持区域最重要的开放空间资源，以及建立和管理区域的公园道。因此，它后来被拆分为至少3个独立和专门化的政府部门。

胡佛水坝

胡佛水坝（Hoover Dam）是当时美国历史上最大的工程建设项目，该项目前

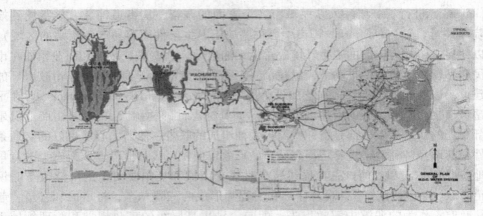

图 2　大都市区域委员会，大都市区域的水系统

所未有的规模和技术复杂程度都巩固了工程师在规划和实施公共工程项目方面的突出地位：实际上，工程是由 6 家建筑工程公司组成的联合体参与和中标的。同时这个项目还发挥了其他方面的作用，也促进了另一些发明的产生。项目在工程方面达到了惊人的成就，特别是将科罗拉多河改道经过大峡谷石壁的壮举。建造过程中出现了许多创新的建造技术，例如可以通过运行在峡谷间的悬索上的新型运输设备将混凝土倾倒在预制的水泥格内（图 3）。[10]更令人惊奇的是，一座全新的城市——内华达沙漠中的博尔德城的出现，满足了 5000 名水坝工人及其家属的居住、生活和子女教育问题。[11]尽管水坝的建造发生在 1929 年股市大崩溃之前，这个项目仍然为公众创造了重要的就业机会，数以千计的无业工人涌向这里应聘空缺岗位。总之，这个水利项目作为全国最大的基础设施项目，促发了制度、科技和城市发展等诸多方面的巨大进步，如衍生出"基础设施生态学"（infrastructural ecologies），并且或许为未来政府资助的工程项目提供了一种模式。

阿帕网

现在互联网的前身——阿帕网（ARPANET），有别于传统公共建设工程项目集中化的、自上而下的层级管理方式，它建立了一种新型网络化的项目发展模式。在此，它迎合了 20 世纪中后期在全球经济和政治圈内广泛走向分散化和私有化的一系列趋势。例如，阿帕网的开发者承担了新的角色，并负责项目的组织和管理、研究和发展、设计和工程技术以及实施和维护。项目管理自身就是分散化和多样化的；阿帕网是通过一个由众多网络实体组成的不断发展着的联合体建立起来的——政府机构，比如美国国防部高级研究计划署（Advanced research project

图 3　建造期间的胡佛水坝

agency，ARPA）、信息处理技术办公室、国家物理实验室等；学术机构和研究所，例如麻省理工学院、加州大学洛杉矶分校、斯坦福大学、加州大学伯克利分校和达特茅斯大学等；以及私营机构或企业，如博尔特和纽曼公司（Bolt Beranek & Newman，BBN）、霍尼韦尔（Honeywell）和 IBM 等。层级式的、单一实体的组织，被由公共、私有、社团、学术机构等所组成的分散矩阵结构（dispersed matrices）替代；多元化的声音，包括"官方的"和传统未被充分代表的，都被听取并整合进来。甚至是网络中的一个个体从一个组织向另一个的移动，也反映了项目发展和信息交换系统中的新方法、新机制对组织构架和个人移动性的影响（图 4）。

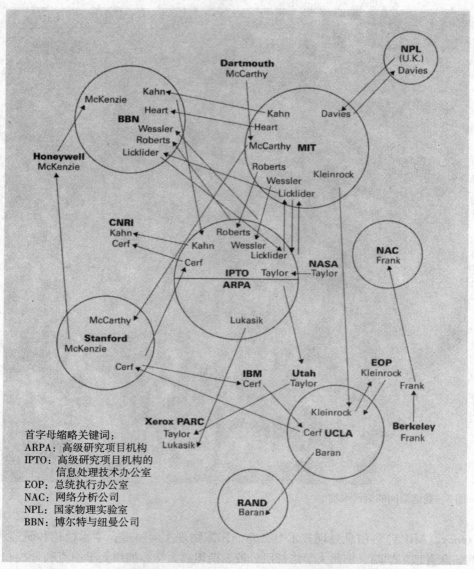

图4 珍妮特·阿贝特（Janet Abbate），"阿帕网先驱者之间的动态网络"

综上所述，这 4 个公共工程项目的案例揭示了项目资助、定义、影响、组织结构和概念方面的相对快速的发展。这些发展并不是孤立的，其项目类型与发展逻辑是并行的，既受到地方市场周期中体现出的全国和全球波动、军工生产、人员流动、政府和全球经济之间的联系、政府放松调控的趋势以及由此带来的公共产品和服务的私有化等方面的影响，同时偶尔也给上述各方面带来影响。

公共工程项目早期的一个特点，如上文中描述的那样，就是专业工程师在社会及市政工程项目中的地位的提升。这一变化源于 20 世纪早期公共工程项目前所未有的规模。以电力项目为例，田纳西河谷管理局要求建立一种新的合作方式，横跨广阔地域以至涉及全州的尺度，也包括水文研究、大坝建造、发电和传输等多领域的专家。巴巴拉·罗森格兰兹（Barbara Rosencrantz）在关于马萨诸塞州供水情况的文章中是如此描绘这一全国趋势的：

> 愈加复杂的环境卫生问题……为一个新的专家群体赋予权威，保护人类免受城市化和工业化带来的危害。与此同时……（对疾病认识的加深）使维护健康的责任从外行人那里转移到训练有素的专家手中。当疾病的预防和治疗不再依赖于启蒙式的常识知识，那么对卫生健康的新要求就被表达成了对工程师、化学家和生物学家的依靠。[12]

专业工程师地位的提升也隐含着公共工程项目的非政治化意味（depoliticization）。问题及其解决的对策，开始由最具专业知识的科学家和工程师来思考，这就使得对问题的考虑不仅限于政治领域。[13]

但其他因素开始介入。在 20 世纪 30 年代到 40 年代的经济大萧条及恢复期内，公共工程项目的管理机构（WPA）雇佣了数以千计的普通市民；联邦政府在越来越多的公共项目中充当了雇主和合约人的角色。实际上，在 1935～1943 年的管理机构中，75% 的雇佣关系发生在公共工程项目的建设上。[14]在这种雇佣方式及经济驱动的背景下，美国的基础设施建设发生了根本性的变化和扩展。下面这一切只用了八年时间就建成了：

> 67000 英里的城市道路，24000 英里新建和 7000 英里改造的步行道和小径；……8000 个公园；3300 座体育馆、露天看台；5600 个田径运动场；……500 个水处理厂；1800 个泵站；19700 英里新建或改建的水管线；880000 个消耗性水管连接点；6000 口新建或改建的水井；3700 座储水罐或水库；1500 个污水处理厂；200 个垃圾焚烧厂；27000 英里新建或改建的下水道；639000 个排污连接点；……350 处新建和 700 处改建机场用地，包括 5925000 英尺跑道及 1129000 英尺出租车道……；共 40000 座新建和 85000 座改建的公共建筑；572000 英里乡村道路；

78000 座新建和 46000 座改建的桥梁和高架桥；1000 条新建的各类隧道，包括汽车、行人、铁路、排水设施和动物；无数的河流控制工程、土壤侵蚀控制工程、矿区封闭项目……；森林保护项目……；300 个新的大型鱼苗孵化塘；800 万蒲式儿的牡蛎养殖基地。[15]

在这一系列庞大的建造工程中，公共工程项目尽管还处于联邦政府的统一管理之下，但其定义已得到了很大的拓展。当 30 年代末到 40 年代美国为战争进行军备的时候，公共工程项目承担了不少强制性的军事任务。一份二战后关于公共工程项目管理机构的政府报告这样写道，"工程项目管理机构在和平时期建设的大多数项目，后来被认为对国家具有重要的军事价值"——特别是机场、军工企业、道路和高速公路等方面的项目。[16]到 20 世纪 40 年代，战争与国防项目很快成为工程项目管理机构的首要任务，并且还包括了停机坪项目、预备役军官训练团、国民警卫队、海军训练设施等；"道路、桥梁和高速路形成了国家战略高速路网络的一部分，或者提供了通往陆军、海军及兵工设施和工厂的快速联系通道"；邻近军工生产企业的公共服务设施，如公共健康项目；雷达监控站、工程测量和服务。[17]20 世纪中叶及冷战期间，半自动地面防空系统（SAGE）和州际导弹防卫计划诞生，它们进一步提高了军工项目的复杂性，但同时也将整合性（无层级的）的新型管理结构、研究开发的新项目引入了公共工程项目中。[18]更为重要的是，这种发展与早期的数字和计算机技术的进展相平行，甚至影响到了项目组在特定空间背景下的自身组织方式。这是一个转折点，与军事相关的公共工程项目的规模和复杂程度都已经超出了政府独立运作的可能性，它同各个相关方面的联系及依赖是显而易见的，包括对私营工业生产领域。系统发展变得越来越多元化和分散。

与此同时，劳动力和资金的流动性大大地扩展了；全球经济的结构性调整趋势体现在国家和地区中，即从旧的产业经济向新的、更灵活的生产配置关系转变。在 20 世纪 80 年代到 90 年代的总体经济趋势之下，或许一开始就受到 70 年代能源危机的影响，因而向着减少基础设施和公共项目投资的方向发展，特别是里根和撒切尔政府。减少对航空、能源及电信部门的干预，是这一时期基础设施资源与服务私有化的一个重要因素。私营公司投身于对公用设施、电话系统和通讯网络的竞争之中，因此将自己置于发展新兴科技的最前沿。[19]

分权、减少干预和私有化等因素，导致了斯蒂芬·格拉汉姆（Stephen Graham）和西蒙·马文（Simon Marvin）所定义的"分裂城市化"（splintering urbanism），其特征体现在具有相互依赖的网络化基础设施，聚集了众多"社会技术"设备（sociotechnical apparatuses）、并无关联的基础设施在空间上的并置（如光缆沿道路铺设），以及在分散的、网络化的城市中进行基础设施、景观和建筑的协调。[20]桑福特·昆特（Sanford Kwinter）和丹尼拉·法布里西斯（Daniela Fabricius）将基础设施进一步看做"改变的引擎……，体现在理性管理的每一方面，使生活、行为和产业在更大的组织内趋于惯例化"。[21]他们的观点正如1947年工程项目管理机构的报告的修正版所言：

> 对资本、宽松的货币政策、利率、信用票据、贸易协定、市场力量及执行机构的系统化描述；……水、燃料、电力储备、路径和供应率；人口的变化和迁移，卫星网络和彩票，后勤与供应系数，交通计算机，机场和分拨中心，土地清册技术，司法惯例，电话系统，商务区自我管理机制，撤离和灾害机动处置协议，监狱，地铁和高速公路……，停车场，煤气管线和测量仪表，旅馆，公共卫生间，邮局和公园设施……。[22]

昆特和法布里西斯的观点超越了仅仅考虑物质空间和建设系统的层面，暗含着多重层次和多样化的管理实体和机构，以及借助后勤和迁移来分阶段、按时间实施的各类元素，也涉及经济和政治的力量，同时提供了帮助项目形成概念并得以实现的多种决策框架。

这些发展可以追溯到大规模、集中化但也逐步分散的公共工程项目的产生及演变阶段。这在阿帕网的案例中得到了最清晰的展示。技术史学家托马斯·休斯（Thomas Hughes）认为，这些项目需要崭新类型的专业管理者和管理结构，其中

> 系统的建构者通过研究、开发和资源调度，负责技术项目的概念和初步设计。为了达到这个目的，系统建构者需要跨越学科和功能边界——例如也要参与筹资和进入政治舞台。他并不侧重于单个的成果，而是将注意力放在系统内各部分的接合点及相互联系上。[23]

随着参与者和议题的日趋广泛，公共工程项目进一步普及化。20世纪90年代，旧城中心逐步被改造为娱乐、文化和游憩产业中心，城市由此开始就改善生活品质、熔铸城市可识别性等方面彼此竞争。在吸引居民、就业和旅游者的过程中，各个城市都着力重塑它们的物质空间结构，恢复历史建筑，拆除高速公路，建设新的开放空间，重新恢复濒临枯竭和遭受污染的自然资源。环境主义者、社会倡导者、商业领袖、社区组织和金融家等等，都被邀请到公共工程的公众参与计划中。"补偿缓冲工程"（mitigation projects）通常距离主要的建设地点数英里远，有时与之仅有些微的环境或社会联系，但也被要求作为整体项目实施的一部分，作为因项目建设和实施所带来的不便而向土地所有者、大众以及环境的一种回馈和交换。[24]

20世纪的基础设施和社会政治的发展显著地影响了城市、大都市区、郊区以及拓展的城市周边区域。20世纪早期和中期的高速公路建设加速了工业区和

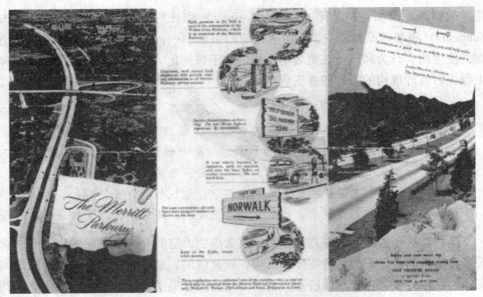

图 5 "梅里特公园道（Merritt Parkway）：康涅狄格州进入新英格兰的全年度门户"，康涅狄格州交通部宣传册，1947 年

居住区的分散，这同时也受到大量二战退伍军人复员的刺激。罗伯特·摩西（Robert Moses）的纽约大都市区公园道规划是早期景观化基础设施（landscaped infrastructure）——绿色公路（green highway）的范例，对汽车技术的进步和生产模式的变化产生了直接反映（图5）。利维特镇（Levittown）和其他一些政府资助的住宅项目一样，都是建在高密度城市中心区外围土地价格较为低廉的区域，这使得每个家庭都可以拥有一栋独立住宅（图6）。这些住宅都被连续的景观绿地包围，其开发模式反映了早期郊区化发展的景观理想，例如奥姆斯特德的芝加哥滨河住宅区规划（Riverside）和埃比尼泽·霍华德（Ebenezer Howard）的花园城市理念，所不同的是他们更具经济倾向，并且其位置也更加远离传统、密集的城市中心区。弗兰克·劳埃德·赖特的广亩城市理念展示了在广阔的城市地域内的绿色郊区发展（图7）。最近以来，雷姆·库哈斯（Rem Koolhaas）指出"亚特兰大（从中心向四周）的转变如此快速和彻底，以至于中心与边缘的区别已不复存在。没有中心，也就无所谓边缘。亚特兰大正在成为一个没有中心的城市，或者说一个有无数个中心的城市"，散布在广阔的丛林中。[25]

　　其他领域也经历了相似的发展。当前，生态系统被描述为基质和网络等更加复杂的专业术语，并且具有相邻、重叠、并列的特征。[26]这个领域本身已经历了重大的变革，人们对它的理解从一个追求可预测的平衡状态的系统，变成一个不断

图6　利维特镇鸟瞰（Levittown），宾夕法尼亚州，1959 年

变化着的、可以适应来自输入、作用力、资源、气候或其他参数的细微或剧烈不同程度改变的系统。在对其存在的背景和环境状况做出反馈的同时，适应性、适宜性、灵活性成为这个"成功"系统的标志。[27]

　　在试图恢复建筑师关于"功能、实施、技术、资金和材料等实践"的责任上，斯坦·艾伦为在新环境下工作的规划师和建筑师们提供了一个建设性模型，这个模型将时间和过程应用于"人为控制下的场地生产，其中项目、事件、活动可以完成自我运行"。他认为生态学和工程学都已变成效能导向的实践，促进着"能量的输入和输出、动力和阻力的校准"。艾伦主张建筑、规划以及景观，都应该"减少关注外在表现，而更多关注内在本质"；他认为"基础设施都市主义"是战略性的，需要在大尺度层面来操作，但在地方尺度上，也需要关注局部的物质空间和材料细节。[28]

图 7　弗兰克·劳埃德·赖特的广亩城市，1935 年

出发点

近来在公共工程项目、城市化、住房甚至生态学等方面的一些历史性进步，都表明一套新的专业实践方法已经产生，该方法重点关注可操作性和效能导向的景观和城市化进程，以及逻辑与机制。重要的是，对项目发展的技术细节和方法（mechanics）与作用过程和肌理（mechanisms）的重视必将使项目超越物质空间范畴，延伸至项目的概念化、资金筹措、实施策略和维护监督等方面。这包括项目的概念孵化过程和发展管理机制，能够激发项目的生长和持续演化的策略，以及对于长期实施与维护的适应性方法。进一步来说，至少有如下四种趋势：

1. 传统实践领域之间差别的模糊

学科之间的传统区分不再像以往那么明晰。新的公共工程项目整合了功能性、社会文化性、生态性、经济性和政治性等多方面的元素。有限的资源需要用于实现多重目标，从而带来了融合城市规划、基础设施、生态、建筑、景观、经济、艺术和政治目标的多元解决方案。建筑学、景观设计、工程、生态学、艺术、社会功能、环境整治等学科相互嵌套，产生了无法归纳在传统、单一范畴里的新的项目类型。

2. 适合新的城市公共项目的基础设施及生态策略

基础设施常被认为是理性、完美和实用的，因此常被赋予专门用途并具有转化为社会、文化、生态和艺术等方面功用的潜力。基础设施具有类似建筑的可生长性，其内容与功能也具有多层次性，因此现有的基础设施在实用之余，还存在着走向新的公共市民空间的基础，如设计者可以通过附加和嵌入的方式进行创造。相反，建筑和景观可以赋予基础设施以公共性和服务性。人们可以将景观、建筑或城市类型的项目都构思为功能性的基础设施（functional infrastructure），即一种生态机器（ecological machines），它可以对公共空间进行处理和表达，使之"顺利运转"。人们或许还可以想象在大地这一肥沃的实验场，能够组织或发动一场基于水文、生态、社会－文化和城市等过程及适应性的创造——即构建大地基础设施（earthen infrastructure），用于土地的分配和改造，其形态因表述性而非雕塑性特征而得以尊重。[29]

3. 激活多重、叠加的网络和动态的支持者联盟

马丁·麦乐西（Martin Melosi）[①]、斯蒂芬·格拉汉姆（Stephen Graham）和桑福特·昆特（Sanford Kwinter）等人已经认识到了当代的服务和决策部门的分散、分裂特性。地方政府面临着在资源短缺的情况下必须满足一系列日益扩张的公众需求的困难；他们也需要承受因政治和管理变革所引发的经济重新洗牌的压力。幸运的是，不只中央集权的政府拥有资金和组织资源；社区组织、艺术团体、研究中心及其他机构常可以获得大量资金，因此也具有掌握较大的权力以界定和组织实施公共项目的能力。他们还经常拥有一定的政治影响力。所以，公共工程项目的实践必须在项目实施过程中重新定义和广泛挖掘潜在的支持者、利益相关者及客户。关键在于从项目开始的阶段就成立由大量利益相关者所组成的广泛关系网络，其各种形式的联盟能够在项

---

① 译者注：马丁·麦乐西教授是美国著名的环境史学家，曾经担任"美国环境史学会"（1993—1995 年）、"公共史美国委员会"（1992—1993 年）和"公共工程历史学会"（1988—1989 年）的主席。桑福特·昆特为哈佛大学设计学研究生院客座副教授。

目实施的不同阶段被激活。在这样一种当代伙伴关系的动态矩阵下，战略性的联盟可以随项目的演变和对地方环境的适应而产生、暂停或者终止。

4. 具催化性和反应迅速的操作方式

问题的关键在于操作和实施的能力，即通过社会、经济、生态或水文等方面的过程来促发转型的能力。项目的长远实施也许取决于短期的措施，由此来改变公众的看法并产生政治愿望。上述理解使得公共工程实践能以仅需较少资源和较小规模的事情和设施开始。然而，实施方案也必须能够迅速反应，这样就可以应付法则的潜在变化及分歧。由此，实施策略更像是具有可扩充性的网络和矩阵，可以接受确定的或不确定的输入元素。一个周期达到 10 年、20 年、甚至更长时间的项目必须意识到变化的市场和政治目标会给项目带来重要的潜在影响，特别是一些在项目初始阶段就超出顾问或客户控制的诸多方面的因素。

景观都市主义——作为一套思想和研究框架，为城市设计和规划实践提供了新的领域：基于效能的、研究导向的、聚焦逻辑的、网络化的。在这里，设计实践者被重新赋予了城市系统建造者的角色，他们将自己的兴趣放在了大量的新公共工程和城市基础设施的研究、构思、设计和实施上。

上面列出的四种趋势，以及本节提出的关注点和能动性，共同提供了一种暂时性但却乐观的景观都市主义实践框架。这些新出现的情况将会有助于实现传统设计实践及其在公共工程项目中的角色转型。

注释

1. 本文是从作者与查尔斯·瓦尔德海姆的一系列讨论中演化出来的。查尔斯既十分耐心，也十分富有洞察力。我试图从有时一些并不相关的思想中捕捉到其内在的一致性，而我对此已关注多年了。在此，我十分感谢瓦尔德海姆的指导和友谊，以及他邀请我加入到本书的写作中的决定。香农·李（Shannon Lee）以及克里斯·马斯科波夫（Chris Muskopf）都为本文的成文、参考文献及图像制作做出了很大帮助。最后，我得以有机会在这里展示早期在宾夕法尼亚大学的一些研究手稿，这应归功于詹姆斯·科纳和乔治·哈格里夫斯的邀请。他们非常慷慨给予我展示、发展和评论我的成果的机会。

    我也非常感谢上面这些人士在过去 10 年中给予我的特殊机会、广泛建议与关键性的评论。
2. Stanley K. Schultz and Clay McShane, "To Engineer the Metropolis: Sewers, Sanitation, and City Planning in Late-Nineteenth-Century America," *Journal of American History*, vol. LXV (September 1978): 390.
3. Fern L. Nesson, *Great Waters: A History of Boston's Water Supply* (Hanover, NH: Brandeis University/University Press of New England, 1983), 2.

4. Eugene P. Moehring, *Public Works and Urban History: Recent Trends and New Directions* (Chicago: Public Works Historical Society, 1982).

5. See Martin Melosi's discussion "Sanitation Practices in Pre-Chadwickian America," in *The Sanitary City* (Baltimore: John Hopkins University Press, 2000), 30–32.

6. Wall Street's economic forecast for the 1893 World's Fair, taken from Mario Manieri-Elia, "Toward an Imperial City: Daniel H. Burnham and the City Beautiful Movement," Giorgio Ciucci et al., eds., *The American City: From the Civil War to the New Deal* (Cambridge, Mass.: The MIT Press, 1983), 15.

7. Schultz, and McShane, "To Engineer the Metropolis," 396.

8. Nesson, *Great Waters*, 36–37. See also *Report of the Board of the Metropolitan Park Commissioners* (Boston: Commonwealth of Massachusetts, January 1893).

9. Schultz and McShane, "To Engineer the Metropolis," 396–97. See also Cynthia Zaitzevsky, *Frederick Law Olmsted and the Boston Park System* (Cambridge, Mass.: Belknap Press, 1982).

10. The skip and cableway system is described by James Tobin in "The Colorado," in *Great Projects: The Epic Story of the Building of America, From the Taming of the Mississippi to the Invention of the Internet* (New York: The Free Press, 2001), 65–66.

11. James Tobin, "Pathways," in *Great Projects*, 226.

12. As quoted by Rosencrantz in Nesson, *Great Waters*, 9.

13. Ibid., 9–10.

14. The Division of Engineering and Construction directed 75 percent or more of the WPA employment until the spring of 1940, according to the United States Federal Works Agency, "Engineering and Construction Projects," *Final Report on the WPA Program*, 1935–43 (Washington, D.C.: US Government Printing Office, 1947), 47.

15. Ibid.

16. United States Federal Works Agency, "War Defense and War Activities" *Final Report on the WPA Program*, 1935–43, 84.

17. Ibid., 84–85.

18. See Thomas P. Hughes's description of systems engineering in *Rescuing Prometheus: Four Monumental Projects that Changed the Modern World* (New York: Vintage Books, 1998), 101.

19. See the discussion on contemporary infrastructure mobilities in the Introduction of Stephen Graham and Simon Marvin, *Splintering Urbanism: Networked Infrastructure, Technological Mobilities, and the Urban Condition* (London: Routledge/Taylor & Francis, 2001), 7–35.

20. Ibid.

21. Sanford Kwinter and Daniela Fabricius, "Urbanism: An Archivist's Art?" in Rem Koolhaas, Stefano Boeri, et al., eds., *Mutations* (Barcelona: Actar, 2001), 495–96.

22. Ibid.

23. Hughes, *Rescuing Prometheus*, 7.

24. Ibid., 221–23.

25. Rem Koolhaas and Bruce Mau, *S, M, L, XL* (New York: Monacelli Press, 1995), 836.

26. Richard T. T. Forman, "Part IV: Mosaics and Flows," *Land Mosaics: The Ecology of Landscapes and Regions* (Cambridge, England: Cambridge University Press, 1995).

27. David Waltner-Toews, James Kay, and Nina-Marie Lister, eds., *The Ecosystem Approach: Complexity, Uncertainty, and Managing for Sustainability* (New York: Columbia University Press, forthcoming). See also Robert E. Cook, "Do Landscapes Learn? Ecology's 'New Paradigm' & Design in Landscape Architecture," Inaugural Ian L. McHarg Lecture, March 22, 1999.

28. Stan Allen, "Infrastructural Urbanism," *Points + Lines: Diagrams and Projects for the City* (New York: Princeton Architectural Press, 1999), 46–57.

29. Many of these ideas were developed in early form in conversation with Nader Tehrani and Monica Ponce de Leon of Office dA, Boston, Massachusetts.

作者简介

皮埃尔·贝兰格/ Pierre Bélanger，多伦多大学景观学助理教授。

艾伦·伯格/Alan Berger，哈佛大学景观学副教授，哈佛"变废为宝"计划（Harvard's Project for Reclamation Excellence）创立人及导师。

詹姆斯·科纳/James Corner，宾夕法尼亚大学设计学院教授和系主任，纽约原野工作室（Field Operations）主持人。

朱莉娅·泽涅克/Julia Czerniak，锡拉丘兹大学（Syracuse University）建筑学副教授，清空工作室（CLEAR）的主持人。

克里斯多弗·吉鲁特/Christophe Girot，瑞士苏黎世联邦技术学院（ETH）教授和景观学研究所主任，吉鲁特工作室（Atelier Girot）主持人。

克莱尔·利斯特/Clare Lyster，芝加哥的伊利诺伊大学建筑学联合辅助副教授和建筑师。

伊丽莎白·莫索普/Elizabeth Mossop，路易斯安那州立大学景观学院教授和主任，斯派曼·莫索普设计事务所（Spackman + Mossop）主持人。

琳达·珀莱克/Linda Pollak，哈佛大学建筑学设计课评论教师，马尔皮莱罗 – 珀莱克（Marpillero – Pollak）联合事务所主持人。

克里斯·里德/Chris Reed，宾夕法尼亚大学设计学院景观学讲师，斯托斯景观都市主义工作室（Stoss Landscape Urbanism）主持人。

格拉姆·谢恩/Grahame Shane，哥伦比亚大学建筑学辅助教授，库珀联盟（Cooper Union）访问教授，城市学院城市设计研究生课程辅助教授。

凯利·香农／Kelly Shannon，比利时鲁文大学建筑、城市规划与设计系博士后研究员。

杰奎琳·塔坦／Jacqueline Tatom，圣路易斯的华盛顿大学建筑学助理教授。

查尔斯·瓦尔德海姆／Charles Waldheim，多伦多大学建筑、景观和设计学院副院长、景观课程主任。

理查德·韦勒／Richard Weller，西澳大利亚大学景观学系教授和系主任。

图片说明

Introduction: A Reference Manifesto
FIG. 1: Photo by Andrea Branzi; courtesy Andrea Branzi with the Domus Acadamy.

Terra Fluxus, James Corner
All figures courtesy James Corner/Field Operations.

Landscape as Urbanism, Charles Waldheim
FIGS. 1–3: Courtesy Rem Koolhaas/Office for Metropolitan Architecture (OMA).
FIG. 4: Photo by Luis On; courtesy Joan Roig and Enric Batlle.
FIGS. 5, 6: Photo by Hans Werlemann; courtesy Adriaan Geuze/West 8 Landscape Architects.
FIGS. 7–12: Courtesy Adriaan Geuze/West 8 Landscape Architects.
FIGS. 13, 14: Courtesy James Corner and Stan Allen/Field Operations.
FIGS. 15, 16: Courtesy James Corner/Field Operations.

The Emergence of Landscape Urbanism, Grahame Shane
FIG. 1: Courtesy Cedric Price.

An Art of Instrumentality, Richard Weller
All figures by Richard Weller and Tom Griffiths.

Vision in Motion: Representing Landscape in Time, Christophe Girot
FIGS. 1, 5, 8–12, 15: Photo by Christophe Girot.
FIGS. 2, 4: Photo by Georg Aerni.
FIGS. 3, 13, 14: Video still by Marc Schwarz.
FIG. 6: Photo by Jean Marc Bustamante.
FIG. 7: Courtesy Christophe Girot.

Looking Back at Landscape Urbanism, Julia Czerniak
FIG. 1: Reprinted from Carol Burns, "On Site: Architectural Preoccupations," *Drawing Building Text*, ed Andrea Kahn (New York: Princeton Architectural Press, 1991) 152.
FIG. 2: Courtesy Bruce Mau Design.
FIGS. 3, 14: Courtesy Eisenman Architects.
FIGS. 4, 6–9, 23: Courtesy Hargreaves Associates.
FIG. 5: Reprinted from Luna B. Leopold, M. Gordon Wolman, John P. Miller, *Fluvial Processes in Geomorphology* (New York: Dover Publications, 1995), 285.
FIG. 10: Reprinted from Andrzej Rachocki, *Alluvial Fans* (New York, John Wiley & Sons, 1981), 26.
FIG. 11: Reprinted from Michael A Summerfield, "Fluvial Landforms," *Global Geomorphology* (Essex: Longman Group, 1991), 255.
FIGS. 12, 13, 15–22: Courtesy Olin Partnership.
FIG. 24: Reprinted from AnnaLee Saxenian, *Regional Advantage: Culture and Competition in Silicon Valley and Route 128* (Cambridge, Mass.: Harvard University Press, 1994).
FIG. 25: Reprinted from Peter Owens, "Silicon Valley Solution," *Landscape Architecture Magazine* (June 1999).

Constructed Ground: Questions of Scale, Linda Pollak

FIG. 1: Courtesy Linda Pollak, Sheila Kennedy, and Franco Violich.
FIG. 2: Reprinted from Henri Lefebvre, *The Production of Space*, trans. Donald
　　Nicholson-Smith (Oxford: Blackwell Publishers, 1991).
FIGS. 3–6: Courtesy Marpillero Pollak Architects.
FIGS. 7–10: Courtesy Rem Koolhaas/Office for Metropolitan Architecture (OMA).
FIG. 11: Courtesy Andreu Arriola.
FIG. 12: Courtesy Catherine Mosbach and Etienne Dolet.
FIG. 13: Courtesy Alison and Peter Smithson.
FIG. 14: Courtesy Alvaro Siza.
FIG. 15: Courtesy Adriaan Geuze/West 8 Landscape Architects.

Place as Resistance: Landscape Urbanism in Europe, Kelly Shannon

FIGS. 1, 3, 4: Courtesy Latz and Partners.
FIG. 2: Courtesy Joan Roig and Enric Batlle.
FIGS. 5, 6: Courtesy Florian Beigel Architects.
FIGS. 7–9: Courtesy Dominique Perrault.
FIG. 10: Courtesy Agence Ter.
FIGS. 11, 12: Courtesy Inaki Alday, Margarita Jover, and Pilar Sancho.
FIG. 13: Courtesy Andrea Branzi with the Domus Academy.
FIGS. 14–17: Courtesy François Grether and Michel Desvigne.
FIGS. 18, 19: Courtesy Rem Koolhaas/Office for Metropolitan Architecture (OMA).
FIGS. 20, 21: Courtesy Paola Viganò.

Landscapes of Infrastructure, Elizabeth Mossop

FIG. 1: Photo by Spackman and Mossop.
FIGS. 2–4, 6, 7: Photos by Elizabeth Mossop.
FIG. 5: Photo by Glen Allen/Hargreaves Associates.

Urban Highways and the Reluctant Public Realm, Jacqueline Tatom

FIG. 1: Photo by Michel Brigaud/Sodel; courtesy La Documentation Francaise/
　　Interphotothèque.
FIG. 2: Montage by Jacqueline Tatom and Julie Villa, 2004.
FIG. 3: Courtesy of the National Park Service, Frederick law Olmsted National History Site.
FIG. 4: Photo by Jacqueline Tatom.
FIG. 5: Photo by William Fried; courtesy New York City Parks Photo Archive.
FIG. 6: Courtesy New York City Parks Photo Archive.
FIG. 7: Courtesy IMPUSA.
FIGS. 8, 9: Courtesy Manuel de Sola Morales.

Drosscape, Alan Berger

All images by Alan Berger.

Landscapes of Exchange, Clare Lyster

FIG. 1: Reprinted from David Harvey, *The Condition of Postmodernity* (Cambridge:
　　Blackwell, 1990).
FIG. 2: Diagram by Clare Lyster. Book cover reprinted from J. K. Rowling, *Harry Potter and
　　the Order of the Phoenix* (New York: Scholastic, 2003).
FIG. 3 (TOP): Reprinted from John W. Stamper, *The Architecture of Roman Temples:
　　The Republic to the Middle Empire* (Cambridge: Cambridge University Press, 2005).
FIG. 3 (MIDDLE): Reprinted from Spiro Kostoff, *A History of Architecture: Settings and
　　Rituals* (New York: Oxford University Press, 1985).

FIG. 3 (BOTTOM): 13 Reprinted from Julia Sniderman Bachrach, *The City in a Garden: A Photographic History of Chicago's Parks* (Washington, D.C.: Center for American Places, 2001).

FIG. 4: Courtesy http://www.moveon.org (accessed August 2003).

FIG. 5: Courtesy the *New York Times*.

FIG. 6: Courtesy http://www.googlemaps.com (accessed March 2004).

FIG. 7: Reprinted from Peter Landesman, "The Light at the End of the Chunnel," *New York Times Magazine*, April 14th, 2002. Courtesy of the *New York Times*.

FIG. 8: Courtesy http://www.alliancelandport.com (accessed August 2003).

FIG. 9: Reprinted from Maarten Kloos and Brigitte de Maar, *Schiphol Architecture: Innovative Airport Design* (Amsterdam: ARCAM, 1996).

FIG. 10: Reprinted from Elmer Johnson, *Chicago Metropolis 2020* (Chicago: The University of Chicago Press, 2001).

FIG. 11 (TOP LEFT): Reprinted from Bruce Mau and the Institute without Boundaries, *Massive Change* (London: Phaidon, 2003); (TOP RIGHT) reprinted from Martha Rosler, *In the Place of the Public: Observations of a Frequent Flyer* (Munich: Hatje Cantz, 1999).

FIG. 12: Courtesy Illinois Department of Natural Resources, http://www.catsiatf.com/ linkfiles/gall/pictures/cicero.htm and http://maps.google.com (accessed March 2004).

FIG. 14: Courtesy Alfons Soldevila.

FIGS. 15, 16 (TOP): Photos by Clare Lyster.

FIG. 16 (BOTTOM): Reprinted from *Abitare* 417, "Olanda" (May 2002).

Synthetic Surfaces, Pierre Bélanger

FIGS. 1, 10 (TOP), 11: Courtesy of The United States Geological Survey.

FIG. 2: Courtesy of the Iowa Department of Transportation and the Farwell T. Brown Photographic Archive (Ames Public Library), Ames, Iowa.

FIG. 3: Courtesy of Kenneth C. Downing Photo Collection, The Smithsonian Institute, Washington, D.C.

FIG. 4 (LEFT): Courtesy of The Dwight D. Eisenhower Library, Abilene, Kansas; (RIGHT) Courtesy of U.S. Department of Transportation, Federal Highway Administration, Washington, D.C.

FIG. 5: Courtesy of the Washington State Department of Transportation.

FIG. 6: © 2003 The State Museum of Pennsylvania; courtesy of the Nassau County Museum, Roslyn Harbor, New York.

FIG. 7: Courtesy of the New Jersey Turnpike Authority.

FIGS. 8, 17, 18: © 1996–2005, New Jersey Department of Environmental Protection, Geographic Information System, Trenton, New Jersey.

FIG. 9 (BOTTOM): Reprinted from Hancock County Journal & Carthage Republican; scanned by Marcia Farina; (TOP) courtesy of the United States Patent and Trademark Office, Washington, D.C.

FIG. 10 (BOTTOM): Courtesy of the California Department of Transportation, Division of Geometric Design, Sacramento, California.

FIG. 12: © 2005, MapQuest.com, Inc.

FIG. 13: © 2005, Earthworks LLC and Theoretical & Applied Geology.

FIG. 14: Courtesy of the Woods Hole Field Center, USGS Coastal and Marine Program, Woods Hole, Massachusetts.

FIG. 15 (TOP): Photo by Captain Steve Nagiewicz; courtesy of NJScuba.com; (BOTTOM) courtesy New York/New Jersey Clean Ocean and Shore Trust.

FIG. 16: Source: United States Army Corps of Engineers & The Port Authority of New York and New Jersey.

Public Works Practice, Chris Reed

FIG. 1: Courtesy Chris Reed/Stoss landscape urbanism.

FIG. 2: Reprinted from Metropolitan District Commission, *The Metropolitan Water System* (Boston: Metropolitan District Commission, 1976).

FIG. 3: Courtesy the United States Department of the Interior, Bureau of Reclamation, Washington, D.C.

FIG. 4: Courtesy Janet Abbate, redrawn with permission of the author from a version published in Thomas P Hughes, Rescuing Prometheus: Four Monumental Projects that Changed the Modern World (New York: Vintage Books, 1998).

FIG. 5: Courtesy Library of Congress, Prints and Photographs Division, Historic American Engineering Record, CONN, 1-GREWI, 2-82, Washington, D.C.

FIG. 6: Photo by Ed Latchman, ca 1959; negative #306-PS-59-13580, National Archives and Records Administration, College Park, Maryland.

FIG. 7: Courtesy of The Frank Lloyd Wright Foundation, Taliesin West, Scottsdale, Arizona.